京津冀城市群生态系统评价
与安全格局构建

陈利顶　孙然好　汪东川　孙　涛　景永才　著

科学出版社

北　京

内 容 简 介

　　本书定量评价了京津冀城市群生态系统的时空变化格局，描述了京津冀城市群生态安全格局的构建过程及结果。全书共分为 8 章，分别从自然环境特征与景观格局演变、地区环境地质敏感性评价、生态环境胁迫分析、社会调控能力评价、生态系统服务评价、生态安全受损空间分析以及生态安全格局构建等方面，系统阐述了京津冀城市群生态系统的变化规律，从多个视角系统展现了京津冀城市群生态安全构建的必要性。

　　本书可供生态学、自然地理学、环境科学、城市规划与管理等专业的科研人员和教学人员阅读和参考。

审图号：GS 京（2023）1462 号

图书在版编目（CIP）数据

京津冀城市群生态系统评价与安全格局构建／陈利顶等著 . —北京：科学出版社，2023.8

ISBN 978-7-03-074983-3

Ⅰ．①京…　Ⅱ．①陈…　Ⅲ．①城市群–生态环境–评价–研究–华北地区②城市群–生态安全–研究–华北地区　Ⅳ．①X321.22

中国国家版本馆 CIP 数据核字（2023）第 035956 号

责任编辑：刘　超／责任校对：郝甜甜
责任印制：吴兆东／封面设计：无极书装

科学出版社 出版
北京东黄城根北街 16 号
邮政编码：100717
http://www.sciencep.com

北京中科印刷有限公司 印刷
科学出版社发行　各地新华书店经销

*

2023 年 8 月第 一 版　开本：787×1092　1/16
2023 年 8 月第一次印刷　印张：12 3/4
字数：340 000

定价：190.00 元
（如有印装质量问题，我社负责调换）

前　言

随着人口急剧增长和经济快速发展，城市化已经成为人类社会发展的必然趋势，然而快速城市化不可避免会导致生态用地流失、生态系统服务下降和环境污染风险加剧，由此影响到城市生态安全和可持续发展。城市化在带给人类现代文明丰硕成果同时，也伴随着前所未有的挑战，如：城市交通拥堵、热岛效应、城市内涝、雾霾、面源污染等，但城市又被认为是满足人类生存环境需求、经济社会发展需求、降低生态资产消耗最为经济和高效的手段。如何实现城市生态安全和可持续发展成为当前摆在人类社会发展面前的重大问题。生态安全一般指人的生活、生产、健康、休闲娱乐所需要的自然环境资源和人类适应生态环境变化的能力没有受到威胁的状态，而城市生态安全不仅受到区域水土流失、土地退化和区域环境地质灾害的影响，也与城市内涝、雾霾、热岛效应和交通拥堵密切相关。随着我国经济快速发展和城市居民生活水平提高，城市生态安全格局构建也成为目前社会关注的热点。然而城市生态安全的内涵是什么？城市生态安全格局如何构建？目前还缺乏统一认识。

在这样的背景下，本书针对城市生态安全格局构建这一主题，从城市生态安全的科学内涵，到城市群生态安全评价指标体系和框架、城市群生态安全格局构建实践进行了全面阐述。本书共包括四部分 8 章内容。第一章首先辨析了生态安全、城市生态安全、城市群生态安全的概念、内涵与特点，提出了城市群生态安全评价的目的、基本原则、指标体系与流程，以及城市群生态安全格局构建的基本原则、基本思路和目标。第二章介绍了京津冀城市群地区的自然背景特征、景观格局演变、驱动机制及其与景观稳定性的关系。第三章围绕京津冀城市群地区环境地质敏感性，介绍了环境地质敏感性评价的指标体系，结合京津冀城市群，分析了环境地质敏感性空间分布格局特征。第四章围绕京津冀城市群的环境胁迫问题，水环境、水资源以及土地利用的生态胁迫，分析了京津冀城市群环境胁迫的时空规律及其原因。第五章围绕城市群的社会调控能力，分析了京津冀城市群经济、社会、人口以及资源子系统的变化特征及调控能力，评价了京津冀城市群社会总协调度及其调控能力。第六章结合生态系统服务评价，从生态安全格局构建的角度，介绍了京津冀城市群地区土壤保持、防风固沙、水源涵养、生物多样性保护以及游憩服务的时空格局特征。第七章介绍了生态安全受损空间的内涵与识别方法，开展了京津冀城市群生态安全受损空间评估。第八章以京津冀城市群为案例，开展了生态安全格局构建与优化的实践研究。

本书第一章由陈利顶撰稿；第二章由汪东川撰稿；第三章由赵银兵撰稿；第四章由程

先、汪东川撰稿；第五章由孙涛撰稿；第六章由景永才撰稿；第七章由孙然好、景永才撰稿；第八章由景永才撰稿。全书由陈利顶、孙然好、孙涛统稿。

由于作者研究领域和学识限制，书中内容难免挂一漏万，不妥之处敬请读者批评指正。

作　者

2023 年 7 月

目　　录

|第1章|　城市与城市群生态安全

随着人口增长和社会经济快速发展，城市化已经成为人类社会发展的必然趋势（方创琳等，2011；方创琳等，2016）。作为人口和产业高度集聚的中心，城市成为维持其居民日常生活需求和身心健康发展的主要载体，以及成为人类赖以生存的物质基础（李广东和方创琳，2016）。已有研究认为，尽管城市扩张会带来生态用地流失、生态系统服务下降，但是城市化仍是满足人类发展需求、保护自然生境、降低资源消耗最有效的措施之一。由于城市化可以带来资源高效集约利用、劳动力成本大幅降低，因此各国将其作为发展的重点和驱动经济发展的主要途径之一。但快速城市化在带给人类各种福祉同时，也带来了一系列的生态环境问题，如热岛效应增强、城市内涝、雾霾、水资源短缺、粮食供给不足、能源供应紧张、水土环境污染、生物多样性下降等（Lv et al., 2015；Liang and Yang, 2019）。在自然环境变化、人口集聚和社会经济活动不断增强的多重压力下，如何保障城市群的生态安全与可持续发展成为目前社会各界关注的热点问题（陈利顶等，2016；杨玉盛，2017）。

城市作为人类主导、依靠外部输入的复杂开放性生态系统，不仅需要从周边邻近区域获得物质、能量来满足城市发展和居民生存日益增长的需求，同时也需要周边相邻区域来吸纳、消化和处理城市排放出来的各种废弃物品，保证城市群的健康发展。因此城市与周边区域之间通过近远程物质、能量和人口流动耦合而形成一个复杂的生态网络。城市发展离不开周边区域支持，周边区域的发展也需要城市的辐射带动作用，尤其是一些特大城市的辐射带动作用，使两者形成一个相互联系、协同发展的有机复合体。城市群的形成与发展正是城市不断发展与演替的结果。为了满足城市发展的物质需求、精神需求并提高资源利用效率和人居环境质量，城市与区域之间通过内部相互作用而形成一个产业结构互补、资源集约高效、人居环境和谐的生态系统。城市群不仅涉及其内部不同城市之间的物流、能流、人流等各种生态网络联系，也涉及城市群与周边区域之间近远程复杂的耦合作用关系，甚至城市群与其他国家之间的联系。在如此复杂的背景下，如何保障城市群的生态安全将成为影响一个国家安全和可持续发展的关键。

1.1　生态安全概念与特点

生态安全已经成为社会公众普遍关注的热点话题，并直接关系到社会稳定与国家安全。生态安全与国民安全、领土安全、主权安全、政治安全、军事安全、经济安全、文化安全、科技安全、信息安全一同被列入影响国家安全的 10 个重要方面。目前关于区域生态安全方面的理论探讨较多，但真正实现完全的区域生态安全的成功案例相对较少。这是因为生态安全作为宏观的、抽象的生态学问题，涉及的影响因素十分复杂，需要面对的问题也多种多样，很多时候是解决了一个老的问题，另一个新的问题又会出现。因此如何建立一个科学的生态安全评价指标体系，客观、科学地指导一个地区的生态安全评价和安全格局构建一直是学术界关注的热点问题。截至目前尚没有一个公认的、合理的评价指标体系，由此导致实践应用的成功案例十分少见（付士磊等，2016；高长波等，2006；肖笃宁等，2002）。针对单要素、具体问题的生态安全格局构建已经开展了较多探索性的工作，如生物多样性保护、洪涝灾害防控、水土流失控制等，但从宏观、综合角度开展生态安全评价和格局构建的工作仍然较少（Huang et al.，2017；付士磊等，2016；施晓清等，2005；王琦等，2016）。

1.1.1 生态安全概念

生态安全的本质是为了实现人类社会的可持续发展（马克明等，2004），其概念有广义与狭义之分。广义上，生态安全是指影响人类生存安全的状态，涉及人类的衣食住行各个方面，也涉及人类社会发展的方方面面，与可持续发展有相似之处，本质上反映的是人类生存所依赖的环境是否可以满足人类社会不断增长的物质需求、精神需求，与此同时人类身心健康又未受到严重威胁（陈利顶等，2006）。在狭义上，生态安全是指人类生存所依赖的自然生态环境未受到人为破坏、干扰而导致生态系统功能失调的状态，由此可以为人类社会持续不断地提供优质的生态产品和生态服务，从而满足人类生存与发展对自然生态环境的需求（黎晓亚等，2004）。狭义上的生态安全更突出自然生态系统的保护与科学合理利用，需要考虑人类社会经济发展与生态保护之间的平衡关系。狭义上的生态安全强调的是人类活动对自然的适度干扰和对生态系统的合理利用；而广义上的生态安全突出对人类健康的维护，除了要求保护与人类有关的自然生态系统外，还需要从物质需求、精神需求方面满足人类的各种安全需求，包括社会生态安全、经济生态安全和自然生态安全。

生态安全与可持续发展紧密关联，是人类社会发展的理想目标。生态安全是一个抽象的概念，实现生态安全的根本目的是实现人类社会的可持续发展，但又必须面对现实社会中存在的各种问题。实际生活中不存在绝对的生态安全状态，随着时间演变和环境变化，以及人类需求的增长，人类社会发展总会面临各种各样的问题，如目前城市发展过程中出现的交通拥堵、大气雾霾、热岛效应、城市面源污染等（Sun et al.，2019a）。这些问题很早就已经成为城市发展中的突出问题，但随着大气雾霾的有效控制和解决，大气臭氧污染又成为一个新的环境污染问题；同样，城市热岛效应、城市内涝问题，均是为了解决城市居民的职住需求而带来的建筑不透水面的激增所形成，而这些问题的形成在很大程度上直接影响到区域生态安全。

在内涵上，生态安全就是要实现人类与自然之间的一种和谐状态，反映了人类社会发展所期望的目标。绝对的生态安全是人类社会发展不断趋近、而又永远无法实现的理想目标。人类总是试图通过对自然的认知，找到人与自然和谐共生的路径，生态安全评价就是一个逐渐逼近理想目标的过程。

1.1.2　生态安全内涵与特点

人类社会发展过程中不可避免地会遇到意料之外的问题，而这些问题的形成和出现就会影响到人类社会发展的生态安全，如每年夏季发生在我国南方地区的洪涝灾害，不仅会带来直接的经济损失，也常常会造成人员伤亡。解决这些问题的过程需要人类针对社会发展目标和需求，进行客观的评价、找到解决问题的办法；但许多时候是一个问题的解决，随之会带来新的问题，如本书 1.1.1 节所提到的大气雾霾治理诱发的臭氧污染。生态安全就是人类试图找到可以持续满足人类生存与发展的生态环境，而这个过程将会永远存在，需要人类去不断的探索。

生态安全作为与人类活动密切相关的概念，主要有以下特点（陈利顶等，2006；黎晓亚等，2004；肖笃宁等，2002）：①综合性。生态安全涉及许多方面，每个方面又包含多种影响因素，因此从单个要素（方面）研究生态安全均是不全面的，也是不现实的。②区域性。首先，针对不同地区和不同对象，因为涉及的问题不同，生态安全的表现形式和实现途径将会不同，生态安全带有很强的区域特色；其次，生态安全涉及区域生态过程，为了保证生态过程和功能的完整性，必须从区域或流域尺度考虑实现生态安全的路径和措施。③相对性。生态安全是相对的，自然界没有绝对的生态安全，不同发展阶段人类社会对生态安全的理解和需求不同，所设想的生态安全格局也是短时间内有效的。④动态性。随着时间和环境变化生态安全状态会受到影响。一个处于安全状态的生态系统可能因为人类不合理利用或者突发自然灾害而变得不安全；反之，一个退化的生态系统也可以经过人工治理、改造或自然修复从而转变为健康的安全状态。生态安全的这些特点决定了生态安全的复杂性，由此导致实现彻底的、永久的生态安全状态十分困难。

1.2　生态安全格局构建

生态安全格局构建是实现区域生态安全、人类社会可持续发展的基础。生态安全格局构建有其自身特点，需要遵循基本的原则。

1.2.1　基本内涵

生态安全格局构建是以解决人类实际生活中面临的具体问题为核心、以实现人类的现实需求或一定时段内可持续发展为目标的生态实践活动。生态安全强调自然与生态的平衡，但其本质目的还是为了人类生存和社会可持续发展；因此，生态安全必须以人类生存与社会可持续发展为基本前提，去探讨生态系统保护与人类活动之间的合理配置关系。但生态安全是一个抽象的概念，涉及社会、经济与自然生态系统的方方面面，它是一个理想的、很难实现的、社会发展的长远目标。目前针对区域生态安全的定性评价工作较多（李中才等，2010；马克明等，2004；蒙吉军等，2011），但许多时候很难阐述清楚研究结果的意义和具体的实践价值。生态安全格局构建是为了实现生态安全目标而采取的具体行动和措施（马世五等，2017；彭建等，2017a），因此，生态安全格局构建需要针对现实的具体问题，必须设定有限的目标；否则，生态安全格局构建很难把握，也无法去落实和执行。这是因为不同阶段人类所面临的具体问题和需求不同，不同群体所理解的生态安全内涵也不同，与此同时，不同地区由于经济发展、文化背景和生活需求不同，对生态安全的理解和定位也会存在差异。生态安全格局的内涵可以概括为以下两个方面。

1）空间上的生态平衡与环境要素之间的协调。这一问题包括三方面含义：第一，立地尺度上的要素协调与平衡，要求在开展生态恢复与安全格局构建时，必须考虑所使用的生物或工程措施与当地的环境背景和生态环境要素相协调；否则，任何人为干扰均会对区域生态安全带来负面影响。第二，空间尺度上的过程协调与平衡，在构建生态安全格局时，必须考虑空间尺度上的生态过程的完整性是否会因人为干扰而遭到破坏，同时也需要考虑空间尺度上生态系统的合理配置与优化。第三，时间尺度上的可持续性与动态适应能力，即任何生态恢复措施带来的后果在一定时间尺度上是否具有可持续性，是否可以适应未来一段时间内的环境变化。

2）人类社会的欲望需求与生态系统（自然）服务供给之间的协调与平衡。只有当人类社会对自然的索取和需求与自然生态系统可提供的服务或生态产品达到协调与平衡时，或者自然界所提供的生态系统服务远大于人类社会对生态系统服务的需求时，此时的人地关系才会处于和谐的安全状态。

1.2.2　基本目的

生态安全本质上是为了保障人类社会的生存需求，由此需要通过安全格局构建实现以下最基本的目的（黎晓亚等，2004；彭建等，2017a；陶晓燕，2014）。

1）保护和恢复区域生物多样性：生物多样性已经证明是人类社会赖以生存的物质基础，因此只有当生物多样性水平较高时才可以为人类社会生存提供源源不断的物质产品和精神财富。据 Costanza 等（1997）研究认为，目前地球上提供的生态系统服务价值高达 3.3×10^{13} 美元，高于全球各个国家国内生产总值 1.8×10^{13} 美元。因此，生态安全格局构建的目的也是为了保护和恢复区域生物多样性，为人类的可持续发展提供物质基础。

2）维持生态系统结构和过程的完整性：尽管生态安全是从人类生存与社会经济可持续发展角度提出的，但它与生态系统的结构与功能密不可分。因此生态安全格局构建必须以维持生态系统结构和过程的完整性作为最基本需求，否则为人类社会提供生态产品的基石将会受到破坏。在生态安全格局构建时，需要从影响生态系统结构和生态过程的空间单元出发，对于不同的生态过程涉及的生态空间将会不同，需要从结构和过程完整性角度构建生态安全格局，其目的是维持生态系统结构和功能的完整性。

3）实现对区域生态环境问题有效控制和持续改善。生态安全格局构建的根本目的是控制区域环境灾害的发生，减缓其对人类社会的影响。因此在生态安全格局构建时，需要重点考虑特定地区存在的突出问题和生态风险，通过有针对性的生态工程措施和格局设计，来控制可能发生的环境地质灾害和人类社会面临的生态风险。即使无法达到完全控制区域环境地质灾害，也需要通过景观格局优化与调整，实现对已有环境地质灾害的减缓。严格意义上说，生态安全格局构建至少需要满足一定时期内人类生存与社会发展的目标。

4) 满足可预见时期内人类生产、生活和休闲服务的需求。生态安全是一个非常复杂的问题，不仅涉及社会各个方面的影响因素，同时还需要考虑不同时期人类对生态安全的认知和需求。因此生态安全格局构建很难满足人类无限期的生产、生活和生存需求，实现一定时期内环境地质灾害的控制，满足人类在一定时期内的生产、生活和休闲服务的需求即可达到生态安全的目的。因此从这个角度，生态安全格局构建具有阶段性特征。

1.2.3 基本原则

目前生态安全格局构建研究，多是基于 PSR 定性评价提出抽象的生态安全格局（Li et al.，2014；陈利顶等，2006；李中才等，2010；马克明等，2004；王琦等，2016），缺乏与具体问题相关联的实证性研究（Huang et al.，2017；Peng et al.，2018；刘洋等，2010；彭建等，2016），或者基于定性评价针对单一问题提出的生态安全格局（Li et al.，2010；Pei et al.，2010；Su et al.，2016；杜悦悦等，2017；杨姗姗等，2016）。本质上生态安全格局构建必须以生态过程为主导，通过生态恢复措施的合理配置达到修缮和维持生态过程的完整性，因此生态安全格局构建所涉及的空间单元应该与生态过程发生的生态空间相一致（Sun et al.，2019b；孙然好等，2021）；由此所关注的问题或者生态过程不同，需要考虑的生态空间或生态单元也将会不同。生态安全格局构建是一项具体的实践工程，涉及具体的生态恢复措施和土地利用的空间优化配置，需要遵循以下基本原则（黎晓亚等，2004；彭建等，2017a）。

1) 生态系统完整性：生态安全是一个区域性问题，需要考虑区域的生态系统完整性。任何一个生态系统结构和功能的变化均会影响到区域生态安全，因此需要考虑区域生态系统的结构完整性、过程完整性和功能完整性。为此，生态安全格局构建需要从区域生态系统出发，考虑区域/流域尺度生态恢复措施和生态系统的优化配置。

2) 动态适应性：生态安全内涵体现在人地之间的关系协调，因此在构建区域生态安全格局时，必须考虑所采取的各种措施的适宜性和协调性，既要考虑人-地关系的协调，也要考虑生态恢复措施与自然环境因素，如土壤、地貌等之间的协调性，与此同时，也需要考虑空间尺度上生态系统配置的协调性；与此同时，还需要考虑一定时段内，生态恢复措施的适宜性。

3) 多尺度性：生态安全涉及多种尺度，不仅需要考虑立地尺度上的生态恢复措施与生态建设，也需要考虑流域或区域尺度上的生态系统空间配置与格局优化。由于影响生态系统的因子在不同尺度上存在较大差异，面临的问题也会不同，因此在开展生态安全格局构建时，需要针对不同尺度上存在的突出问题，开展有针对性的设计。与此同时，还需要考虑尺度之间的协调性。

4) 问题针对性：生态安全虽然是综合的，但具体到某一地区，需要针对具体问题、抓住主要矛盾，进行有针对性的生态恢复与安全格局构建。因此需要针对不同地区设计适宜该区的生态安全格局和生态恢复措施；同时，还需要考虑这一地区人类活动的特点和人类社会发展的需求。

生态安全保障与生态安全格局构建既有联系，也有区别。它是多方面的、综合性的，但更侧重于管理和政策方面的研究，属于战略层面的工作。生态安全保障更多关注理论层面的研究，需要政府在政策、法规和资金方面提供足够的支持；此外，生态安全保障是为了实现区域生态安全，提出一个宏观的战略性规划和行动遵循，需要通过生态恢复和生态安全格局构建去贯彻执行。生态安全保障需要首先制定一个宏观的战略规划，即纲领性文件，同时需要针对生态安全需求以及未来可能影响生态安全的特殊问题提出预警及其应对策略（Li et al., 2014；Costanza et al., 1997）；在此基础上，进一步制定符合国家生态安全战略的政策和法规；之后需要根据国家发展战略目标，提出切实可行的资金保障策略和途径。

1.3　城市生态安全格局构建

1.3.1　城市生态安全内涵

城市生态安全是把城市生态系统健康与城市可持续发展作为基本目标，通过城市生态系统修复与重建，解决城市社会经济发展中所面临的各种生态环境问题，提高城市生态系统的韧性和应对未来全球变化的适应能力（陈利顶等，2018）。杨志峰等（2013）认为城市生态安全是指一个城市的环境和资源状况能够满足人类经济、社会等的持续发展需求，又能通过自身及经济、社会的调节保证其生态环境状况处于不受或少受威胁的状态，认为人类社会的需求与资源和环境的可持续供给之间的关系是核心内容。

城市作为人类生存的栖息环境，其根本目的是满足人类的生存需求，因此城市生态安全涉及与人类有关的各种社会经济活动（Gong et al., 2009；Han et al., 2015）。如果说生态安全需要从人与自然的角度考虑二者之间的和谐关系，那么城市生态安全的目的性更强，更多从人类生产与发展角度，探讨如何控制城市现实生活中所面临的各种生态环境问题（孙然好等，2013），通过城市生态系统结构优化来增强城市生态系统韧性和健康水平、提高城市居民的生活质量和生活水平，满足人们不断增长的物质需求和精神需求（Su et al., 2016；付士磊等，2016；江源通等，2018；景永才等，2018）。

1.3.2　城市生态安全特点

城市是一个特殊的复合生态系统。首先，城市生态系统是人为改造建设的复杂系统，人类在城市建设与发展中居于支配地位；其次，城市生态系统是一个开放型的生态系统，与周边地区存在着各种各样的物质和能量交换；最后，城市生态系统本身就是为人类服务的，是为了满足人类日益增长的物质需求、提高人类应对自然变化的能力而建设的，因此城市生态安全具有可塑性。城市发展是一个螺旋上升的发展过程，而城市生态安全也是随着人类社会发展的需求增强而不断发生着变化。不同城市发展阶段，城市生态安全的理解存在差异；不同的城市发展模式，对城市生态安全的需求也会不同。与一般意义上的生态安全雷同，没有绝对意义上的城市生态安全（孙然好等，2012）。

城市生态安全具有以下特点（陈利顶等，2018）。①城市生态安全具有主观性：由于城市生态系统的特殊性，人类在城市建设、演变与发展过程中居于主导地位，而城市生态安全又是以维持人类社会的可持续发展作为主要目的，城市生态安全与城市生活的主体具有密切的关系，即不同城市类型、不同社会群体，对城市生态安全的理解不同，所面临的生态安全需求也会存在差异，因此城市生态安全具有较大的主观性。②城市生态安全具有可塑性：绝对意义的生态安全在现实生活中很难实现，许多时候实现城市的绝对生态安全所需要的成本是人类社会无法承受的，因此城市生态安全在一定程度上具有可塑性；即根据人类社会特定阶段社会经济水平和人类生存的实际需求，通过权衡分析，制定城市生态安全的目标。如城市建设中制订的城市建筑物抗震标准、防洪标准以及城市公共服务标准，均是根据人类社会发展可承受的风险和承载的能力而制订，因此，城市生态安全标准是由人类根据发展需求确定的一个目标。达到了这个目标，即可认为这样的城市生态系统就处于安全状态，否则就是不安全的。③城市生态安全具有阶段性特征：城市的发展具有阶段性特征，不同发展阶段人类的追求不同，那么在谈及城市生态安全时也会因人而异、因城而变，特别是随着经济发展，城市规模在不断扩大，城市的功能随之发生改变，在城市生态安全方面也会不断提高标准。

1.3.3 城市生态安全格局构建目的

城市生态系统是以人类活动为主导、依靠外部物质能源输入的开放型生态系统，同时也是人类社会生产生活的主要场所。城市生态安全格局构建的目的必须以满足人类的生存需求为主，具有其本身的特殊性（张小飞等，2009；张浩等，2007；任西锋等，2009）。一般而言，城市生态安全是指在快速城市化的过程中，城市生态系统及其组分能够维持自身的结构和功能，支撑城市的健康与可持续发展，同时避免人类不期望的生态环境事件的发生（彭建等，2017b）。城市生态安全格局构建的目的就是通过生态恢复和城市结构改造，提高城市人居环境质量、增强城市生态系统韧性、保障城市生态服务能力，具体包括以下方面。

1）控制城市扩张和发展中出现的生态环境问题。目前城市化过程中带来的一系列问题成为困扰城市居民生活和城市健康发展的突出问题，如交通拥堵、城市热岛、城市内涝、大气雾霾、环境污染等，这些问题成为影响城市生态安全的突出问题。城市生态安全格局构建的目的就是要及时控制城市扩张过程中出现的各种生态环境问题，实现城市人居环境质量和生态服务功能的提高，保障城市居民的生活与生存的需求。

2）维持城市地区正常的物质循环与代谢功能。城市是否处于健康和安全状态，其关键指标就是城市地区的物质循环和代谢功能是否处于正常状态。城市生态安全格局构建的目的就是要通过城市规划、功能区调整和生态用地的优化配置，来实现城市地区物质良性循环和代谢功能的正常发挥。城市物质循环和代谢功能既包括发生在基本生态单元上的，也包括发生在功能区或者行政区之间的，而不同类型的物质循环与代谢功能会在不同尺度上体现出来。因此，城市生态安全格局构建需要针对具体情况，考虑具体的研究对象和需要解决的具体问题。

3）维持城市生态系统健康运行与可持续发展。城市生态系统的健康运行和可持续发展是人类社会发展的终极目标，而作为人类生活生产的主要场所，城市生态安全格局构建的目的之一就是要通过适当的结构调整与功能提升，来实现城市生态系统的健康运行和可持续发展。为此，城市生态安全格局构建时，必须把城市生态系统的完整性和可持续性作为主要目标，通过生态用地恢复和优化调整，实现城市生态系统的结构优化和功能提升，提高城市生态系统的韧性和生态系统服务能力。

4）保证城市人居环境健康和居民的正常生活：作为人类社会的栖息场所，城市生态安全格局构建不能破坏和影响现有的城市人居环境和城市居民的正常生活，但可以通过正常的结构调整和功能疏解，来缓解特定功能区的人口压力和物质循环压力。因此城市生态安全格局构建是一个区域性的问题，涉及具体功能单元的城市生态系统的结构优化，也涉及建成区的结构和功能优化，同时还涉及不同区域之间的资源分配和功能协调。需要从更大尺度上考虑城市生态安全格局的构建，来保障城市居民的正常生产与生活需求。

5）满足现有城市居民可预见时期内生态服务需求。生态安全是一个综合性的、长远的社会经济发展目标，而生态安全格局构建则需要针对具体的问题，设定有限的目标，必须考虑其实用性、适应性和可操作性。因此，城市生态安全格局构建需要考虑城市居民的实际需求，特别是一定时期内对生态服务的需求，即在解决现有城市问题时，必须考虑所采取的措施是否可以同时解决城市居民在未来一段时期内的实际需求。

1.3.4 城市生态安全格局构建原则

作为特殊的城市生态系统，城市生态安全格局构建除了需要遵循一般性原则外，还需要针对城市生态系统特点，遵循以下原则。

1）以人为本原则：城市成为人类生存栖息的场所，生态安全格局构建必须以满足人类的生存需求为主要目的。人类是城市生态系统的干预者，也是城市建设的参与者与受益者，因此人类也将是城市生态安全格局构建的直接主导者，需要在生态安全格局构建时，全方位考虑人类社会的需求。本质上，所有与城市生态安全有关问题的出现均是人类社会直接或间接干预的结果，这些问题的解决也需要人类的直接参与。因此城市生态安全格局构建需要以人为本，以解决城市发展和人类社会面临的突出问题作为首要目的。

2）流域/区域适应原则：城市的生态安全必须放在流域或区域尺度上进行考虑，城市发展离不开水资源的供给，而大江大河通常成为推动城市起源和发展的重要基础，而与水文过程密切相关的问题均涉及流域。因而，城市生态安全格局构建，也需要考虑城市所在的流域的环境背景和生态系统特点。流域内水资源开发、水生态保护与水生态红线的划定均会影响到城市的发展和生态安全。因此城市生态安全格局构建需要将城市放在流域的大背景下去思考生态用地的配置和景观格局优化。

3）区域协调原则：城市是一个人为主导的、开放型的生态系统，需要从周边邻近区域获得物质、能量的输入来满足城市的发展需求，同时也需要周边区域生态系统来消化、容纳城市生态系统排放出来的各种废弃物。城市与周边区域之间通过近、远程的物质、能量和人类社会的耦合作用而形成一个复杂的生态网络，城市发展离不开周边区域的支持，周边区域的发展也需要城市的辐射带动作用。因而在构建城市生态安全格局时必须考虑城市与区域之间的耦合作用关系，明确城市与周边区域之间的功能定位，从而找到适合城市发展和满足生态安全的策略和途径。

4）有限目标原则：人的需求是无限的，随着城市发展和人们生活水平提高，城市生态安全的目标会逐渐提高，因此在构建城市生态安全格局时必须根据现阶段所遇到的突出问题和未来一段时间内人类社会发展的需求而设定目标，否则很难将生态安全格局构建落到实处。此外，人类的智慧是无限的，随着科技进步，人类改造自然的能力在不断提高，可以用来满足城市发展和生态安全需求的手段和技术路径会得到不断发展，因此不同时期，满足生态安全格局构建的方法和途径也会不同，因此城市生态安全格局构建可以满足一定时期的社会发展需求即可。

1.3.5 城市生态安全格局构建步骤

城市生态安全强调生态系统对城市生存、发展的保障职能（陈利顶等，2018）。而城市生态安全格局强调城市生态安全的空间存在形式，是指城市复合生态系统中某种潜在的空间格局，由一些点、线、面的生态用地及其空间组合构成，对维护城市生态平衡和重要生态服务功能起着关键性作用的景观格局（Peng et al., 2018；陈利顶等，2018；施晓清等，2005）。城市生态安全格局构建需要从三个尺度上考虑，不同尺度上面临的对象不同，需要实现的目标和需要解决的问题也存在差异（图1-1）。

1）景观尺度：需要关注的重点对象是建筑物空间布局及其生态空间优化利用，以及居住小区内蓝绿景观合理配置和小区微景观设计、立体绿化；需要关注的问题包括大气循环与热舒适度、景观宜人性、环境噪声等，而需要实现的目标包括提高环境舒适度，消除环境噪声、保障人居环境健康。

2）城市尺度：需要关注的重点对象是城市功能区类型及其空间布局，生态用地类型、面积及其空间格局；而需要关注的重点问题包括空气/土壤污染、城市内涝、热岛效应、交通拥堵和居民休闲服务需求，需要实现的目标包括功能区优化布局、环境灾害控制、生态系统服务功能提高等。

3）区域尺度：需要关注的重点对象是行政区单元、生态用地及重要生态功能区。而需要关注的重点问题包括，生态系统服务权衡与区域供需平衡，生态用地配置与生物多样性保护、环境地质灾害控制、城市生态系统退化，需要实现的目标包括功能区空间优化、区域生态系统服务供需平衡、生态保护红线设定与区域内外之间的良性互动。

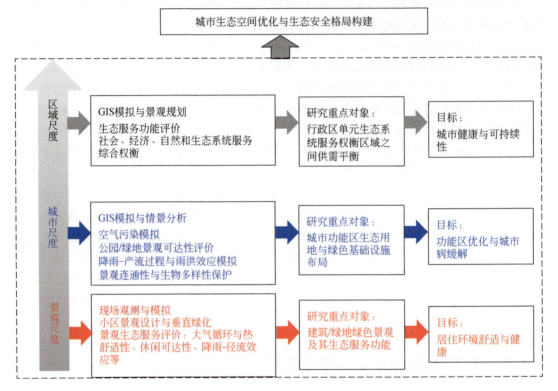

图 1-1　城市生态安全格局构建基本框架

资料来源：陈利顶等，2018

生态安全已经成为社会大众广为关注的话题。生态安全既涉及大尺度的区域生态环境问题，也涉及人们日常生活的细节问题，如生活中的水质安全、人居环境健康等，但不同群体对生态安全有不同的理解。生态安全强调人与自然生态之间的平衡，涉及社会、经济与自然等方面的因素，它也是很难实现的、长远的社会发展目标。生态安全格局是一个相对的、阶段性生态实践工程，因此生态安全格局构建必须以生态过程为主导，以过程涉及的空间为基本单元，必须针对现实的具体问题，设定有限目标。通常生态安全格局构建需要遵循以下 4 个基本原则：生态系统完整性、动态适应性、多尺度性和问题针对性。

作为人类主导的社会-自然-经济复合生态系统，城市生态安全格局构建是一个多尺度、综合性的区域问题，需要重点关注以下问题：宏观与微观尺度之间的关系协调、城市内部与外部之间的关系协调、理想与现实目标之间的权衡、人类生存需求与生态服务供给之间的权衡。

1.4 城市群生态安全格局构建

1.4.1 城市群生态安全内涵

城市群是人类社会发展到一定阶段后城市不断演变与发展的结果,通过与周边城市之间物流、人流和能流的相互融合与发展而形成的城市复合生态系统,最终实现产业结构上互补、生态功能上协调、社会发展上高度融合的状态。城市群生态安全不仅需要考虑各城市所面临的内部生态环境与社会经济问题,更需要从城市群一体化发展角度出发,考虑城市复合生态系统的健康运行与可持续发展。城市群生态安全是指在保障城市复合生态系统正常社会经济活动同时,实现城市群地区生态系统结构的优化与生态系统服务功能的提升,由此实现区域生态系统服务能力不仅可以满足人们日常物质生活基本需求、抵御外来灾害风险造成的生命财产损失,也可以满足区域内居民精神生活的需求。在内涵上,城市群生态安全与城市生态安全没有本质区别,但由于二者所关注的空间尺度不同,所面对的问题会存在一定差异。城市群生态安全是从更大空间尺度上,探讨人类社会经济的有序发展,是对城市生态安全的补充、完善与提升。许多城市尺度上无法解决的问题,可以通过城市群地区一体化协同发展来实现或得到缓解。

城市群生态安全包括狭义和广义两个层面。狭义上城市群生态安全侧重于城市群内部生态系统的空间优化和服务能力提升,重点关注城市群地区生态用地的空间优化以及城市群地区"三生空间"的合理布局,以满足城市群地区人们日常生活中的物质和精神需求作为基本目标,以不破坏城市群地区生态可持续能力作为基本原则,通过生态恢复和安全格局构建实现生态系统服务功能最大化、提升城市复合生态系统的韧性和可持续发展能力。广义上城市群生态安全既需要考虑城市群内部生态系统结构和功能协调,以及生态系统服务供需平衡,也需要从区域尺度考虑城市群与其他区域之间的协调关系,将城市群作为一个整体,考虑城市群的健康发展。对此,需要从生态流角度,研究城市群近远程耦合关系,探讨支撑城市群发展的环境资源的空间尺度效应。

1.4.2 城市群生态安全特点

城市群生态安全具有一般的生态安全属性特征,如综合性、区域性、相对性和动态性特点(陈利顶等,2018)。但除了上述特点之外,城市群生态安全也有其自身的独特性,城市群的生态安全需要从两个层面上考虑:一是城市群内部生态安全,需要在物质保障方面实现城市群地区的自给自足,满足生活在城市群地区人民的日常基本需求,实现区域内基本生态系统服务的供需平衡,如公共基础设施保障能力、休闲服务满足能力、自然灾害防御能力等;二是城市群与其他区域之间的近远程耦合关系,需要综合考虑城市群与其他地区之间发展的胁迫与平衡关系,许多时候需要从物质能源保障方面进行考虑,在更大尺度上城市群与其他地区之间的供需关系，从而实现物质、能源区域之间的平衡，如粮食供需平衡、水资源供需平衡、能源供需平衡等。但是对于城市群是否可以达到生态安全，关键取决于城市群本身科技发展水平和对外辐射能力，只有通过城市群的优化发展提升城市群吸引力和竞争力，即城市群的社会调控能力，才能弥补因土地空间有限而在物质资源保障方面的不足，从而实现城市群的生态安全。

城市群生态安全具有生态安全的一般属性，是一个相对的动态平衡，涉及不同空间尺度上社会、经济、自然、生态环境要素之间的协调与平衡。概括起来，城市群生态安全具有以下特点：①生态环境要素之间的协调与平衡。无论何种生态安全，均需要从在立地尺度上建立不同生态环境要素之间的协调与平衡，从水土资源角度构建适宜的生态系统，以及适宜本底生态环境特征的人类活动形式。对此需要着重研究区域背景下生态承载力和环境容量，从而在局地尺度上维持要素的生态平衡。②生态环境要素近远程耦合关系的协调与平衡。对于城市群来说，生态安全的关键在于区域内居民的社会生产生活的需求是否可以达到满足？然而作为以外来物质输入为主的城市群地区，许多生产和生活的基本需求均需要从其他地区获取，因此城市群的生态安全严格意义上是一个城市群与区域在物质、能量、人力和技术方面形成的动态平衡。城市群地区以其技术优势作为带动区域发展的引擎，而周边地区以满足城市群的物质和能源需求来实现区域的发展，从而在更大的区域尺度上形成一个动态平衡。③城市群内部小循环与区域大循环之间的协同联动。城市群生态安全不仅要求位于城市群地区的所有城市之间在功能上的协调，实现城市群内部物质能量循环的平衡，同时也需要城市群地区与周边更大区域范围之内实现生态功能的协调与平衡。即城市群内部的生态系统要具备满足居民基本生态系统服务需求的能力，实现供需之间的动态平衡；在区域尺度上，需要通过城市群内部的小循环实现城市群竞争能力的提升和生态系统的结构优化，从而增强城市群的韧性和对外辐射能力，与此同时，通过吸引周边区域的环境和人力资源来保障城市群区域大循环的良性发展。

1.4.3　城市群生态安全格局构建目的

随着人口增长、城市化和经济快速发展，城市群已经成为人类生活与生产的主要空间，同时成为驱动国民经济发展和保障国家安全的重点区域（陈利顶等，2018；陶晓燕，2014）。以城市群为对象，研究生态安全格局构建将成为实现国家安全的重要基础（陈利顶等，2016）。城市群生态安全格局构建是对城市生态安全格局的延伸，有其相似之处，也有其不同的地方。城市群生态安全格局构建的核心是保障城市群地区生态系统健康与安全运行，需要从更大区域尺度考虑不同城市之间构建的生态网络关系，同时需要考虑城市群与周边地区之间的协同发展关系。因此，城市群生态安全格局构建的主要目的突出表现在以下几个方面。

1）保障城市群内部区域一体化协调发展。城市群演化与发展主要是基于产业的区域分工与协同发展，一定程度上提高了城市之间的竞争活力和资源环境效率。然而随着城市群不断壮大和竞争发展，如何通过提高城市群的社会调控和管治能力，对于实现区域一体化协同发展至关重要。城市群生态安全格局构建首先需要从宏观尺度上，探讨城市之间、区域内部交通、产业、物流、能流的空间布局和有序发展，探寻适合城市群一体化发展的城市模式、产业模式和物流能流模式，真正做到产业分工明确、功能定位准确、责任分配到位，从而提高城市群对外辐射竞争能力和城市生态系统的韧性。

2）保证城市群地区人们基本生态系统服务供需平衡。城市群发展不仅将区域的产业、交通和物流能力紧密联系在一起，同时也为区域之间的人流提供了便利条件，特别是在就业、休闲服务等方面将城市群形成了一个整体。因此，需要通过城市群的生态安全格局构建，来满足生活在城市群内部人们日常生活中面临的基本生态服务需求，如就业、职住通勤、休闲服务、环境健康与生存安全等，凡是与城市群地区人们日常活动密切相关的基本需求均需要通过城市群的内部生态系统的调整而得到保障。因此通过城市群生态安全格局构建，可以有效控制人们日常生活中所面临的困难和问题，如人居环境健康、生命财产安全、休闲服务满足、就业安全保障、交通设施便利等。由此在生态安全格局构建时需要对当前所面临的问题进行列表，针对不同问题，寻找解决问题的方法和途径。在城市群尺度，生态安全格局构建需要通过生态用地的调整和生态系统重建实现城市内部生态系统结构和功能的优化与生态系统服务的提升。

3）实现城市群与区域之间物流、能流和人流畅通。城市群形成与演变具有其本身系统性特征，主要基于产业、物流、能流和人流之间的交互作用，人为主导成为城市群发展的关键，如何构建一个人与自然和谐的社会–经济–自然复合生态系统成为城市群生态安全格局构建的主要目的之一。由于城市群的人为主导和空间资源的有限性，依托城市群本身实现对城市群发展的安全保障十分困难，必须从更大的空间尺度上探讨城市群发展依托的生态腹地。为此，需要通过提高城市群本身生态系结构优化，提升城市群的辐射竞争能力，与周边区域之间构成一个交错发展、有机复合的生态网络体系。因此为了保证城市群生态安全，必须在优化城市群内部生态系统结构和功能基础上，探讨城市群发展在物质、能源和人力资源方面对周边区域的依赖特征，从近远程耦合角度探讨城市群的生态安全保障机制。

城市群生态安全格局的基本框架如图 1-2 所示。

1.4.4　城市群生态安全格局构建原则

城市群生态安全与城市生态安全的主要区别是覆盖的空间范围更大、形成的生态系统更为复杂。但其与城市生态安全具有很多相似之处，均是以人为主导、依赖于外来物质输入的开放型生态系统，因此城市群生态安全格局构建不仅需要满足城市生态安全格局构建的基本原则，还需要考虑城市群的基本特征和复杂性，从城市与区域之间的近远程耦合角度，探讨城市群生态安全格局的构建，其基本原则还包括以下几个方面。

1）生态安全供需平衡的层次性。生态安全是一个动态的相对的概念，因此在生态安全格局构建时，也需要从城市群发展的需求角度考虑格局构建的目的。对于生态安全格局构建来说，人们可以进行改造和调控的空间范围局限在城市群所覆盖的地区，因此需要根

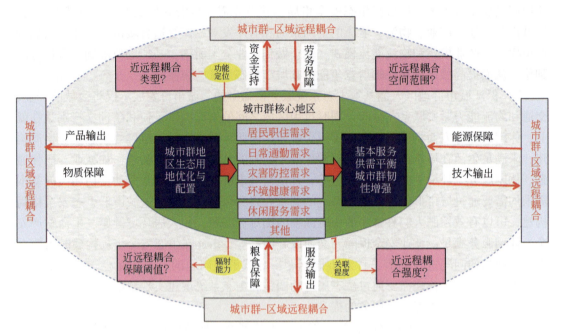

图 1-2　城市群生态安全格局基本框架

资料来源：陈利顶等，2018

据城市群的发展定位和资源禀赋，梳理清楚城市群可以支配的土地资源、环境资源和存在的突出的问题，由此明确生态安全格局构建时需要面对的环境资源和生态系统服务需求。作为人为主导、开放型的社会-经济-自然复合生态系统，完全满足城市发展的各方面需求、实现绝对的生态安全是不现实的，城市群的生态安全除了需要保障本地区的基本生态安全外，需要通过优化城市群生态系统结构和功能，提高城市群对外辐射竞争能力，来获取外部地区的支持。因此，在生态安全格局构建时，需要从近远程耦合、近远期需求提出城市群生态安全实现的目标和需要面对的问题。

2）生态安全保障的阈值效应。对于城市群生态安全保障的基本需求，通常需要考虑城市群区域内部，如何通过土地利用结构调整和生态系统重建，来实现对城市群发展基本需求的保障，如人居环境健康、生态风险防控、休闲娱乐供给。而对于城市群发展的远期（程）目标需求，如物质保障、资源供给、人力资源服务等方面，需要通过与周边区域之间的合作与协调来实现。而在多大程度上需要本地区的资源环境来保障则取决于城市群本身的社会调控能力，由此需要依据城市群本身的社会调控能力和资源禀赋给出本地区不同需求目标的生态安全保障阈值。一般来说，城市群地区的社会调控能力越强，其对周边地区的辐射竞争能力越强，可以从周边地区获取更多的物质资源和人力来为城市群发展提供保障，因此在设定其本身的生态安全阈值时可以稍低，而对于城市群地区的社会调控能力较弱时，在生态安全保障方面则需要设定较高的阈值。因此对于不同类型的城市群，面对不同生态安全需求，需要根据城市群的社会调控能力设定不同的阈值。

3）生态安全格局的空间联动性。城市群作为一个复杂的生态系统，无论是生态环境要素之间，还是区域之间形成了千丝万缕的关系。在生态安全格局构建时，必须从城市群的整体出发，充分考虑要素之间、城市之间的互动关系，探讨满足城市群社会经济发展的途径和方式，从而实现城市群地区生态系统服务功能的提升和抵御外来灾害风险的韧性。因此，在生态安全格局构建时，需要首先明确不同地区的功能定位，阐述清楚不同地区之间的服务关系，依据城市群地区社会经济发展目标和居民生产生活需求探讨生态安全实现的路径和方式。

1.4.5　城市群地区生态安全格局构建路径

生态安全是一个涉及多尺度、多要素、多层次的区域性问题，加上城市群空间耦合关系的复杂性，在生态安全格局构建时必须从多要素、多尺度、多过程角度去考虑，生态安全格局构建技术路线如图1-3所示。

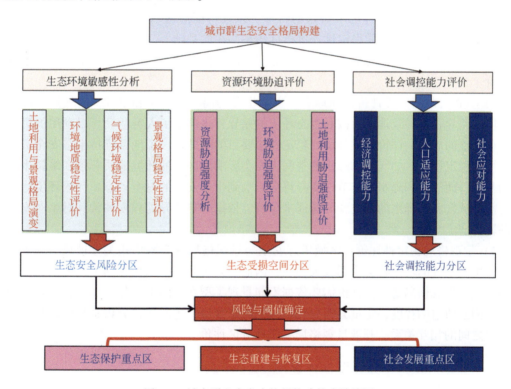

图1-3　城市群生态安全格局构建技术路线图

1.4.5.1　生态环境敏感性评价

一个地区的环境背景特征决定了生态安全格局的特征。开展生态敏感性评价就是要准确描述城市群地区的本底特征，掌握维持生态安全格局的基础。整体上，影响一个地区生态环境敏感性的因素包括环境地质背景（Reed，2002；Yang et al.，2018）、气候环境空间变异（Seddon et al.，2016）、水土资源禀赋和土地利用演变（Hong et al.，2017）。为此，在开展生态环境敏感性评价时，可以从环境地质稳定性、气候环境稳定性和景观格局演变的稳定性进行评价。

1）土地利用与景观格局演变：生态安全格局构建的关键是对区域内土地利用和景观格局的深入了解与正确把握。土地利用和景观格局是支撑和保障区域生态安全格局的基础，也是未来开展景观格局优化与调整、格局构建的重要抓手。作为人类主导的重要活动方式之一，土地利用现状直接关系到人类对区域资源环境的利用强度和生态环境的影响程度，也决定了人类活动影响下生态安全受到的胁迫程度，开展土地利用和景观格局演变特征分析将成为开展生态安全格局构建的基础。为此需要重点分析区域土地利用演变的时空特征及其与人类活动的关系，分析土地利用和景观格局演变对区域生态安全的影响。

2）环境地质稳定性评价：环境地质稳定性直接决定了一个地区生态安全的水平，也将影响到人类活动的类型和形式。环境地质稳定性需要从地质岩性、构造特征、地下水和地质灾害等方面，分析环境地质背景的特征，以及可能对区域生态安全带来的危害。因此，需要通过构建环境地质稳定性评价指标体系，在此基础上，进一步通过空间分析与叠加分析环境地质稳定性的时空特征，根据稳定性的高低及其对区域生态安全的影响进行分区评价。

3）气候环境稳定性评价：地球表层生物生存均离不开光照和空气，而气候资源与气候环境的差异直接导致地表植被和生态环境的差异，也决定了人类活动可以利用的资源以及生存环境的质量。评价气候环境的稳定性主要目的是分析一个地区维持生态安全资源可获得性的稳定程度，如气温和降水的空间变异会影响到区域的环境地质背景和维持生态安全的基底；而气温和降水的季节性变异将会影响到生态安全的时空动态。气候环境稳定性评价需要从气温、降水的时空变异特征来分析，依据时空变异的程度评价其对生态安全格局的影响。

4）景观格局稳定性评价：区域生态安全与景观格局演变密切相关。景观格局发生变化后，生态系统的功能将会受到较大影响，因而与人类活动密切相关的生态安全状态就会受到影响。景观格局稳定性评价需要依据不同景观类型在空间上的邻接关系，以及受到外来人为因素胁迫的程度，定量分析景观格局的稳定程度；进而通过分析景观格局与区域生态安全之间的相互关系，开展景观格局稳定性分区评价。

1.4.5.2 资源环境胁迫性评价

资源环境是维持一个地区生态安全的重要因素，而资源环境受到的胁迫程度直接关系到生态安全的受胁特征。因此需要从资源的承载能力、环境受胁迫状态和土地利用对区域生态安全的胁迫程度评价一个地区生态安全的胁迫程度。

1）资源胁迫强度分析：资源的承载能力和状态直接关系到一个地区生态安全的状态，当资源受到高度胁迫时，由于过度的人类活动对资源的需求和破坏无法满足人民生产和生活的需求，生态安全就会受到威胁。资源胁迫强度分析主要是从资源供需平衡的角度，分析一个地区资源所受到的胁迫状态，在进行一个地区的生态安全格局构建时，需要重点考虑具有可再生能力的资源的受协状态，如水资源、土地资源等。

2）环境胁迫强度评价：环境胁迫从人居环境健康和环境容量方面反映了人类所面临的生态安全威胁。环境胁迫状态与区域环境容量、环境承载力以及人类活动对环境的影响密切相关。环境胁迫强度评价需要从人类活动与环境之间的相互作用关系，评价人类活动向环境中排放的各种废弃物是否会影响到生态系统健康和生态安全状态，因此在进行环境胁迫强度评价时，需要重点考虑与生态安全有关的环境要素受到人类活动影响的程度。

3）土地利用胁迫强度评价：土地利用直接反映了人类活动的类型和方式，直接影响区域生态安全的状态。当一个地区的土地利用强度超出本地区资源环境的承载能力时，土地利用将会产生较大的负面影响，区域生态安全状态就会受到胁迫。因此，土地利用胁迫强度评价，就是要结合本地区的资源环境背景和土地利用现状，分析土地利用对区域生态安全的影响程度。

1.4.5.3 社会调控能力评价

无论是城市生态系统，还是城市群地区，均是一个高度人为干扰的生态系统，仅靠本地区的资源环境无法满足其健康运行，必须依靠外来的物质能力的输入和环境支撑才能实现城市群的健康运行和发展。因此，通过城市群的产业结构调整和优化布局，提高城市群的韧性、对外竞争能力和社会调控能力，对于保障城市群的生态安全具有极其重要的意义。需要从经济调控能力、人口适应能力和社会应对能力评价城市群的社会调控能力。

1）经济调控能力：经济调控能力的增强有助于生态安全的保障。尤其对于外来输入性的城市生态系统来说，只有增强了经济调控能力，才能从外部获取更多的资源来满足城市发展和生态安全保障的需求。通常来说，一个经济调控能力很强的城市群地区，即使本地区资源环境保障能力与生态安全保障目标有较大差距，但由于其对外部的辐射竞争能力较强，也可以通过外部物质能量的输入，或科学利用外部资源来实现对该地区生态安全的保障。经济调控能力的高低取决于 GDP 的总量和人均拥有量。

2）人口适应能力：人口适应能力主要反映了当地居民对外来干扰的适应状态和抵御外来各种灾害和风险的能力。严格意义上，人口适应能力与当地的居民性别、年龄结构、收入结构、身体健康状况密切相关，可以通过统计数据分析结合问卷调查数据，综合分析人口适应能力；也可以依据居民类型或区域分布差异，确定不同地区人口的适应能力。

3）社会应对能力：社会应对能力主要反映了一个地区在遇到外来重大事件或灾害时，社会可以调动的资源，及时采取处理措施的应变能力和机制。社会调控能力取决于一个地区的经济实力、科学政策保障机制和领导的应急处理能力，同时也与一个地区的物资保障体系的建立密切相关。提高一个地区的社会调控能力对于实现区域生态安全具有至关重要的作用。

|第2章| 京津冀城市群自然环境特征与景观格局演变

2.1 京津冀城市群自然环境特征

2.1.1 地形地貌

京津冀城市群地区位于华北平原北部，地理坐标为113.459°~119.867°E，36.048°~42.618°N，东与渤海相邻，拥有丰富多样的湿地景观和湿地环境，是水鸟和候鸟的重要栖息和保护基地；西靠太行山脉，是我国地形三级阶梯中第二、第三级阶梯的边界，是华北地区重要的生态保护区，林草地茂密，分布有众多水系和自然风景区，是京津冀地区地表径流的源头；北与内蒙古高原毗邻，拥有迷人的塞外草原风光景色，但由于降雨稀少、植被稀疏，是京津冀沙尘的主要来源；阴山山脉—燕山山脉自西向东横穿京津冀北部，地势落差大、林草茂密，受季风影响降雨量较多，不仅可有效阻挡风沙，还是京津冀城市群地区的水源涵养区，分布有众多的水库。

所以京津冀城市群地区总体呈现西高东低、北高南低的地势特征，包括坝上高原区，太行山、阴山、燕山山脉组成的山地丘陵区，广袤的华北平原区及环渤海滨海湿地区。平原、山地、高原面积占比分别为44%、48%、8%，其中高原区海拔在1200~1500m，山地海拔在500~1000m，平原区平均海拔为50m，渤海湿地平原区海拔在5m以下。

2.1.2 气候

京津冀城市群地区属于温带大陆性季风气候，年降水量南北有较大差异，平均在500~800mm，月际降水差异极大，每年的6~9月降水量较多，雨季主要在7~8月，年均蒸发量约为1500~2000mm。年平均气温在10~14℃，其中1月最低，7月气温最高，分别为-5℃、26℃左右。冬季因西伯利亚大陆高压气团影响，雾霾较为严重；春季由于内蒙古高原特殊自然地质条件和季风影响，易产生沙尘天气；夏季受季风环流影响，降水量增加，由于太行山脉和坝上高原的阻挡，降水主要集中在环渤海地区至坝上高原间的平原及丘陵地区，易形成暴雨，造成洪涝灾害。

2.1.3 水文与水资源

京津冀城市群地区位于海河流域，主要河流有海河、清河、洋河、滦河、蓟运河、漳卫河、永定河、潮白河、子牙河及人工河——京杭大运河。据水资源公报显示，京津冀城市群地区年径流量在 100 亿 m³ 左右，区域内天然湖泊较少，主要有白洋淀和衡水湖两大湖泊。截至 2018 年，京津冀城市群地区共有各类水库 1184 座，其中北京 87 座、天津 27 座、河北省 1070 座。大型水库为 26 座，主要分布在子牙河、大清河、永定河、潮白河、蓟运河和滦河水系上；北京市有官厅水库、怀柔水库、密云水库、海子水库 4 座，天津市有于桥水库 1 座，其他都位于河北省；中型水库北京、天津、河北分别有 17 座、13 座、39 座。

2019 年京津冀城市群地区水资源总量为 218 亿 m³，为全国总水资源量的 0.79%。北京市、天津市、河北省水资源总量分别为 36 亿 m³、18 亿 m³、164 亿 m³。全国人均水资源量为 1968m³，而北京市、天津市、河北省人均水资源量分别为 167m³/人、115m³/人、216m³/人，分别为全国人均水资源量的 8.5%、5.8%、11%。京津冀城市群地区平均水资源量为 192m³/人，为全国人均水资源量的 9.8%，远低于 500m³ 这一国际公认的严重缺水线。京津冀城市群地区总用水量为 249 亿 m³，北京、天津、河北分别为 39 亿 m³、28 亿 m³、182 亿 m³，其中京津冀城市群地区农业用水、工业用水、生活用水、生态用水量分别为 135.3 亿 m³、27.8 亿 m³、53.6 亿 m³、33.5 亿 m³，农业用水、工业用水、生活用水、生态用水量所在比例分别为 54%、11%、22%、13%（表 2-1）。近 10 年的京津冀城市群地区年均用水量均在 250 亿 m³ 左右，而水资源量仅为 217 亿 m³，各年年均水资源量缺口在 33 亿 m³ 左右。

表 2-1 京津冀城市群地区主要社会经济及生态指标

项目	全国	京津冀城市群	北京	天津	河北	单位	年份
常住人口	139538	11308	2154	1562	7592	万人	2019
城镇常住人口	83137	7424	1863	1297	4264	万人	2018
农村常住人口	56401	3846	291	263	3292	万人	2018
土地面积	9640000	216964	16405	12225	188334	km²	2017
耕地面积	1348812	71694	2137	4368	65189	km²	2017
建设用地	395741	30191	3602	4173	22416	km²	2017
GDP	990865	84580	35371	14104	35105	亿元	2019
人均 GDP	64644	74803	164241	90304	46240	元	2018
水资源	27463	218	36	18	164	亿 m³	2019
用水量	6016	249	39	28	182	亿 m³	2019
农业用水量	3693.1	135.3	4.2	10	121.1	亿 m³	2018
工业用水量	1261.6	27.8	3.3	5.4	19.1	亿 m³	2018

项目	全国	京津冀城市群	北京	天津	河北	单位	年份
生活用水量	859.9	53.6	18.4	7.4	27.8	亿 m³	2018
生态用水量	200.9	33.5	13.4	5.6	14.5	亿 m³	2018
粮食产量	66384	3991	29	223	3739	万 t	2019
电力消费总量（实物量）	68449	5669	1142	861	3666	亿 kW·h	2018

2.1.4 社会经济

京津冀城市群地区包括北京市、天津市和河北省全部地区，共计 13 个城市、200 个县级行政区。截至 2019 年，京津冀城市群地区常住人口数为 1.13 亿人、国内生产总值为 84580 亿元、土地面积为 21.7 万 km²、水资源总量 218 亿 m³、粮食总产量 3991 万 t。以 2.25% 的土地面积承载了全国 8.1% 的人口，以 5.3% 和 0.79% 的耕地和水资源生产了全国 6.01% 的粮食。

2.1.5 生态环境现状

京津冀城市群地区南水北调工程、风沙源治理工程、三北防护林工程、生态清洁小流域治理、坡耕地改造等生态工程，近年来取得了显著的成效。根据《全国生态功能区划》，京津冀城市群地区共有两大类生态功能区，主要为土壤保持和农产品供给功能区，具体为西辽河上游丘陵平原农产品提供功能区、阴山山地落叶灌丛–草原防风固沙功能区、冀北及燕山山地落叶阔叶林土壤保持功能区、永定河上游山间盆地土壤保持功能区、太行山山地落叶阔叶林土壤保持功能区、冀东平原农产品提供功能区、华北平原农产品提供功能区。

生物多样性保护方面，京津冀城市群地区目前共有两个生物多样性保护优先区，分别为太行山区生物多样保护优先区、黄渤海海洋与海岸生物多样性保护优先区。京津冀城市群地区目前共有 71 个自然保护区，其北京市、天津市、河北省分别为 20 个、8 个、43 个。根据全球生物多样性信息机构（GBIF）数据库显示，京津冀城市群地区物种多样性丰富，动物、植物、细菌、真菌、藻类物种数量众多，其中动物、植物、真菌物种数量分别占全国对应类型数量的 75%、70% 和 13%；北京市、天津市各地监测到鸟类物种数分别为 2141 种、865 种。

洪涝灾害方面，根据《中国历史大洪水调查资料汇编》（骆承政，2007）、《中国近五百年旱涝分布图集》、《中国近五百年旱涝分布图集》续补（1980—1992 年）（张德二等，1993）、《中国近五百年旱涝分布图集》再续补（1993—2000 年）（张德二等，2003）、《中国地理图集》（1980）、河北省近 50 年自然灾害数据集（1960—2010）（秦奋，2014），京津冀城市群地区水灾频次在 0.01~0.07 次/年，洪涝灾害程度类型属于"重度与特重度灾变区"。1790 年以来,京津冀城市群地区历史大洪水共有 1010 次。

土壤侵蚀方面,根据水利部发布的四次土壤侵蚀遥感调查分省数据,京津冀城市群地区面临着较为严重的土壤侵蚀状况,侵蚀类型主要为水蚀和风蚀,其中以水蚀为主,京津冀城市群地区土壤侵蚀面积在 2011 年为 5.05 万 km²,其中水力侵蚀面积占比达 90% 以上(表 2-2)。

表 2-2 京津冀城市群地区 1985~2011 年土壤侵蚀变化数据

项目	年份	北京	天津	河北	京津冀城市群地区
土地面积/km²	—	16367	11534	187492	215393
侵蚀面积/km²	1985	4829.95	402.61	70963.14	76195.7
	1995	4382.91	462.48	62957.14	67802.53
	2000	4095.5	409.5	60814.9	65319.9
	2011	3202	236	47096	50534
侵蚀比例/%	1985	29.51	3.49	37.85	35.38
	1995	26.78	4.01	33.58	31.48
	2000	25.02	3.55	32.44	30.33
	2011	19.56	2.05	25.12	23.46
侵蚀面积变化/km²	1985~1995	−447.04	59.87	−8006	−8393.17
	1995~2000	−287.41	−52.98	−2142.24	−2482.63
	2000~2011	−893.5	−173.5	−13718.9	−14785.9
	1995~2011	−1180.91	−226.48	−15861.14	−17268.53
	1985~2011	−1627.95	−166.61	−23867.14	−25661.7
侵蚀比例变化/%	1985~1995	−2.73	0.52	−4.27	−6.48
	1995~2000	−1.76	−0.46	−1.14	−3.36
	2000~2011	−5.46	−1.5	−7.32	−14.28
	1995~2011	−7.22	−1.96	−8.46	−17.64
	1985~2011	−9.95	−1.44	−12.73	−24.12

2.1.6 土地利用现状

京津冀城市群地区林地、草地、耕地、建设用地、水域、未利用地的比例分别为 31.9%、25.7%、7%、31.4%、2%、2%。1985~2000 年,土地利用转移主要表现为由耕地转为建设用地,比例为 14%;林地转为耕地,转移比例接近 8%;水域也被耕地侵占,侵占比例为 11.56%。2000~2018 年,土地利用转移矩阵显示,生态用地得到极大改善,土地利用转移主要表现为草地转为林地,转换比例超过 20%;耕地转变为草地占比接近 6%,详细情况如表 2-3 和表 2-4 所示。

表2-3 京津冀城市群地区 1985～2000 年土地利用转移矩阵　　　（单位:%）

土地利用类型	耕地	林地	草地	水域	建设用地	未利用地
耕地	82.22	1.33	0.12	1.98	14	0.35
林地	7.96	84.53	5.28	0.08	2.15	0
草地	7.12	3.62	83.7	1.38	4.07	0.11
水域	11.56	1.08	0.91	82.9	3.05	0.50
建设用地	0	0	0	0	100	0
未利用地	14.21	0.02	1.02	0.47	6.78	77.50

表2-4 京津冀城市群地区 2000～2018 年土地利用转移矩阵　　　（单位:%）

土地利用类型	林地	草地	耕地	建设用地
林地	94.31	4.92	0.69	0.08
草地	20.19	72.65	6.91	0.25
耕地	3.57	5.91	88.59	1.93
建设用地	0	0	0	100

2.2　气候波动与稳定性评价

2.2.1　气温变化趋势

图2-1 显示了京津冀城市群地区 2000 年以来的气温变化趋势。其中，最高温的变化略有下降，趋势为-0.043℃/a；最低温有所增加，趋势为 0.074℃/a；年平均温度较为稳定，变化趋势为 0.035℃/a。

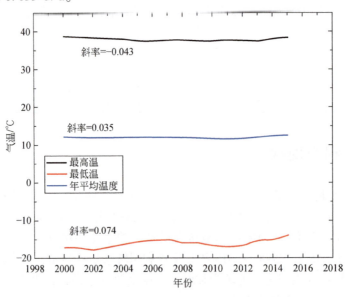

图 2-1　京津冀地区 2000～2015 年气温变化趋势

京津冀城市群地区 2000 年以来的气温空间格局有了较为显著的变化，主要表现在中部和南部地区的气温分布上。京津冀城市群地区气温整体格局呈现自西北到东南，气温逐渐升高。2000 年以来，京津冀地区北部气温格局基本稳定，张家口市和承德市北部气温保持在年均 10～12℃以及 13～15℃的区间，北京市北部、张家口南部以及承德南部，则处于 15～17℃的区间，以上区域的气温格局变化不大。京津冀中部区域，如廊坊、保定、石家庄、沧州等地的气温 2000 年以来有所升高，大部分地区从 2000 年以来的 17～19℃升高为 2015 年的 19～22℃。而京津冀城市群南部地区，如邯郸、邢台以及衡水，2000 年以来的年平均气温则变化不大。

2.2.2　降水变化趋势

表 2-5 显示了区域和城市尺度的线性拟合结果。从结果上看，区域降水呈现弱增长趋势（斜率为 0.135）。所有城市都显示出较弱的时间变化趋势，拟合斜率均小于 1.457mm/a。其中，有 6 个城市趋于增加，但只有沧州（$p=0.021$）和张家口（$p=0.004$）通过显著性检验。其他 7 个城市呈下降趋势，并且未通过显著性检验，包括北京、天津等发达城市，说明从区域或城市平均尺度，城市或区域的降水变化趋势整体并不显著，需要从更小的尺度开展进一步分析。

表 2-5　区域和城市降水变化显著性检验

统计结果	京津冀	沧州	张家口	其他城市
斜率	0.135	1.457	1.061	4 城市>0，7 城市<0
显著性 p 值	0.462	0.021*	0.004*	>0.05

注：* 指 $p<0.05$ 水平显著

降水趋势的空间变化如图 2-2 所示。总体格局表明，降水趋势为增加的点以西部为主，降水趋势为减少的地点以南部和东部为主。西部的城市范围内降水趋势为增加，如张家口、保定、石家庄和邢台。东部的几个城市范围内的站点降水趋势减少，如承德和唐山。北京市中心为西增东减。天津市内的站点则变化趋势不明确。在北京仅发现 2 个显著增加的站点，在天津发现 1 个显著减少的站点（为清楚起见，未显示显著性检验的结果）。京津冀南部趋势为增加的站点比趋势减少的站点显著性更强。从地形上看，张家口北部作为内蒙古高原的一部分，其降水呈现出增加的趋势。而燕山地区（北京北部和承德）的降水趋势则有部分减少。京津冀地区的南部和东部为华北平原，总体降水呈增加趋势（60 个站点趋势增加对比 36 个站点趋势减少）。沧州市西减东增，而邯郸和邢台相邻，但趋势相反。

2.2.3　气候稳定性评价方法

气温、降雨等气象和气候要素不仅直接影响水源涵养能力，还间接影响区域生物多样性、土壤保持等多项生态系统服务功能。在全球气候变化及京津冀城市群地区人口、

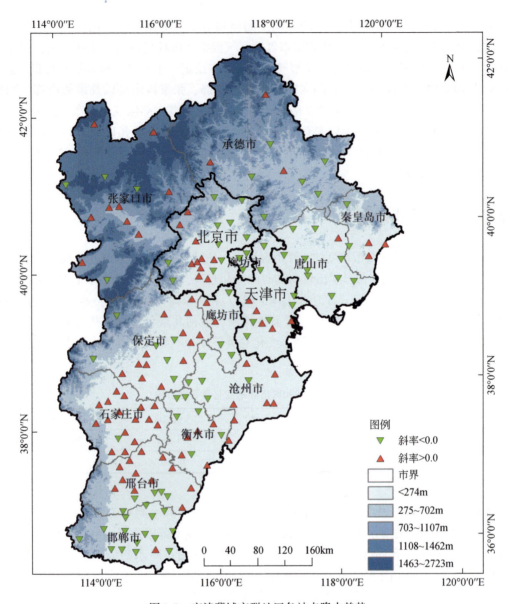

图 2-2　京津冀城市群地区各站点降水趋势

社会经济快速增长背景下，研究京津冀城市群地区气候空间变异对区域生态安全的影响具有十分重要的意义。京津冀城市群地区属于温带大陆性季风气候区，季风风向和季节变化主要受东亚大气活动中心控制，因此京津冀城市群地区的气候要素变化会出现较大的年际波动。目前，针对气候不稳定性研究，大多集中在极端天气的发生，如降雨和气温等；也包括不同地质构造年代间的气候变化。降雨、气温等气象因子是影响水源涵养、水土保持、洪涝风险的主要因素，因此本书使用 2000～2018 年气象数据，分析了京津冀城市群地区年降雨量、年气温这两项气象要素的变化特征。然后运用 2011～2015 年的气象数据均值与 2000～2018 年的气象数据均值的差值，再与 2000～2018 年的气象数据均值求比值，得到综合气候稳定度。

综合气候稳定度是降雨稳定度与气温稳定的平均值，其评价公式如下：

$$S'_i = \frac{P_i - \bar{P}}{\bar{P}} \qquad (2\text{-}1)$$

$$S_i = \frac{S'_T + S'_P}{2} \qquad (2\text{-}2)$$

式中，S'_i 为气候因子变化率；P_i 为 2011~2015 年的气象数据均值；$\bar{P}$ 为 2000~2018 年的气象数据均值；S_i 为综合气候稳定度（单位为%）；S'_T 为气温变化率；S'_P 为降雨变化率。S_i 值越大，气候因子变化越大、越不稳定。

2.2.4 气候稳定性评价

图 2-3（a）和图 2-3（b）分别表征为 2011~2015 年的降雨量、气温距平比值，值越大表征气候因子越不稳定。结果表明，京津冀城市群地区降水不稳定性高值区主要分布在

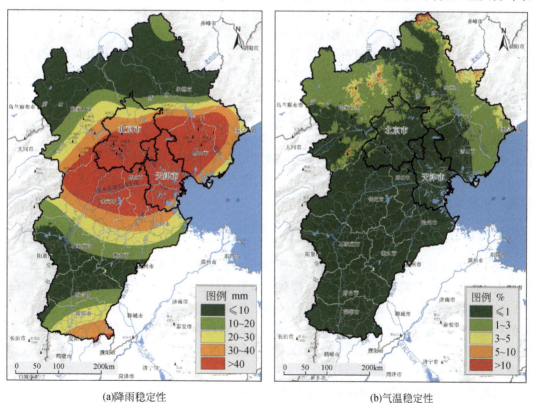

(a)降雨稳定性　　　　　　　　　　　　(b)气温稳定性

图 2-3　京津冀城市群地区气候稳定性评价图

环渤海及其西部区域，在空间上以北纬116.5°为中心，呈现明显的南北条带分布，中心降雨变化率小于10%；气温变化较为稳定，变化率在1%以内，不稳定性强度主要集中在北部很少部分山区，变率在5%以内，比降雨变化率较为稳定；综合稳定性与降雨稳定性的空间分布基本一致，不稳定较强的地区主要集中环渤海地区，以北纬116.5°为中心，呈现明显的南北条带分布，综合变化率在5%以内，并以北京市、天津市、保定市等城镇化进程比较快的地区为主，说明城镇化对于气候变化产生一定的影响。

2.3 景观格局演变特征

2.3.1 基于遥感影像的景观格局制图分析

2.3.1.1 遥感影像预处理

(1) 几何矫正

遥感影像成像时，会受到传感器自身和外界环境的多种因素干扰，如卫星飞行姿态、卫星飞行高度、传感器拍摄角度、地球自转、传输路径干扰等。这些因素会导致获取的影像信息存在误差，而不能反映出地物的真实信息，影像会产生几何畸变。因此，本书在使用遥感影像进行解译与数据处理前，运用ENVI5.3对研究区遥感影像进行几何精校正，通过选取相控点，将现有坐标进行转换处理，转变为WGS_1984_UTM_Zone_50N坐标系下的数据。

(2) 波段融合

Landsat8 OLI影像数据有11个波段，分辨率为15m。京津冀城市群区域面积较大，15m的影像分辨率可以满足工作需要。不同波段可以反映出不同地物信息的特点，本书提取植被信息，采取标准假彩色（5，4，3）波段组合，假彩色波段下段能够更好地对水体、建筑、植被等信息进行识别。

2.3.1.2 遥感影像解译

对下载的遥感影像进行辐射定标与大气校正，使其在最大限度上保持空间位置的一致性。由于原始影像单幅不能覆盖整个京津冀城市群地区，需要对影像进行拼接处理。对拼接后的遥感影像再做融合处理，产生研究区假彩色遥感影像。由于不同波段融合形成的假彩色对地物信息的识别效果不一样，结合前人经验通过融合遥感影像的第5、第4和第3波段，分别赋予红、绿、蓝三种颜色，合成假彩色图像，应用研究区边界裁出相应的遥感影像，以备下一步进行土地覆盖分类。

对处理好的遥感影像，通过人机交互的方式完成对京津冀城市群地区的地物识别，如果对所有的遥感影像进行目视解译，那么工作量会大大增加且误差也会随之增加，因此在前一个时间点目视解译数据或所获取土地利用数据的基础上进行目视解译，就可以简单快捷地获取多个时间节点的土地利用数据。解译的标准为国家土地利用分类方法，解译精度为 1 级分类，包括林地（代码 1）、草地（代码 2）、湿地（代码 3）、耕地（代码 4）、人工表面（代码 5）、未利用地（代码 6），共六类，如表 2-6 所示，且解译结果的精度已经过同期历史数据及野外调查等方式的验证，准确度均高于 93%。解译前进行调研，获取目视解译判读标志，供解译参考表 2-7，为确保遥感影像解译的准确性，需要在解译前后进行野外实际调研，提高影像与地物的匹配精度，提高准确率。

表 2-6 土地利用覆盖分类体系表

名称	代码	含义
林地	1	该部分由密林、有林地、疏林地、人工林组成，乔灌木是其主要植被类型
草地	2	该部分由高、中覆盖度草地，裸草地、干旱河谷灌草组成，植被类型为草地
湿地	3	该部分由河流、湖泊、水库坑塘组成
耕地	4	该部分由农田与经果林组成。其中农田又包括水田和旱地
人工表面	5	主要指人工的建筑用地，包括居住用地（村、镇、乡/县、市）、工业用地、交通用地、商业用地等
未利用地	6	该部分主要有裸土地、裸岩石质地、海边滩涂等

表 2-7 京津冀城市群土地利用类型解译标志

代码	土地利用类型	影像特征	影像
1	林地	影像边界清晰，地物颜色呈深红或浅红色，乔木林纹理清晰与周边差异明显，灌木林与周边差异不明显，影像结构不一	
2	草地	影像边界不清晰，地物颜色呈浅红色或淡绿色，草地结构较均匀，稀疏草地颜色略浅，无纹理特征	
3	湿地	边界明显，轮廓清晰，地物颜色呈蓝色或浅蓝色，结构单一	
4	耕地	影像边界明显，形状较为规则，地物颜色呈红色、浅红色或灰色，耕地纹理清晰	

代码	土地利用类型	影像特征	影像
5	建设用地	影像边界清晰，形状集中规则分布，地物颜色呈灰色，并混合白色及其他颜色，纹理较为粗糙	
6	未利用地	边界清晰，色调不均匀，纹理均一	

2.3.2　景观格局演变

通过数据收集得到 1984 年、1990 年、2000 年、2005 年和 2010 年京津冀城市群地区土地利用数据，并在此基础上解译得到 2015 年和 2020 年土地利用类型数据，根据不同年度土地利用现状图（图 2-4），对土地利用类型进行统计分析（图 2-5）。

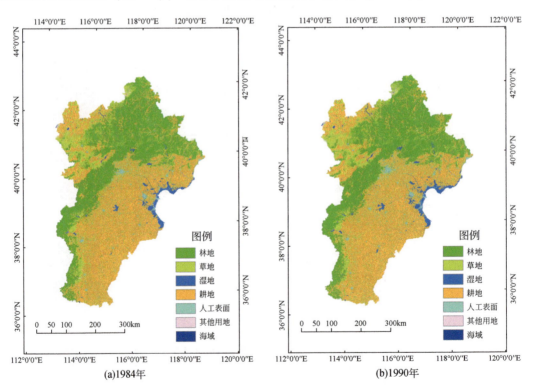

(a)1984年　　　　　　　　　　　　　　　　(b)1990年

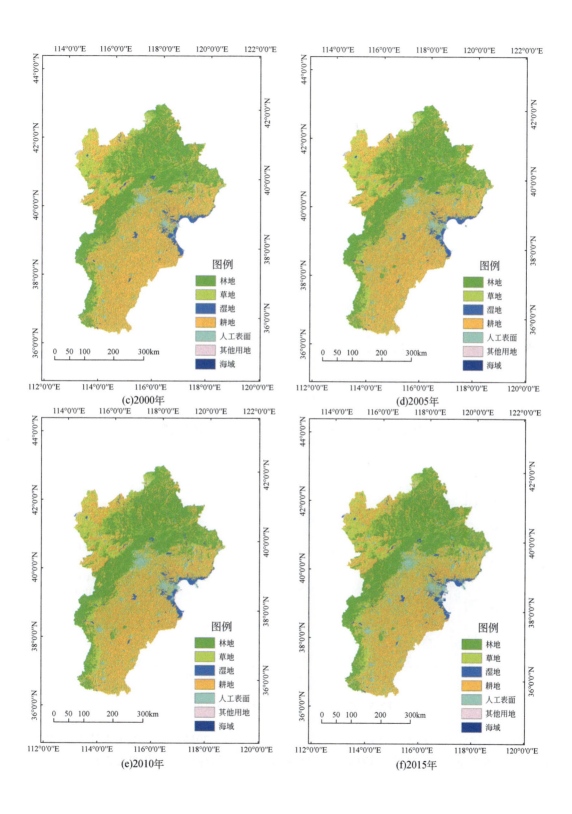

(c)2000年

(d)2005年

(e)2010年

(f)2015年

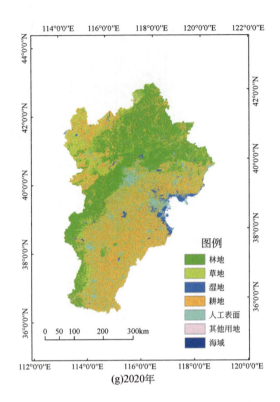

图 2-4　京津冀城市群地区各时间节点土地利用类型图

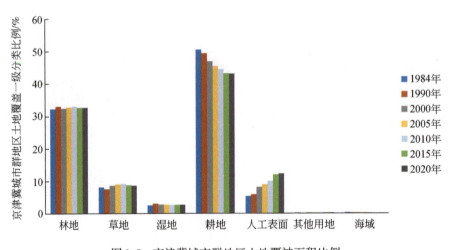

图 2-5　京津冀城市群地区土地覆被面积比例

　　利用京津冀城市群地区 2000 年、2005 年、2010 年、2015 年和 2020 年的土地利用数据，结合转移矩阵分析 4 个时段内各土地利用类型的变化特征，结果如表 2-8 所示。

表 2-8　京津冀城市群地区 2000～2020 年土地利用转移矩阵表　（单位：km²）

时段	土地利用类型	林地	草地	湿地	耕地	人工表面	未利用地	海域
2000～2005年	林地	70337.72	31.12	9.34	164.91	57.05	3.78	0
	草地	99.89	18431.36	36.77	36.37	71.34	4.06	0.29
	湿地	32.48	97.5	5641.27	243.15	165.27	33.54	1.35
	耕地	945.62	951.83	322.73	98386.52	1514.27	23.88	0
	人工表面	21.14	32.67	11.6	136.84	17211.27	1.95	0.23
	未利用地	2.53	33.65	34.26	20.03	33.68	471.91	0.19
	海域	0.32	2.2	20.9	0	11.21	14.01	494.02
2005～2010年	林地	71243.19	13.22	5.32	114.5	61.1	2.42	0
	草地	143.84	19169.21	31.06	61.13	156.08	19.21	0
	湿地	13.46	62.9	5607.79	148.6	186.34	57.56	0.21
	耕地	483.07	501.71	131.1	96124.31	1712.96	34.45	0
	人工表面	20.6	46.69	17.36	94.52	18883.95	1.75	0
	未利用地	1.3	8.67	27.18	8.27	27.05	480.79	0.03
	海域	0	0.48	46.53	0	127.86	71.07	0
2010～2015年	林地	67672.76	1297.24	67.6	2208.43	605.2	36.07	0
	草地	1453.34	16498.12	90.21	1211.08	503.92	40.92	0
	湿地	49.17	65.73	4941.59	488.16	296.8	14.72	0
	耕地	1600.79	783.85	529.99	88074.61	5529.28	23.44	0
	人工表面	270.3	177.29	158.36	2016.97	18519.81	7.07	0
	未利用地	37.17	40.24	11.83	32.21	49.63	493.82	0
	海域	0	1.43	158.32	0	76.7	8.99	0
2015～2020年	林地	70613.67	1.82	8.23	64.61	35.99	0.75	0
	草地	10.77	18694.17	18.26	231.19	38.58	12.28	0
	耕地	83.87	16.11	94.63	92618.21	652.23	18.07	0
	人工表面	8.42	19.17	37.17	130.21	25833.13	12.45	0
	湿地	1.85	0.97	5979.61	48.98	47.84	2	0
	未利用地	0.59	0	5.31	0.25	1.79	646.3	0
	海域	0	0	0	0	0	0	0

　　京津冀城市群土地利用变化不仅体现在土地利用类型面积的变化上，同时还表现在不同土地利用类型之间的相互转换上。研究期间，不同时期各土地利用类型转入和转出存在着显著差异性。根据解译得到的京津冀城市群土地利用类型数据，利用 ArcGIS 分别计算 2000～2005 年、2005～2010 年、2010～2015 年、2015～2020 年的转移矩阵如表 2-8 所示，定量研究京津冀城市群土地利用变化及其发展趋势。

　　2000～2005 年，耕地面积发生的变化最大，面积净转出量为 3157.04km²，占总变化面积的 46.64%，人工表面的面积变化次之，变化比例为 24.35%，净转入量为 1648.40km²，林地和草地发生转移的面积相对较大，变化比例分别为 12.35% 和 13.30%，净转入量分别为 835.78km² 和 900.26km²。湿地、未利用地和海域面积基本保持不变，变化比例处于 0.64% ~ 2.03%。发生这种变化的原因主要是受京津冀城市群自然环境、基础设施条件以及国家退耕还林还草政策的影响。

2005 ~ 2010 年，耕地转出面积最多，主要转移为林地、草地、湿地、人工表面和未利用地，变化比例为 42.11%，净转出量为 2436.26km²，人工表面主要表现为面积转入，变化比例为 36.14%，净转入量为 2090.46km²，主要转移来源为草地、湿地、耕地和海域。其他土地利用类型的面积变化相对较小，变化比例为 1.97% ~ 8.05%，其中，林地、草地、未利用地主要表现为面积转入，湿地和海域主要表现为面积转出。表明京津冀城市群的基础设施正在不断完善，城镇化水平提高，同时研究区内耕地占用现象严重，围填海活动频繁。

2010 ~ 2015 年，人工表面的面积变化最大，占总变化面积的 48.93%，面积净转入量为 4431.53km²，耕地的面积变化次之，变化比例为 27.72%，面积净转出量为 2510.50km²，林地和草地的面积变化相对较大，变化比例分别为 8.87% 和 10.31%，面积净转出量分别为 803.78km² 和 933.70km²。湿地、未利用地和海域的面积变化比较小，变化比例为 0.44% ~ 2.61%，主要表现为湿地的转入、未利用地和海域的转出。表明研究区内耕地占用现象在逐渐降低，城镇化进入高速发展时期，吸引了大量的外来人口，在促进经济发展的同时也破坏了城市群的植被景观。此外，由于围填海活动的影响，导致湿地面积略有增加。

2015 ~ 2020 年，耕地转出面积最多，主要转移为人工表面、湿地、林地、草地和未利用地，变化比例为 53.91%，净转出量为 864.91km²，人工表面主要表现为面积转入，变化比例为 49.81%，净转入量为 776.44km²，主要转移来源为湿地、草地、耕地和未利用地。其他土地利用类型的面积变化相对较小，变化比例为 2.44% ~ 10.49%，其中，林地、草地主要表现为面积转出，湿地和未利用地主要表现为面积转入。表明京津冀城市群的城镇化水平有所提高，同时环境保护政策也起到有效作用。

2.4　景观演变与景观稳定性评价

2.4.1　景观类型时空演变轨迹制图

本书基于土地利用数据，引用变化轨迹分析方法，得到京津冀城市群地区土地利用轨迹变化图谱，并结合层次分析法及专家打分法，识别并分析了生态用地的流失风险。变化轨迹分析方法通过栅格叠加计算将时间序列中不同节点的栅格状态记录在一个新的变化轨迹图谱中，结合各种统计方法（如计算其景观指数），对变化轨迹图谱进行空间统计分析，找出时间序列中研究对象的时空动态变化特征。该方法在最大程度上保障了动态变化的过程完整性，而非通过割裂基本变化过程来获取信息特征。

根据研究区土地利用一级分类结果，通过重分类和栅格计算方法，获取 6 个时间节点的景观格局动态变化轨迹图谱，对林地、草地、湿地、耕地流失及围填海情况进行了分析。经统计，京津冀城市群地区发生变化的轨迹占研究区面积比例为 17.54%，前 30 种变化轨迹占总变化面积的比例为 77.95%，因此对前 30 种变化轨迹进行制图分析（图 2-6)，并统计各变化轨迹面积（表 2-9）。

表 2-9 京津冀城市群地区前 30 种变化轨迹代码及相应面积比例　（单位:%）

编号	代码	比例	编号	代码	比例
1	4455555	13.46	16	444111	1.53
2	4444455	8.05	17	444445	1.48
3	4555555	4.77	18	224444	1.47
4	4422222	4.74	19	443333	1.44
5	4411111	4.05	20	422222	1.43
6	4111111	3.25	21	111114	1.34
7	2111111	3.12	22	334444	1.29
8	4444555	3.01	23	244444	1.27
9	1144444	2.91	24	554444	1.25
10	1122222	2.87	25	433333	1.18
11	4445555	2.79	26	2222244	0.98
12	1444444	2.56	27	3444444	0.73
13	1222222	1.84	28	4444111	0.71
14	2211111	1.76	29	1155555	0.58
15	5444444	1.56	30	4444222	0.54

注：1 为林地；2 为草地；3 为湿地；4 为耕地；5 为人工表面；6 为其他用地；7 为海域

由表 2-9 可以看出，耕地转出占所有变化轨迹的比例最大，达到了 52.43%，主要转向人工表面、林地和草地，说明耕地流失比较严重；林地流出主要表现为向耕地、草地和人工表面的转出，比例为 12.10%；草地主要表现为与林地和耕地之间的相互转换，转换化面积比例在 8.6% 左右；湿地主要表现为与耕地的相互转换，和从海域的转入，湿地转入面积与转出面积相当。

2.4.2　不同生态用地时空演变特征

（1）林地景观动态变化与流失去向

林地流失情况主要表现为：向耕地、草地和人工表面的转化。其中，向耕地、草地转化的面积较大，向人工表面转化的面积较小，主要发生在 2000 年以前（图 2-7）。

（2）草地景观动态变化与流失去向

草地流失主要表现为：向林地、耕地和人工表面的转化。其中，向林地、耕地转化的面积较大，向人工表面转化的面积较小，主要发生在张家口地区（图 2-8）。

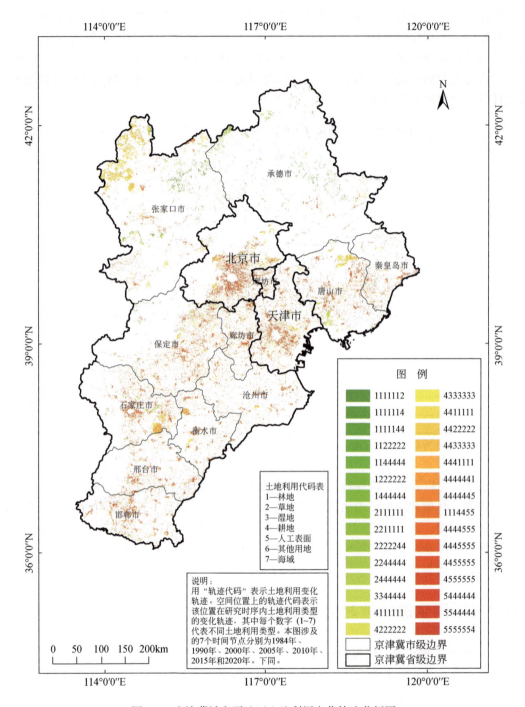

图 2-6 京津冀城市群地区土地利用变化轨迹分析图

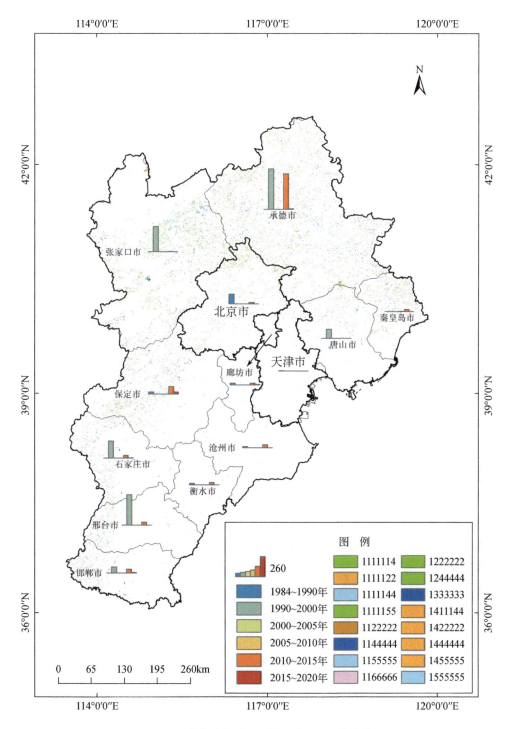

图 2-7　京津冀城市群地区林地流失空间分布特征

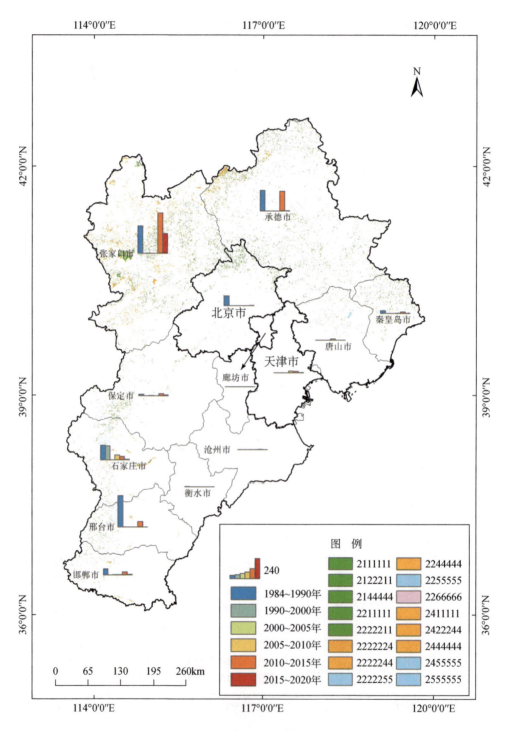

图 2-8 京津冀城市群地区草地流失空间分布特征

（3）湿地景观动态变化与流失去向

湿地流失主要表现为：向耕地和人工表面的转化。部分向林地、草地转化，面积较小，主要发生在 2000 年以前（图 2-9）。

（4）耕地景观动态变化与流失去向

耕地流失主要表现为向人工表面的转化，向林地草地转化次之，其面积也相对较大（退耕还林还草）（图 2-10）。

（5）海岸带（围填海）景观动态变化与流失去向

围填海情况表现为：主要发生在天津市和唐山市。天津市围填海活动总体呈逐年增强趋势，在 2015 年达到顶峰之后基本停止围填海活动；而唐山围填海活动主要发生在 1984 ~ 1990 年，之后围填海活动强度均低于天津。

2.4.3 生态用地流失空间自相关分析

本小节选取京津冀城市群地区的林地、草地和水域三种重要生态用地作为研究对象，基于变化轨迹分析方法识别了京津冀城市群地区土地利用变化的时空动态演变规律，并利用空间自相关分析探讨了不同尺度上三种重要生态用地流失的空间自相关格局，找出生态用地流失的高发区，并从京津冀城市群生态环境一体化角度提出针对性的保护建议，以期为京津冀城市群土地资源的合理配置、可持续利用以及城市之间的协同发展提供依据。

（1）不同空间尺度上生态用地流失的全局 Moran's I 指数

基于土地利用类型 30m×30m 的基础栅格大小，探讨 1km×1km、3km×3km、5km×5km、7km×7km 和 9km×9km 共 5 种空间尺度上生态用地流失的空间自相关格局，计算京津冀城市群地区林地、草地和水域三种重要生态用地流失的全局 Moran's I 指数。

从 1km×1km、3km×3km、5km×5km、7km×7km 和 9km×9km 共 5 种空间尺度上京津冀城市群地区生态用地流失的全局 Moran's I 指数图中可以看出，林地流失、草地流失和水域流失的空间自相关性随着空间尺度的增大呈现逐渐增强的趋势（图 2-11）。通过比较不同空间尺度下三种重要生态用地流失的全局 Moran's I 指数发现，7km×7km 的空间尺度下，三种重要生态用地流失的全局 Moran's I 指数都相对较大。特别地，对于草地流失，9km×9km 空间尺度下的空间自相关性低于 7km×7km 的空间尺度。因此，选取 7km×7km 的空间尺度作为下一步空间自相关分析的基本空间尺度。

（2）基本空间尺度（7km×7km）上生态用地流失的全局 Moran's I 指数

在 7km×7km 的空间尺度上，分别以 10km、20km、30km、40km、50km、60km、70km、80km、90km、100km、110km 和 120km 为距离阈值构造用于空间自相关分析的空间权重矩阵，京津冀城市群林地流失、草地流失和水域流失的空间自相关性随距离阈值增加的变化趋势如图 2-14 所示。

由全局 Moran's I 指数图（图 2-12）可知，京津冀城市群林地流失、草地流失和水域流失的空间自相关性随距离阈值的增加逐渐降低。距离阈值在 70km 之内，空间正相关性由高到低依次为水域流失、草地流失和林地流失；距离阈值在 70km 之外，林地流失的空

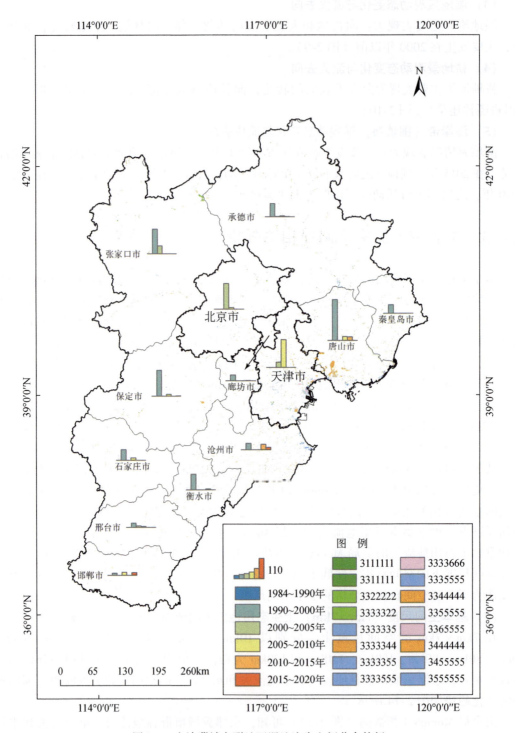

图 2-9　京津冀城市群地区湿地流失空间分布特征

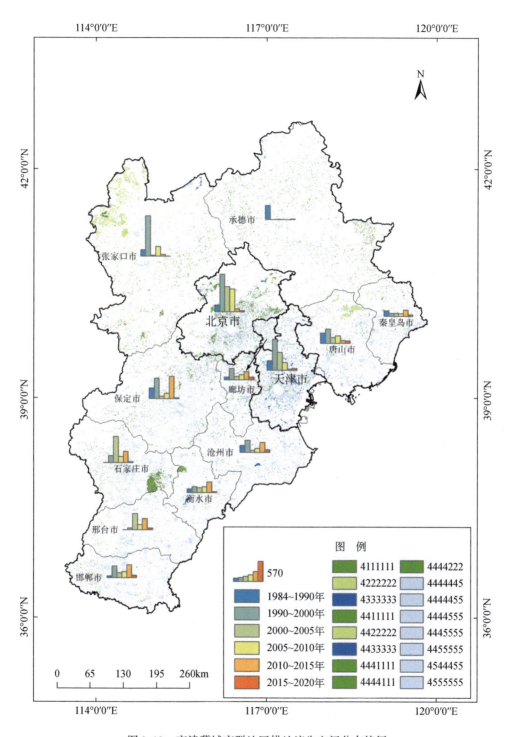

图 2-10   京津冀城市群地区耕地流失空间分布特征

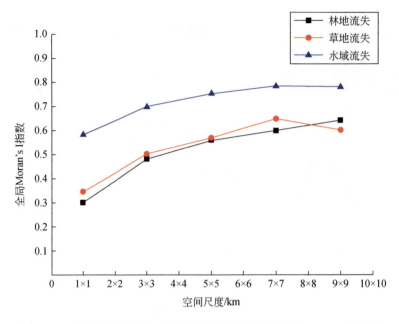

图 2-11　不同空间尺度京津冀城市群生态用地流失全局 Moran's I 指数图

间正相关性强于草地流失和水域流失。另外，在不同的距离阈值内，3 种重要生态用地对应的全局 Moran's I 指数均为正值，且对全局 Moran's I 指数进行 Z 检验的结果也均显著，说明京津冀城市群 3 种重要生态用地流失的空间分布并非随机发生，而是存在较强空间正相关性。

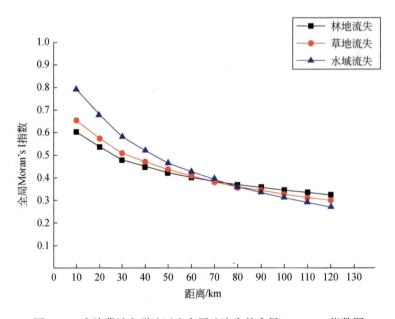

图 2-12　京津冀城市群地区生态用地流失的全局 Moran's I 指数图

（3）生态用地流失的局部 Getis-OrdGi * 热点分析

为了更好认识京津冀城市群内林地流失、草地流失和水域流失的局部空间聚集特征，利用 ArcGIS10.2 软件空间统计模块中局部 Getis-OrdGi * 热点分析方法，探索其空间分布的热点与冷点区域，即生态用地流失的高发区。考虑到不同距离阈值对空间相关性的影响，依据全局 Moran's I 指数较大原则，选择距离阈值为 10km 时对应的空间权重矩阵，来计算三种重要生态用地流失的局部 Getis-OrdGi * 统计值。

局部 Getis-OrdGi * 热点分析结果（图 2-13）显示，京津冀城市群地区三种重要生态用地流失在空间中存在高值聚集的热点区域，即生态用地流失高发区，而不存在低值聚集的冷点区域。从对林地流失、草地流失和水域流失高发区的识别结果中可知，京津冀城市群西北部地区是林地流失和草地流失的高发区，东部渤海湾附近地区是水域流失的高发区，而对于南部平原区，三种生态用地流失并不显著。

2.4.4 景观稳定性评价

景观稳定性评价中的景观主要是指原始未开发或受到外界影响的、具有自然属性特征的空间单元，大多数为具有自然状态或能够恢复自然环境的景观区域，例如，大型林地、湿地、草地、自然保护区、湿地保护区、公园等，这一类区域能够促进生态系统服务功能的提升，同时为动植物生存、人类生活提供相应的物质保障。

区域景观格局分析依赖于景观指数。通过景观指数可以简单精确地刻画一个地区景观结构的特征及其动态变化，并能够直观地反映景观空间配置特征及其与周边景观的邻接关系。同时，通过景观指数还可定量描述、对比、分析景观分布特征及作用关系等。本文针对京津冀城市群地区林地、草地、湿地景观分布特点，选取相应的景观指数对景观格局分布特征进行研究。具体选取指标如下。

1）斑块面积（ClassArea，CA）：表示每一景观类型的总面积，单位为 hm²。

2）斑块密度（PatchDensity，PD）：通常用来反映不同类型的景观的破碎情况，指数越高表明斑块破碎程度越高。

3）最大斑块指数（LargestPatchArea，LPI）：最大斑块占景观面积比，LPI 值越大景观优势度越大。

4）斑块形状指数（LandscapeShapeIndex，LSI）：主要用于测量斑块的复杂程度。LIS 值越高，景观形状越不规则，破碎程度越大。

5）聚合度指数（AggregationIndex，AI）：表示斑块的聚集程度。AI 值越大，景观连接程度越强，破碎度越低。

使用 ArcGIS 软件将京津城市群地区土地利用类型矢量数据进行栅格数据转换，分辨率为 30m，然后采用 Fragstats 软件设定对应的景观指数，对研究区土地利用进行景观指数计算，数据如表 2-10，定量描述京津冀城市群地区景观空间格局特征，进一步分析京津冀城市群地区的景观稳定性。

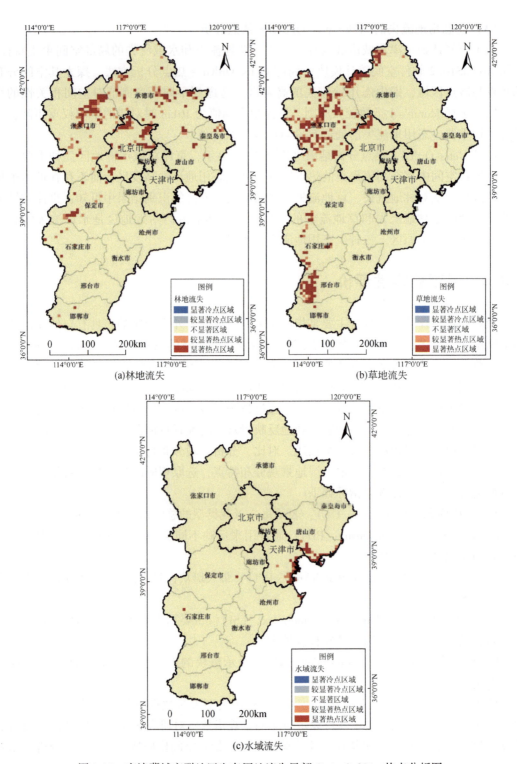

图 2-13　京津冀城市群地区生态用地流失局部 Getis-OrdGi * 热点分析图

表 2-10　京津冀城市群地区景观格局分布表

景观类型/TYPE	斑块面积（CA）/hm²	斑块密度（PD）	最大斑块指数（LPI）	斑块形状指数（LSI）	聚集度指数（AI）
林地	7086475	0.1391	19.7257	261.9385	97.059
草地	1910357	0.1723	0.933	351.08	92.3993
湿地	612184	0.0816	0.5021	185.9728	92.9038
耕地	9364146	0.1874	29.2262	360.1388	96.4787
人工表面	2606395	0.288	0.8791	408.6577	92.4233
其他	65762	0.0395	0.0189	105.1263	87.8018

　　斑块面积（CA）表示每一类型景观的面积。由表 2-10 可知，耕地面积最大，占研究区土地面积的 43.26%；林地次之，占研究区土地面积的 32.74%；耕地与林地共占到研究区土地面积的 76.00%，是研究区的主要土地利用类型。京津冀城市群西部为太行山山脉，北部为燕山山脉，山区人类活动相对较少，野生物种、植被较为丰富，故而林地面积所占比例最大。耕地则主要分布在华北平原地区。人工表面面积占研究区土地面积的 12.04%，城市化越快，人工表面越聚集。草地占研究区土地面积较小为 8.8%，面积较大的斑块主要分布在西北部张家口草原地区；湿地占比最小，占研究区土地面积的 2.83%，大型湿地斑块主要为水库、湖泊，渤海湾附近湿地较多。

　　斑块密度（PD），用来表示单位面积上的斑块数量。由表 2-10 可知，人工表面斑块密度最大，不考虑其他未利用地，林地和湿地斑块密度最小，人工表面单位面积斑块数量较多，斑块破碎化较高，而林地、湿地斑块破碎化相对较低。京津冀城市群西部北部为山区和高原，林地相对面积较大，破碎程度较小；湿地整体面积较小，大部分为湖泊、水库，被分割分裂程度较低，破碎程度也较低；而人工表面为各类建筑用地，小到村镇，大到城市周边都存在分散分布的情况，较为破碎。而草地和耕地斑块密度相近，破碎程度大于林地和湿地。

　　最大斑块指数（LPI）表面林地和耕地不但占研究区面积比例较大，而且二者中单独的大型斑块面积也相对较大，而草地和人工表面最大斑块面积次之，湿地最大斑块指数最小。

　　斑块形状指数（LSI）能够反应斑块结构的复杂程度，斑块形状越复杂，LSI 值越大，除其他未利用地外，湿地斑块形状复杂性相对较低，林地、草地、耕地、人工表面等斑块复杂度都很高。

|第3章| 京津冀城市群地区环境地质敏感性评价

　　环境地质背景是所有地表过程形成与演变的基础，在很大程度上决定了地表植被空间分布特征及其动态演变。与此同时，环境地质脆弱性将会影响人类活动特征。环境地质灾害是指在自然地质作用和人类工程、经济活动作用下，发生的使生态环境遭受破坏，导致人类生命和物质财富受到损失的灾害事件（陈亚宁，1998）。我国所处地理地质条件复杂，由此成为世界上有史以来发生灾害种类最多、灾害史最长、受灾最深的少数国家之一（岑嘉法，1994）。我国的环境地质问题包括淡水资源严重短缺、城市发展中的环境地质问题、人类活动引起的环境污染与地球化学循环变化、频繁的地质灾害与人类工程经济活动诱发的环境地质问题、人类活动导致的生态环境破坏，具体表现为区域稳定性问题、水库诱发地震、采矿诱发地质灾害、核废料处理和海水入侵等，另外还包括因环境水污染造成问题。在诸多环境地质问题中，地质灾害（张宗祜，2005；殷跃平，2004）、矿山环境地质问题（赵永久，2008）和城市环境地质问题（娄华君等，2002；徐争启等，2006）被尤为关注。生态地质研究是目前环境地质工作的重要领域，地球表层过程对土地和土壤的状况影响强烈，土地和土壤的动态变化，是以自然作用为基础，地表地质–地球化学和生物过程与人类活动综合作用的结果。因各种地质作用过程极大地影响着生态系统的演化，生态系统和可持续发展都需要地质学家的参与。地质学家无论在环境与资源之间的关系，还是在环境与社会可持续发展之间的关系上，都起着重要的纽带作用（张丽君等，1999）。

　　由于环境地质研究涉及内容较多，前人研究多从单项环境地质问题着手研究，对环境地质进行集成研究的成果相对较少，尤其是以环境地质成果面向生态安全格局构建等领域较少。前人在京津冀的环境地质研究主要以区域地质灾害（孟晖等，2017；杨艳，2015）和地下水污染问题（席北斗等，2019）为主，综合性成果有《京津冀城市群地区国土资源与环境地质图集》（2015），马震等（2017）对京津冀城市群地区环境地质条件进行了梳理与评价。环境地质作为地表覆被的本底，其分异格局对地表覆被的动态过程和生态安全格局构建作用至关重要，通过环境地质危险性评价或者区划可以厘清地质环境本底，掌握人类活动对地质环境的不良反馈或者地质环境问题对人类活动的制约，同时由于各种地质作用过程极大地影响着生态系统的演化，研究可以为生态系统和可持续发展提供本底支撑。

　　环境地质敏感性指环境地质的要素–子系统–系统对自然和人为作用响应程度，敏感性越高越容易产生环境地质不良（灾变）效应。根据环境地质定义，在评价敏感性时需要准确掌握地质环境本底，充分考虑环境地质效应中的人类活动作用机制。敏感性评价是分析、预测主要不确定因素的变化对环境（系统）效益的影响，找出敏感与关键因素，评估环境效益对其敏感程度，预测环境可能会承担的风险（张常亮等，2007）。

3.1　数据源及评价方法

3.1.1　环境地质数据来源与处理

根据环境地质敏感性评价的需要，本书将相关研究数据分为基础地理数据、基础地质数据、水文地质数据、水土地质环境数据、地质灾害数据等类型。

1）基础地理数据：行政区划及河流（区内主要河流）与道路（国道、省道、高速公路和铁路）数据来自国家基础地理信息中心。

2）地貌数据：地貌是控制环境地质灾害发生和灾害链转化的重要因素，选择高程和起伏度表征宏观地貌作用，选择坡度与坡位表征微观地貌影响。由 DEM 生成起伏度、坡度、坡位、平面曲率、剖面曲率和地形湿度等数据。

3）气候和土壤数据：降水数据来自中国科学院资源环境科学数据中心（http：//www. resdc. cn），取 1980～2015 年平均值来反映研究区的降水状况。土壤砂粒含量影响土地沙化敏感性，数据来自中国科学院资源环境科学数据中心。土壤湿度和最大风速数据来自全球陆地数据同化系统（GLDAS），将 0.25°×0.25° 栅格数据转点，采用 Kriging 方法插值生成 500m 分辨率新数据。

4）地表覆被数据：土地利用（LUCC）为自然与人为交互作用的结果，不同的土地利用方式具有不同的环境效应，LUCC 数据来源于中国科学院生态环境研究中心，采用 2015 年数据表示现状地类。植被覆盖度数据由 MODIS 数据产品生成（https：//lpdaac. usgs. gov/），取 2000～2019 年的年平均值代表现状植被覆盖度。

5）夜间灯光数据：能反映人口分布、GDP 等社会经济发展的综合信息，人类活动采用 VIIRS VCM 数据表征，数据来自美国国家海洋和大气管理局（www. ngdc. noaa. gov），优选 2019 年夏季数据作为现状人类活动强度。

6）基础地质数据：地质构造和工程岩组数据由 1∶50 万基础地质图、《京津冀城市群地区国土资源与环境地质图集》和《河北省水文地质工程地质志》综合整理得到。地质构造使用主要断层欧氏距离表征。地质构造分区引用《河北省北京市天津市区域地质志》附图中的划定结果（河北省地质矿产局，1989）。

7）矿产资源数据：包括金属和非金属矿山数据，来自《京津冀城市群地区国土资源与环境地质图集》（2015），对数据做欧氏距离分析，刻画空间上的环境地质影响。

8）水文地质数据：由北京市水文地质图（1∶60 万）、天津市水文地质图（1∶60 万）和河北省水文地质图（1∶175 万）三个区域的水文地质图综合编辑而成，主要反映水文地质单元的分布及各类型的含水性。

9）地震数据：选择地震动峰值加速度数据，主要反映地震活动空间特征，间接反映地表稳定性，该数据来自中国地震局 2012 年出版的地图。

10）地质灾害数据：来自《河北省地质灾害图集》、《京津冀城市群地区国土资源与环境地质图集》和《中国典型县（市）地质灾害易发程度分区图集·华北东北卷》，应用研究区基础地理数据对图集进行几何校正，按照不同地质灾害类型进行矢量化，对同一空间点位的地质灾害进行核查，保留唯一的地质灾害点。通过数据整理共计得到崩塌、滑坡、泥石流、地面塌陷、采空塌陷和地裂缝等地质灾害点6167处，其中已发生（时间主要为2013年以前）地质灾害点4520处，潜在地质灾害点1647处。已发生崩塌、滑坡、泥石流共计4632处，地裂缝总数达917处。

11）水土地质环境数据：根据华北平原缺水及环境污染的现实问题，考虑资料的可收集性及与环境地质敏感性评价服务景观及生态评价的目的，选择地下水地质环境功能、浅层地下水水质、地下水调蓄、地下水可持续利用刻画地下水环境。地下水地质环境功能分区数据来自《华北平原水土地质环境图集》（侯春堂，2010），根据环境地质问题响应程度划定敏感性程度。《华北平原水土地质环境图集》根据国土资源大调查项目"华北平原水土环境研究与编图示范"（2008）的部分成果及在华北平原多年的地质调查研究成果综合编制而成。浅层地下水水质、地下水调蓄、地下水可持续利用三种分区数据来自《华北平原地下水可持续利用图集》（张兆吉，2009），根据环境地质问题程度划定敏感性。《华北平原地下水可持续利用图集》是国土资源部大调查计划项目"华北地下水可持续利用前景"（2001～2002年）和"华北平原地下水可持续利用调查评价"（2003～2005年）调查研究成果的一部分。

3.1.2 环境地质敏感性评价方法

（1）敏感性系数法

敏感性系数可以定量表达不同致灾因子对灾害的敏感性（唐川，2005；杨月圆等，2008），该方法用于计算崩塌-滑坡、泥石流、地面塌陷三类地质灾害敏感性：

$$S_{ci} = \ln \frac{N_i/A_i}{N/A} \tag{3-1}$$

式中，N_i为第i类影响因素下的灾害点个数，A_i为第i类影响因素下的面积，N表示为地质灾害总个数，A表示为研究区总面积。S_{ci}的值越大，则表示敏感性程度越高，该类影响因素越容易导致地质灾害的发生；如值越小或为负，表示敏感性越低，越不容易导致灾害发生（倪树斌等，2018）。将参与计算的各个指标求和得到总敏感性系数。

（2）Logistic回归方法

Logistic回归方法因其简单和有效是应用较为广泛的统计方法，用于评价地面塌陷敏感性。二元Logistic回归法选取致灾因子指标值（Y_i）为自变量，以地质灾害是否发生为因变量（1代表发生，0代表不发生）。设P_i为灾害发生概率，$1-P_i$为灾害不发生概率。将$P_i/(1-P_i)$的比值取自然对数为$\ln[P_i/(1-P_i)]$，记作$logitP$，其取值范围为（$-\infty$，$+\infty$），其中，P_i为因变量，表示灾害发生的概率；x_1，x_2，$\cdots$，x_k为自变量，表示影响因子的数值。Logistic回归方程如下：

$$logitP = \alpha + \beta_1 x_1 + \beta_2 x_2 + \cdots + \beta_k x_k \tag{3-2}$$

式中，$\beta_1 \sim \beta_k$ 为影响系数（斜率），α 为常量（截距）。根据样本的灾害发生概率（P_i）、不同的致灾因子指标（Y_i），估计 Logistic 回归系数，根据式（3-3）计算地质灾害的发生概率：

$$P_i = \frac{\mathrm{Exp}(\alpha+\beta_1 x_1+\beta_2 x_2+\cdots\cdots+\beta_k x_k)}{1+\mathrm{Exp}(\alpha+\beta_1 x_1+\beta_2 x_2+\cdots\cdots+\beta_k x_k)} \tag{3-3}$$

参照敏感性指数法对评价指标的分级处理，对量化的评价指标做标准化处理，将地质灾害信息与各个评价指标的信息关联到每个栅格。选取地质灾害发生像元，再随机选取等量的地质灾害未发生点，形成数据集。采用二元 Logistic 回归模型计算评价指标的回归系数，将其按权重分配至各个分级。最后计算所有评价指标的权重之和，即总敏感指数。

（3）层次分析法

层次分析法是将定性与定量分析方法相结合的多目标决策分析方法，用于计算土地沙化敏感性、土地盐渍化敏感性和环境地质总敏感性。采用判断矩阵拟定评价指标之间的大小关系，通过判断矩阵一致性检验控制精度，获取准则层权重，通过指标层分级将权重分解至每个指标的各个分级，将每个点的所有评价指标分级权重求和，得到总敏感性。

（4）敏感性程度处理方法

对敏感性系数法、Logistic 回归方法、层次分析法等处理得到的环境地质要素敏感性程度，为了统一刻画其影响，将计算获取的数据做归一化处理，用敏感性指数表征；进一步采用层次分析法计算得到 11 个单项环境地质敏感性水平的加权求和结果，也采用敏感性指数表征。敏感性指数与敏感性系数不同，反映 11 个单项和环境地质综合性敏感水平，值介于 0 和 1 之间，值越高，则敏感性程度越高。

3.2 环境地质敏感性评价指标体系

环境地质敏感性评价指标选择借鉴前人有关环境地质评价的成果，考虑评价对象的主控因子，控制不同影响因子之间的信息冗余，兼顾数据精度和可获得性，据此建立单项和综合性环境地质评价指标体系。

3.2.1 崩塌和滑坡敏感性评价指标

崩塌和滑坡敏感性评价主要考虑高程、起伏度、坡度、坡位、年降水量、地震动峰值加速度、断层欧氏距离、工程岩组、水系欧距、道路欧距、土地利用类型和夜间灯光强度共计 12 个指标，考虑各个指标的分级特点，最多者分为七类，采用敏感性指数法测度每个指标的各个分级的敏感性指数（表 3-1）用于后续求和计算。

表 3-1　崩塌和滑坡影响指标敏感性指数

序号	评价指标	I	II	III	IV	V	VI	VII
1	高程/m	>1500	1250~1500	1000~1250	500~1000	300~500	100~300	<100
	敏感性指数	0.0773	−0.5652	−0.0796	0.1991	0.4421	−0.0688	−1.8883

续表

序号	评价指标	I	II	III	IV	V	VI	VII
2	起伏度/m	>200	150~200	125~150	100~125	70~100	40~70	<40
	敏感性指数	−0.5595	0.3103	0.2404	0.1493	−0.0872	−0.119	−0.0273
3	坡度/(°)	>35	25~35	20~25	15~20	<15		
	敏感性指数	−0.0636	0.0872	0.1523	0.0452	−0.049		
4	坡位	谷	下坡	中坡	平坡	上坡	脊	
	敏感性指数	0.564	0.3249	−0.8621	0.1461	−0.1078	−0.3616	
5	年降水量/mm	>550	500~550	450~500	400~450	<400		
	敏感性指数	0.2172	0.1838	−0.2877	−1.2548	−3.8225		
6	地震动峰值加速度/g	0.2	0.15	0.1	0.05			
	敏感性指数	0.1818	0.145	0.1217	0.0037			
7	断层欧氏距离/km	<0.5	0.5~1	1~1.5	1.5~2	>2		
	敏感性指数	0.2835	0.142	0.2987	0.2851	−0.2502		
8	工程岩组	碳酸盐夹碎屑岩	变质岩	碳酸岩	碎屑岩	侵入岩	松散堆积物	喷出岩
	敏感性指数	0.9564	0.5534	0.1568	0.1371	−0.0107	−0.5552	−0.8107
9	水系欧距/m	<500	500~1000	1000~1500	1500~2000	>2000		
	敏感性指数	0.6772	0.392	0.326	−0.0272	−0.0861		
10	道路欧距/m	<500	500~1000	1000~1500	1500~2000	>2000		
	敏感性指数	0.6578	0.071	0.1232	0.1741	−0.2397		
11	土地利用类型	林地	草地	耕地	湿地	人工表面	其他	
	敏感性指数	−0.006	−0.2903	−0.3966	0.2432	−0.095	0.1269	
12	夜间灯光强度	>40	20~40	10~20	5~10	2~5	<2	
	敏感性指数	0.5188	0.4123	0.3245	0.1238	0.1014	0.012	

3.2.2　泥石流敏感性评价指标

泥石流敏感性评价主要考虑高程、起伏度、坡度、平面曲率、剖面曲率、湿度指数、年降水量、地震动峰值加速度、断层欧氏距离、工程岩组、水系欧距、道路欧距、植被覆盖度、土地利用类型和夜间灯光强度共计 15 个指标，采用敏感性指数法测度每个指标的各个分级的敏感性指数（表 3-2）用于后续求和计算。

表 3-2 泥石流影响指标敏感性指数

序号	评价指标	I	II	III	IV	V	VI	VII
1	高程/m	>1500	1250~1500	1000~1250	500~1000	300~500	100~300	<100m
	敏感性指数	0.0773	−0.5652	−0.0796	0.1991	0.4421	0.0688	−1.8883
2	起伏度/m	>200	150~200	125~150	100~125	70~100	40~70	<40
	敏感性指数	−0.2969	−0.1133	0.0653	0.1614	0.2622	0.3905	−0.8104
3	坡度/(°)	>45	35~45	25~35	20~25	15~20	10~15	<10
	敏感性指数	−0.2826	0.0011	0.0158	0.1236	0.1963	0.1629	−0.1906
4	平面曲率	>300	250~300	200~250	150~200	100~150	50~100	<50
	敏感性指数	0.0382	0.2941	0.3789	0.1493	−0.4169	−0.5698	−0.2691
5	剖面曲率	>1.2	1.0~1.2	0.8~1	0.6~0.8	0.4~0.6	0.2~0.4	<0.2
	敏感性指数	0.0001	0.2784	0.5945	0.5162	0.37	0.2389	−0.2038
6	湿度指数	>17	15~17	13~15	11~13	9~11	<9	
	敏感性指数	−0.0462	0.0206	0.1963	0.2429	−0.1161	−0.0387	
7	年降水量/mm	>650	600~650	550~600	500~550	450~500	400~450	<400
	敏感性指数	0.339	0.1652	0.0437	0.1554	−0.157	−1.1009	−0.6249
8	地震动峰值加速度/g	0.2	0.15	0.1	0.05			
	敏感性指数	−0.1781	−0.4001	0.2098	0.0293			
9	断层欧氏距离/km	<0.5	0.5~1	1~1.5	1.5~2	2~2.5	2.5~3	>3
	敏感性指数	0.2576	0.0919	0.0116	−0.0291	−0.1158	−0.0477	−0.1613
10	工程岩组	松散堆积物	侵入岩	喷出岩	变质岩	碳酸岩	碳酸盐夹碎屑岩	碎屑岩
	敏感性指数	0.3283	0.2678	0.1003	0.1009	−0.1075	−0.2542	−0.6705
11	水系欧距/m	<500	500~1000	1000~1500	1500~2000	2000~2500	2500~3000	>3000
	敏感性指数	0.1354	0.1447	−0.1187	−0.1353	−0.2167	−0.1383	0.0093
12	道路欧距/m	<500	500~1000	1000~1500	1500~2000	2000~2500	2500~3000	>3000
	敏感性指数	0.109	−0.2205	−0.1043	−0.2838	−0.0025	0.0536	0.0515
13	植被覆盖度	<0.4	0.4~0.50	0.50~0.60	0.60~0.70	0.70~0.80	0.8~0.9	>0.90
	敏感性指数	−0.3148	−0.6119	−0.5506	0.0537	0.1224	0.1529	−0.7661
14	土地利用类型	其他	湿地	林地	耕地	草地	人工表面	
	敏感性指数	0.1301	−0.0345	−0.1681	−0.1928	−0.5599	−0.7701	
15	夜间灯光强度	>20	10~20	5~10	2~5	<2		
	敏感性指数	−1.3778	−0.7	−1.0645	−0.5196	0.0169		

3.2.3 地面塌陷敏感性评价指标

地面塌陷敏感性评价主要考虑地震动峰值加速度、断层欧氏距离、地貌界线欧氏距离、降水、工程岩组、土地利用类型、夜间灯光强度、金属能源矿欧氏距离和非金属矿欧氏距离共计9个指标，采用敏感性指数法测度每个指标的各个分级的敏感性指数（表3-3），之后进行9个指标栅格数据的求和计算。

表 3-3　地面塌陷影响指标敏感性指数

序号	评价指标	I	II	III	IV	V	VI	VII
1	地震动峰值加速度/g	0.20	0.15	0.10	0.05			
	敏感性指数	0.9321	0.5303	0.3657	−2.035			
2	断层欧氏距离/km	<0.5	0.5~1	1~1.5	1.5~2	2~2.5	2.5~3	>3
	敏感性指数	−0.0999	0.1708	−0.5139	0.1467	0.0609	0.2852	−0.0686
3	地貌界线欧氏距离/km	<0.5	0.5~1	1~1.5	1.5~2	2~2.5	2.5~3	>3
	敏感性指数	0.9234	−0.0277	0.2544	0.7673	0.0635	0	−0.2199
4	降水/mm	>650	600~650	550~600	500~550	450~500	400~450	<400
	敏感性指数	−0.207	−0.1117	−0.1313	0.6404	−1.0945	−0.3453	−0.9348
5	工程岩组	松散堆积物	侵入岩	喷出岩	变质岩	碳酸岩	碳酸盐夹碎屑岩	碎屑岩
	敏感性指数	0.4989	−0.9217	−2.9357	−0.6366	0.309	0.0001	0.9101
6	土地利用类型	林地	草地	耕地	湿地	人工表面	其他	
	敏感性指数	−0.5256	−0.3651	0.6807	1.6679	−0.3522	−1.3959	
7	夜间灯光强度	<2	2~5	5~10	10~20	20~40	40~70	>70
	敏感性指数	−0.0757	1.2828	0.7379	1.1024	0.4246	0	0
8	金属能源矿欧氏距离/km	<0.5	0.5~1	1~1.5	1.5~2	2~2.5	2.5~3	>3
	敏感性指数	1.9592	2.106	2.3034	1.8084	1.2811	1.8399	−0.1946
9	非金属矿欧氏距离/km	<0.5	0.5~1	1~1.5	1.5~2	2~2.5	2.5~3	>3
	敏感性指数	0.7637	1.6614	2.0027	1.6095	1.5318	1.3107	−0.1595

3.2.4　地裂缝敏感性评价指标

地裂缝敏感性计算时将金属矿山和非金属矿山的欧氏距离做加权处理，其中给金属矿山赋权0.6，给非金属矿山赋权0.4，形成矿山综合欧氏距离。将断层欧氏距离、年降水、夜间灯光强度、矿山综合欧氏距离4个指标的数据做归一化处理，将其设为自变量，将地裂缝点数据设为因变量，应用二元Logistic回归法计算4个影响因子权重，断层欧氏距离（−0.288）、年降水（−2.753）、夜间灯光强度（−0.12）、矿山欧氏距离（0.038），然后根据权重综合计算地裂缝敏感性指数。

3.2.5　地面沉降敏感性评价指标

地面沉降是京津冀城市群地区最严重的环境地质问题之一。由于长期持续超采地下水，在京津冀城市群地区引发了严重的地面沉降问题，沉降区面积达 9 万 km²，是我国地面沉降范围最大、沉降速率最快、危害最为严重的地区。年沉降速率大于 50mm 的地面沉降严重区面积约为 9925km²，主要分布在北京通州、天津静海、河北沧州等地，其中部分地区年最大沉降量达 160mm。在区域上，京津城区周边沉降速率大，沉降范围仍在扩大；河北平原整体连片沉降，沉降速率较大（徐玲玲等，2020）。地面沉降的主因是地下开采兼有地质作用和区域开发建设和农业开发等作用影响，但与平原构造格局和二级地貌分布存在较强的空间耦合。考虑到地面沉降诱因的复杂性和数据的可获取性，根据研究区的地面沉降监测成果，将地面沉降水平做归一化处理，用作表征地面沉降的敏感性水平。

3.2.6　土地沙化敏感性评价指标

土地沙化敏感性评价指标主要考虑植被覆盖度（0.3808）、土地利用类型（0.0947）、土壤砂粒含量（0.0726）、年降水量（0.1566）、土壤湿度（0.1072）、最大风速（0.1881）等 6 个影响因素（钟佐，1996）。通过层次分析法及不同分级指标的两两比较，赋予每个指标及其分级的权重（表 3-4），将各个指标层求和计算得到土地沙化的敏感性指数。

表 3-4　土地沙化敏感性评价指标体系

序号	评价指标	Ⅰ	Ⅱ	Ⅲ	Ⅳ	Ⅴ
1	植被覆盖度	<0.3	0.3 ~ 0.6	0.6 ~ 0.7	0.7 ~ 0.8	0.8
	权重	0.1603	0.1002	0.0601	0.0401	0.02
2	土地利用类型	其他	草地	耕地	人工表面	林地和湿地
	权重	0.0344	0.0258	0.0172	0.0129	0.0043
3	土壤砂粒含量/%	>70	60 ~ 70	50 ~ 60	40 ~ 50	<40
	权重	0.0231	0.0198	0.0165	0.0099	0.0033
4	年降水量/mm	<450	450 ~ 500	500 ~ 550	550 ~ 600	>600
	权重	0.0542	0.0452	0.0331	0.0181	0.006
5	土壤湿度	<16	16 ~ 18	18 ~ 20	20 ~ 21	>21
	权重	0.0322	0.0268	0.0214	0.0161	0.0107
6	最大风速/(m/s)	>5	4.5 ~ 5	4 ~ 4.5	3.5 ~ 4	<3.5
	权重	0.0679	0.0523	0.0366	0.0209	0.0105

3.2.7　土地盐渍化敏感性评价指标

土地盐渍化问题主要发生在华北平原滨海区域，20 世纪 70 年代开始实施的盐碱地改造工程使得大部分盐碱地得以改良，仅在滨海地带仍有带状盐碱地分布。土地盐渍化主要考虑蒸发量、降雨量、地下水总溶解固体和地形地貌等自然因素影响，采用分级赋值的方法赋予影响因子敏感性数值（表 3-5），求和计算土壤盐渍化的敏感性指数。盐渍化敏感地区集中分布在环渤海湾地区，海水入侵、地下水咸化显著；中低敏感区受水位埋藏较浅、排水不畅等因素影响（侯春堂，2010）。

表 3-5　土地盐渍化敏感性指标

分级赋值（S）	1	3	5	7	9
蒸发量/降雨量	<1	1 ~ 3	3 ~ 10	10 ~ 15	>15
地下水总溶解固体/(g/L)	<1	1 ~ 3	3 ~ 10	10 ~ 25	>25
地形地貌	山区	洪积平原三角洲	泛滥冲积平原	河谷平原	滨海低平原闭流盆地

3.2.8　地下水环境敏感性评价指标

评价地下水地质环境功能、浅层地下水水质量、地下水调蓄、地下水可持续利用等方面的环境敏感性，须应用前人研究成果（张兆吉，2009），将已有的区划按照对环境变化或环境灾变的响应程度划分敏感性级别。

1）地下水地质环境功能敏感性：地质环境的功能是指它对现代人类居住环境质量的影响。其一使环境质量恶化的影响，是一种不良的功能；其二使环境质量得以保护和改善的影响，是一种良性功能。地下水地质环境功能可以理解为地下水区域人类居住和发展环境的支持程度（张兆吉，2008）。地下水地质环境功能分为强、较强、中等、较弱和弱共五级，对应敏感性分别为弱、较弱、中等、较强和强共五级。

2）浅层地下水水质敏感性：浅层地下水质量分级为优良、良好、较好、较差和极差共五级，敏感性分级对应为弱、较弱、中等、较强和强共五级。

3）地下水调蓄敏感性：调蓄能力按大小排序为砂层裸露蓄水类型>砂层浅埋蓄水类型>砂层深埋蓄水类型>不宜蓄水类型，对应的调蓄敏感性为弱、较弱、中等、较强和强共五级。

4）地下水可持续利用：可持续利用分级为强、较强、中等、较弱和弱共五级，对应敏感性分别为弱、较弱、中等、较强和强共五级。

3.2.9　环境地质综合敏感性评价指标

将崩塌和滑坡敏感性、泥石流敏感性、地面塌陷敏感性、地裂缝敏感性、地面沉降敏感性、土地沙化敏感性、土地盐渍化敏感性、地下水地质环境功能敏感性、浅层地下水质量敏感性、地下水调蓄敏感性、地下水可持续利用敏感性共计 11 类指标层归并为地质灾害敏感性、土地环境敏感性、地下水环境敏感性三类准则层，进一步根据前人研究成果，综合拟定各个准则层及指标层的权重（表 3-6）。

表 3-6 京津冀城市群地区环境地质评价指标体系

决策目标	准则层	指标层	数据来源	计算方法
环境地质敏感性	地质灾害敏感性 （0.5444）	崩塌–滑坡敏感性（0.0988）	计算生成	敏感性系数法
		泥石流敏感性（0.1480）	计算生成	敏感性系数法
		地面塌陷敏感性（0.0638）	计算生成	敏感性系数法
		地裂缝敏感性（0.0922）	计算生成	二元 Logistc 回归分析法
		地面沉降敏感性（0.1416）	成果引用	综合编图
	土地环境敏感性 （0.1299）	土地沙化敏感性（0.052）	计算生成	层次分析法
		土地盐渍化敏感性（0.078）	直接引用 （侯春堂，2010）	层次分析法
		地下水地质环境功能敏感性 （0.1052）	成果引用 （张兆吉，2009）	综合编图
	地下水环境敏感性 （0.3257）	浅层地下水质量敏感性 （0.0678）	成果引用 （张兆吉，2009）	综合编图
		地下水调蓄敏感性（0.0562）	成果引用 （张兆吉，2009）	综合编图
		地下水可持续利用敏感性 （0.0965）	成果引用 （张兆吉，2009）	综合编图

3.3 环境地质敏感性空间分布格局

根据上文介绍的数据处理和计算方法，得到 11 个单项环境地质要素的敏感性指数（图 3-1），每个单项环境地质要素的敏感性空间格局介绍如下。

3.3.1 崩塌和滑坡敏感性格局

崩塌和滑坡的中高敏感性区域分布在华北山区和高原丘陵等地〔图 3-1（a）〕。高程的较敏感区间为 300～500m，起伏度的较敏感区间为 125～200m，坡度的较敏感区间为 20°～25°，坡位的较敏感区为谷地、下坡及平坡，年降水量的较敏感区为>500mm，地震动峰值加速度的较敏感区间为>0.15g，断层欧氏距离的较敏感区为<2km，工程岩组敏感性较高的为碳酸盐岩夹碎屑岩、变质岩，水系欧氏距离的较敏感区为<1.5km，道路的敏

感区为欧氏距离<500m 区域，山区水域周围的敏感性较高，人类活动较强的山区敏感性较高。崩塌和滑坡敏感性指数均值按照地貌单元统计，由高到低的排序为：山地燕山（0.69）、山地太行（0.68）、丘陵燕山（0.67）、丘陵-太行山（0.64）、山地-阴山东段（0.59）、山间盆地（0.58）、高原丘陵（0.42）、高平原（0.37）。行政区划排序为：承德（0.66）、秦皇岛（0.55）、张家口（0.53）、北京（0.42）、保定（0.36）、石家庄（0.34）、唐山（0.28）、邯郸（0.26）、邢台（0.21）。崩塌、滑坡灾害主要对山区道路、厂矿和居民地产生直接威胁，同时威胁山区生态廊道的连通性和稳定性，尤其是深切割地区的河流环境造成影响。

3.3.2　泥石流敏感性格局

泥石流敏感性空间分布格局与崩塌-滑坡敏感性较为相似［图 3-1（b）］，同时受地形及降水的影响较为显著，主要表现为自然因素驱动。高程的较敏感区间为 300~500m，起伏度的较敏感区间为 40~125m，坡度的较敏感区间为 10°~25°，平面曲率的较敏感性区间为 150~300，剖面曲率的较敏感性区间为 0.4~1，湿度指数的较敏感区间为 11~15，年降水量的较敏感区间为>500mm，地震动峰值加速度的较敏感区为 0.20g，工程岩组的较敏感区主要为松散堆积物、侵入岩，水系的较敏感区为欧氏距离<1000m，道路的较敏感区为欧氏距离<500m，植被覆盖度的较敏感区 NDVI 为 0.60~0.90，地类中较敏感的为裸地和裸岩区，人类活动强度较小的地区敏感性较高。从地貌单元的分布来看，山地燕山（0.42）、丘陵燕山（0.42）、山地太行（0.41）、山地-阴山东段（0.33）、丘陵太行山（0.32）、山间盆地（0.29）、高原丘陵（0.21）、高平原（0.20）。从行政区划来看，承德

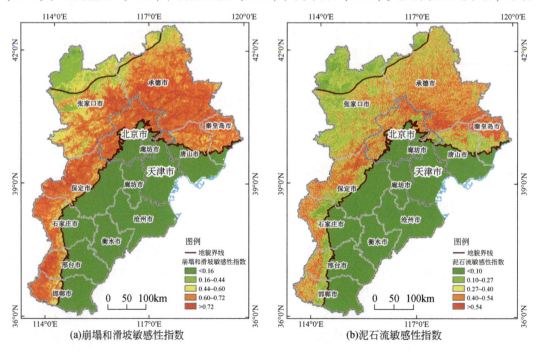

(a)崩塌和滑坡敏感性指数　　　　(b)泥石流敏感性指数

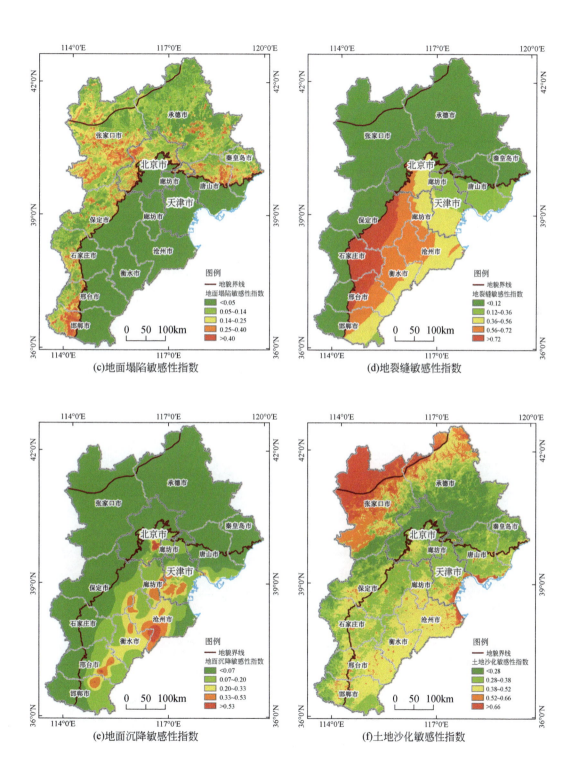

(c)地面塌陷敏感性指数

(d)地裂缝敏感性指数

(e)地面沉降敏感性指数

(f)土地沙化敏感性指数

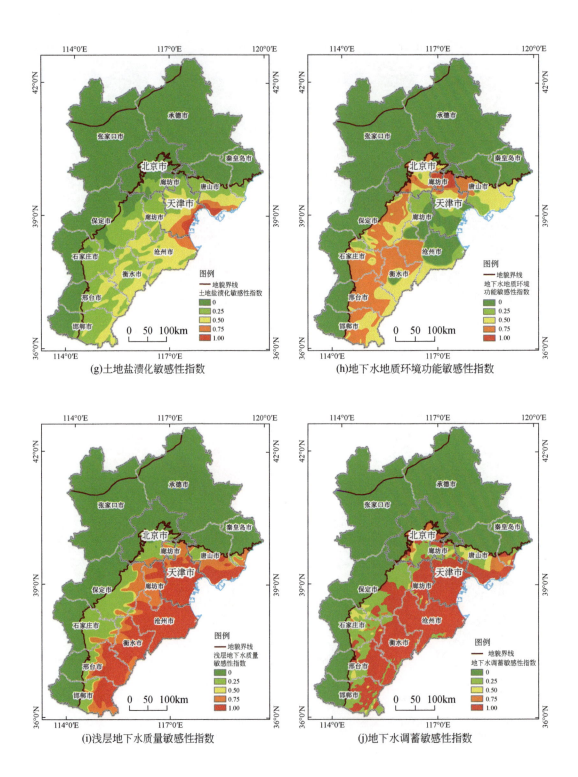

(g)土地盐渍化敏感性指数

(h)地下水地质环境功能敏感性指数

(i)浅层地下水质量敏感性指数

(j)地下水调蓄敏感性指数

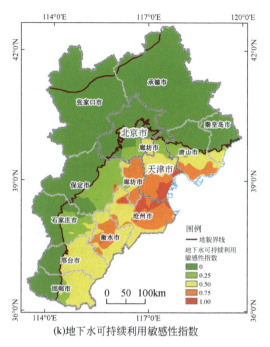

(k)地下水可持续利用敏感性指数

图 3-1　11 个单项环境地质指标敏感性指数分布图

（0.40）、秦皇岛（0.36）、北京（0.26）、张家口（0.26）、保定（0.21）、石家庄（0.18）、唐山（0.15）、邯郸（0.14）、邢台（0.11）。泥石流灾害主要对山区道路、耕地产生直接威胁，对河道环境的稳定性造成威胁，间接影响山区生态廊道的连通性和稳定性。

3.3.3　地面塌陷敏感性格局

地面塌陷敏感性空间分布呈斑块状，主要分布在地貌过渡带、构造带和山间盆地等区域，与人类活动存在较强的空间耦合特征［图 3-1（c）］。地震动峰值加速度的较敏感区为>0.20g，断层欧氏距离的较高敏感区为 0.5～1km 和 2.5～3km 区域，地貌界线欧氏距离的较高敏感区为<2km 区域，年降水较敏感区为 500～550mm，工程岩组中敏感性较高的为碎屑岩和松散堆积物，耕地及湿地周围片区敏感性更高，中等人类活动区敏感性较高，靠近金属矿山和非金属矿山的 3km 范围内敏感性更高。各地貌单元地面塌陷敏感性指数平均值由高到低排列为：山间盆地（0.2926）、丘陵太行山（0.1918）、丘陵燕山（0.1614）、山地太行（0.1429）、高平原（0.1405）、山地–阴山东段（0.1040）、山地燕山（0.1036）、高原丘陵（0.0995）。各行政区划的地面塌陷敏感性指数平均值排列为：张家口（0.1570）、邢台（0.0557）、唐山（0.0901）、石家庄（0.0662）、秦皇岛（0.1151）、邯郸（0.1080）、承德（0.0863）、北京（0.1157）、保定（0.0704）。地面塌陷容易直接造成地表物理破坏，对林地、耕地和建设用地等形成破坏，典型表现为地表水和地下水系统受损，进一步加剧生态环境破坏。

3.3.4 地裂缝敏感性格局

地裂缝主要集中发生在华北平原区［图 3-1（d）］，地裂缝敏感性指数平均值由高到低的分布为：泛滥平原（0.60）、冲洪积扇（0.57）、洼地（0.53）、黄泛平原（0.46）、冲海积平原（0.45）、海积平原（0.41），敏感性在宏观上形成由西向东递减的空间格局。从各行政区划的敏感性格局分布来看，衡水（0.60）、沧州（0.56）、廊坊（0.48）、邢台（0.46）、石家庄（0.40）、保定（0.35）、天津（0.34）、邯郸市（0.30）、北京（0.19）、唐山（0.12），呈现出南高北低格局。二元 Logistc 回归分析显示，地裂缝敏感性总体格局与降水梯度及地质构造分区存在较高的空间耦合性，影响地裂缝的 4 个要素影响排序为：年降水>断层欧氏距离>人类活动强度>矿山欧氏距离。地裂缝灾害容易破坏地表水和地下水的水文过程，引起系列岩土体地质问题，导致植被破坏和土地利用效率降低，影响城市规划建设，尤其是对重大市政设施设计和建设带来诸多难题。

3.3.5 地面沉降敏感性格局

在华北平原各地均存在一定的沉降区域，沉降受人类抽取地下水影响，另外与地表水和地下水空间分布及人口密度分布和经济活动等存在复杂的空间相关性，农业灌溉用水及城镇用水取水导致浅层地下水和深层地下水发生不同程度的沉降。从统计结果来看，西部低、中部高、东部较高［图 3-1（e）］，平原各二级地貌单元的地面沉降敏感性指数均值排序为：泛滥平原（0.24）、洼地（0.17）、冲海积平原（0.17）、黄泛平原（0.16）、海积平原（0.12）、冲洪积扇（0.07）。各行政区划地面沉降敏感性指数分布为：沧州（0.21）、衡水（0.20）、廊坊（0.16）、天津（0.14）、邢台（0.09）、邯郸（0.07）、北京（0.05）、保定（0.03）、唐山（0.03）、石家庄（0.02）。浅层地下水漏斗位于山前城市，并在环渤海形成复合大漏斗（金正道和周兴佳，2003）。

3.3.6 土地沙化沉降敏感性格局

京津冀城市群地区的土地沙化类型主要为草原风蚀沙地和黄土丘陵风蚀沙地，主要分布在内蒙古高原，河道及周边地区次之（吴忱，1999）。高原区受气候和土地利用方式及植被覆盖度影响，土地沙化敏感性较高；平原区的植被地覆盖区，尤其是河滩及湿地周边的排水区，土地沙化敏感性明显高于周边地区；山区的裸岩及裸地区，受气候及人类活动影响，在局部容易产生土地沙化现象。土地沙化敏感性空间格局呈现西高东低的整体特征，同时受降水及土地利用和风的作用影响，山原过渡地带的敏感性相对较低［图 3-1（f）］。各地貌区沙化敏感性排序为：高平原（0.7650）、高原丘陵（0.7183）、山地–阴山东段（0.5187）、海积平原（0.5000）、山间盆地（0.4608）、泛滥平原（0.4401）、冲海积平原（0.4303）、黄泛平原（0.4148）、洼地（0.3984）、丘陵–太行山（0.3942）、冲洪积扇（0.3672）、山地太行（0.2940）、山地燕山（0.2801）、丘陵燕山（0.2630）。各行政区划沙化敏感性排序为：张家口（0.57）、沧州（0.46）、衡水（0.43）、邢台（0.41）、廊坊（0.39）、邯郸（0.38）、天津（0.38）、石家庄（0.37）、唐山（0.35）、承德（0.34）、保定（0.34）、秦皇岛（0.31）、北京（0.27）。

3.3.7 土地盐渍化沉降敏感性格局

土地盐渍化敏感性空间格局主要受水文地质环境及后期水环境的影响，表现为与海相环境及沉积环境的高度相关性，同时受到土壤水分蒸发、农田漫灌、排水不畅、海水入侵等因素叠加影响，而地貌类型及与其相对应的沉积物结构决定土壤中盐分的累积与分布，则影响盐渍化程度（吴忱，1999）。京津冀城市群地区盐渍化高敏感区主要分布在渤海湾唐山—天津—沧州一线的滨海地区［图3-1（g）］，受海水入侵和地下水咸化等影响显著；盐渍化的中度敏感区主要分布于平原中河流泛滥冲积形成的河道和河间洼地，这些区域容易受到较浅地下水位埋深和排水不畅等因素影响；冲洪积扇及一些古河道的高地盐渍化较轻（吴忱，1999）。各二级地貌区的盐渍化敏感性指数按照大小排序为：海积平原（0.7618）、洼地（0.4512）、黄泛平原（0.4435）、冲海积平原（0.4368）、泛滥平原（0.3692）、冲洪积扇（0.2199）。各行政区划的盐渍化敏感性指数排序为：沧州（0.4625）、天津（0.4485）、衡水（0.3826）、唐山（0.2656）、廊坊（0.2593）、邢台（0.2402）、邯郸（0.2030）、石家庄（0.1151）、保定（0.1011）。控制区域的水盐动态，改善地下水出流条件，可以有效预防区内的土壤盐渍化。

3.3.8 地下水地质环境功能敏感性格局

华北平原地下水具有明显区域分带规律，地貌单元类型从山前平原，到中部平原，再到滨海平原，含水层组成由粗颗粒的冲洪积层过渡到中细颗粒的冲湖积层，再过渡到细颗粒的冲海积层；含水层富水程度由强富水到中等富水再到弱富水；地下水循环条件由强径流带到弱径流带，再到停滞蒸发排泄带；地下水化学类型由重碳酸盐水到硫酸盐水，再到氯化物水；地下水矿化度由淡水到微咸水，再到咸水。受华北山区与华北平原过渡带的冲洪积扇及衍生环境影响，靠近西部区域在对人类居住和经济发展的支持程度上较之平原中东部弱，形成东西分异格局。地下水地质环境功能敏感性评价主要针对华北平原地区，前人研究表明在行政区划上，敏感性整体呈现南高北低的态势［图3-1（h）］，敏感性指数按大小排序为：衡水（0.5759）、邢台（0.4754）、邯郸（0.3810）、天津（0.3119）、石家庄（0.3083）、廊坊（0.3059）、保定（0.2895）、沧州（0.2882）、唐山（0.2847）、北京（0.2386）。受由西向东的地质地貌成因作用，二级地貌的地下水地质环境功能敏感性格局呈现西高东低的特征，敏感性指数由大到小排序为：冲洪积扇（0.6218）、泛滥平原（0.5463）、黄泛平原（0.4656）、洼地（0.4095）、冲海积平原（0.1841）、海积平原（0.1705）。

3.3.9　浅层地下水质量敏感性格局

地下水环境背景值的形成，主要决定于元素的物理化学性质和水文地球环境。据中国地质调查局2006~2010年组织开展的华北平原地下水污染调查评价初步成果，华北平原地下水污染具有如下特点：一是污染指标多，包括三氮、重金属和"三致"（致癌、致畸、致突变）微量有机污染物；二是以点状污染为主，分布较广，多集中在城市周边和重化工工业区及影响带；三是以浅层地下水污染为主，深层地下水亦有污染物检出点（许广明等，2009）。地下水污染加剧了华北平原地下水供水紧张局面，由单一资源型缺水，转变为资源型缺水与水质型缺水叠加的复合型缺水（王昭等，2009）。浅层地下水质量敏感性宏观空间格局与冲洪积扇的边缘大体一致：在华北平原的二级地貌单元表现出东高西低的特征，与环渤海的地形地貌特征格局吻合度较高［图3-1（i）］，敏感性指数均值的排序为：海积平原和冲海积平原（0.9888）、黄泛平原（0.9262）、泛滥平原（0.9173）、洼地（0.9011）、冲洪积扇（0.5097）。各行政区划的浅层地下水质量敏感性主要呈现南北分异，敏感性指数均值排序为：沧州（0.9679）、衡水（0.8996）、天津（0.8783）、廊坊（0.7827）、邢台（0.5539）、邯郸（0.4421）、唐山（0.4327）、保定（0.1956）、石家庄（0.1607）、北京（0.1180）。

3.3.10　地下水调蓄敏感性格局

华北平原的地下水调蓄敏感性主要考虑可调蓄地层、调蓄空间、调蓄水源以及调蓄有利地带的影响（张兆吉，2009），依据前人结果划分地下水调蓄敏感性分区，呈现东高西低的分布特征，宏观上与冲洪积扇东侧边界存在一定的空间吻合性［图3-1（j）］，敏感性指数均值大小排序为：海积平原（0.9961）、泛滥平原（0.9643）、洼地（0.9608）、冲海积平原（0.9489）、黄泛平原（0.7785）、冲洪积扇（0.5783）。各行政区划的地下水调蓄敏感性指数均值排序为：沧州（0.9762）、衡水（0.9283）、天津（0.8631）、廊坊（0.8463）、邢台（0.5327）、邯郸（0.4199）、唐山（0.3890）、保定（0.2588）、北京（0.2391）、石家庄（0.2207）。地下水调蓄受到地质和水文地质条件控制，华北平原具有理想储水空间的调蓄区按优选顺序依次为：山前冲洪积扇卵砾石区带、冲积扇中粗砂含砾石区带、平原古河道带（钱永等，2014）。

3.3.11　地下水可持续利用敏感性格局

地下水开发历史及现状对地下水可持续利用产生重要影响，开发强度较小的平原西部区具有较强的稳定性和较弱的敏感性，平原东部区则相反。地下水可持续利用敏感性空间格局：通过对地下水的历史和现状评价划定地下水可持续利用的敏感性，当可持续利用程度较高时，其敏感性程度较低，反之较高。前人的研究表明，二级地貌单元的可持续敏感性呈现东高西低特征［图 3-1（k）］，敏感性指数排序为：海积平原（0.818）、冲海积平原（0.691）、洼地（0.615）、泛滥平原（0.557）、黄泛平原（0.519）、冲洪积扇（0.329）。各行政区划的可持续利用敏感性指数排序为：沧州（0.688）、廊坊（0.613）、衡水（0.607）、天津（0.601）、邢台（0.347）、唐山（0.290）、邯郸（0.276）、石家庄（0.118）、保定（0.102）。

京津冀城市群地区地下水可持续利用受地下水的资源功能、生态功能和地质环境功能影响。同时，区内的咸水微咸水大量分布、地下水水位持续下降、地面沉降、地裂缝、极端干旱气候和地下水污染均影响地下水可持续开发（王昭等，2009）。华北平原浅层地下水开采潜力一般，但空间分布不均，且受水质影响较大。受浅层咸水资源开采潜力较大的影响，平原浅层地下水开采潜力总体上一般，但淡水分布区如石家庄、邢台、沧州、廊坊、衡水等多处于超采乃至严重超采状态，已无开采潜力，并须严格控采。北京平原浅层地下水开采潜力系数为 0.88，稍有超采，开采潜力一般（袁再健等，2009）。在华北平原降水减少的背景下（郝立生等，2012），需要善用水循环规律，充分利用浅层含水层的调蓄功能，充分利用本地的劣质水和雨洪资源，调整产业结构，发展节水经济（金正道和周兴佳，2003）。

3.4　环境地质敏感性特征

在单项环境地质要素敏感性评价的基础上，按照加权求和的方式获取全区的环境地质综合敏感性指数，在统计和分析空间格局特征的基础上，梳理环境地质分区的基本原则，根据环境地质敏感性水平格局和功能等因素，综合划定环境地质敏感性分区（单元）。

3.4.1　综合敏感性总体特征

在单项环境地质要素敏感性评价的基础上，按照加权求和的方式获取全区的环境地质综合敏感性指数［图 3-2（a）］，同时为了表征华北平原与华北山区及内蒙古高原的宏观格局，对华北平原大区和华北山区及内蒙古高原大区进行分区分级处理［图 3-2（b）］。

环境地质敏感性受地貌单元控制较为显著，一级地貌单元整体表现为华北平原区>华北山区>内蒙古高原区的特征：华北平原区环境地质平均敏感性指数为 0.307，最小值为 0.107，最大值为 0.47，泛滥平原、黄泛平原以东形成中高敏感区的连续分布区；华北山区平均敏感性指数为 0.149，最小值为 0.095，最大值为 0.202；内蒙古高原区平均敏感性指数为 0.115，最小值为 0.072，最大值为 0.161。13 个地市的环境地质平均敏感性指数按大小排序为：衡水 0.37、沧州 0.36、天津 0.31、廊坊 0.30、邢台 0.29、邯郸 0.25、唐山 0.22、保定 0.20、石家庄 0.20、北京 0.18、秦皇岛 0.17、承德 0.15、张家口 0.13，其中邢台、邯郸、唐山、石家庄、天津、保定等地区的环境地质敏感性空间分异特征较为明显。

将环境地质敏感性指数按照自然间断法作 1 到 10 级别划分，1 代表敏感性低，10 代表敏感性高，将分级后数据转化为矢量数据，在 ArcGIS 中做聚类与离群分析［图 3-3（a）］、热点分析［图 3-3（b）］。聚类与离群分析（Moran's I 指数）显示平原区及华北山

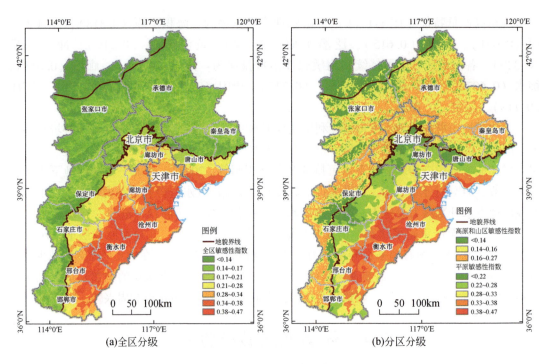

图 3-2　环境地质敏感性分布图

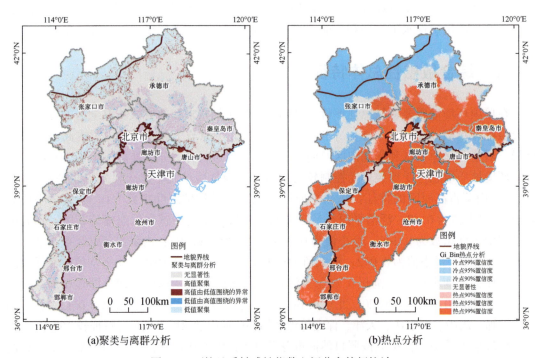

图 3-3　环境地质敏感性指数空间分布特征统计

区的局部区域表现为敏感区的高高聚集，内蒙古高原呈现出低低聚集特征，华北山区的敏感性分区聚集特征不显著。热点分析显示华北平原区99%可信度的热点区；内蒙古高原区为99%可信度的冷点区，另在唐山、秦皇岛、张家口、承德、保定、石家庄、邢台等地存在99%可信度的冷点区；各级敏感性分区的热点或冷点不显著区主要分布在华北山区，华北平原与华北山区过渡带的局部区域。

山区的环境地质高敏感区对土地利用稳定性、植被覆盖改善和生态安全格局造成影响。平原区的中高敏感区对土地利用效率和生态网络连通性造成较大影响。地质灾害是京津冀城市群地区环境地质问题的重要组成部分，地质灾害通过地表和地下的破坏作用对生态系统结构带来破坏，影响生态过程和区域生态系统服务功能。京津冀城市群地区已开展大量的生态安全格局构建工作，均面临科学处理地质灾害影响的问题。

采用夜间灯光刻画人类活动影响，统计环境地质综合敏感性指数与人类活动强度的关系，统计结果显示两者呈轻微的负相关关系，间接显示平原的耕地区与环境地质的敏感性更强，尤其是在泛滥平原和黄泛平原，这些区域是传统意义上的相对低产田分布区。农业灌溉抽取地下水诱发一系列环境地质问题，形成灾害分布链。环境地质高敏感区具有先天的地质及地理原因，同时也受到后天人类高强度农业开发和城市建设等活动的影响。

3.4.2　综合敏感性空间分布特征

在内蒙古高原，总敏感性指数主要受到崩塌-滑坡、泥石流两类灾害的控制因素作用，山地重力型地质作用驱动特征明显；土地沙化与崩塌-滑坡、泥石流表现为负相关，反映其发生与重力型灾害的较大区别，即发生在地势较为平坦的地区；地面塌陷与土地沙化两者的敏感性呈正相关，反映两者在部分人类活动较为频繁的区域可能存在空间重叠。

在华北山区，对泥石流、崩塌-滑坡、塌陷三类地质灾害的敏感性较高，尤其是泥石流和崩滑灾害，反映出地形地貌构成的自然本底对地质灾害发生的主导作用，与内蒙古高原类似，沙化表现为负相关，反映出沙化与重力型地质灾害在空间分布上的差异性。

华北平原的总敏感性指数与浅层地下水质量、地下水可持续利用能力、地下水可调蓄能力、土地盐渍化和地面沉降表现为较强的正相关性，反映出几者在空间分布上的趋同性；而地下水地质环境功能与总敏感性指数表现为一定的负相关性，尤其是在冲洪积扇地区，反映出两者的趋异特征；地裂缝的敏感性分区与总敏感性指数呈微弱的正相关性。平原区的单项敏感性和综合敏感性均反映出较强的东西经向差异和南北纬向差异，其中地貌的地质成因和地质影响极为重要，一方面影响了土地资源和地下水资源的分布格局，同时也影响了后期的人类空间分布，同时海陆分布造成的降水差异和纬向分布的温度（控制农业活动）分异成为水环境敏感性的重要成因。

3.4.3　综合敏感性分区特征

为了强化环境地质综合指数的空间规律，根据环境地质主要敏感性为依据，以地质地貌分异为主，契合自然与人为因素的地理梯度，再根据环境地质综合敏感性指数计算结果的空间分异为参照，进行环境地质亚区细分。首先，划定华北平原环境地质中高敏感区、华北山区环境地质中敏感区、内蒙古高原环境地质低敏感区三个一级分区；进一步细分为包括唐海–塘沽–海兴海积平原环境地质高敏感亚区（Ⅰ11）、丘陵–燕山段环境地质中敏感亚区（Ⅱ11）、尚义–沽源高原丘陵环境地质低敏感亚区（Ⅲ1）在内的共计 20 个环境地质亚区（图 3-4）。分区结果显示，环境地质综合敏感性整体呈现出西北低、东南高的格局，华北平原是环境地质敏感性最为突出的区域，环渤海及东南部是环境地质问题较为严重的区域。

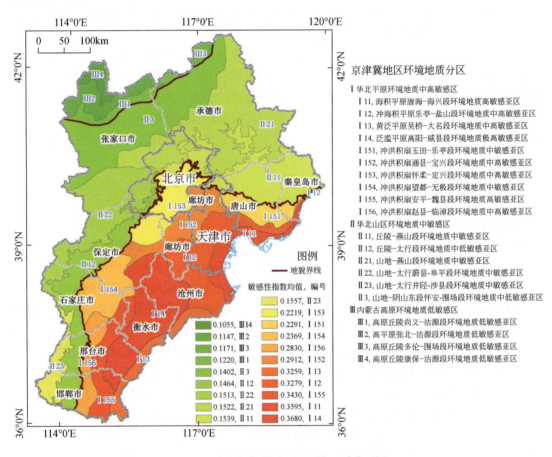

图 3-4　京津冀城市群地区环境地质分区图

（1）华北平原环境地质中高敏感区

①海积平原唐海–海兴段环境地质高敏感亚区（Ⅰ11）

该区呈弧形分布在环渤海区域，平均海拔约为 8m，宏观地质地貌属海积平原，包括秦皇岛市、唐山市、天津市和沧州市等地。本区西侧邻近沧州–大名深大断裂，地跨沧县台拱、黄骅台陷和埕宁台拱三个地质构造区，1900 年以来区内发生 20 多次 3 级以上地震。区内主要出露全新世海积、冲海积、湖积、冲积、冲洪积和湖积沼泽堆积等地层，岩性主要为砂、砂砾石，卵砾石、砂质黏土、黏土夹薄层泥煤，局部出露早侏罗世花岗岩。本区主要包括四种工程地质单元，以松软岩层（亚黏土、亚砂土）为地基的河北中部冲积湖积低平原区，以松软岩层（淤泥、淤泥质土）为地基的滨海冲积湖积平原区，以松软岩层（黏土、亚黏土、亚砂土）为地基的滨海冲积湖积平原区，以松软岩层（风化砂丘）为地基的滨海冲积湖积平原区。本区主要属松散岩类孔隙含水岩组，其中强富水区占26.30%、中等富水区占24.77%、弱富水区占46.58%、极弱富水区占2.35%。区内地质资源开发包括采油和地热开发。

受地质环境和人类开发活动综合影响，深层地下水超采和严重超采面积约为2700km²，严重沉降区面积近400km²。区内存在浅层地下水的点源污染，主要包括三氮污染和重金属污染。环境地质敏感性评价结果显示，该区地裂缝敏感性指数为0.415、地面沉降敏感性指数为0.117、地下水地质环境功能敏感性指数为0.161、浅层地下水质量敏感性指数为0.991、地下水调蓄敏感性指数为0.997、可持续敏感性指数为0.827、沙化敏感性指数为0.493、盐渍化敏感性指数为0.761，环境地质综合敏感性指数为0.360。

②冲海积平原乐亭–盐山段环境地质中高敏感亚区（Ⅰ12）

该区环渤海湾呈弧形分布在秦皇岛市、唐山市、廊坊市、天津市和沧州市等地，平均海拔为9m，宏观地质地貌属于冲海积平原。区内主要地质构造为沧州–大名深大断裂，1900年以来区内发生70多次3级以上地震，该区跨越6个地质构造区：山海关台拱、马兰峪复式背斜、冀中台陷、沧县台拱、黄骅台陷、埝宁台拱，其中沧县台拱和黄骅台陷控制面积最广。区内主要出露全新世冲海积、海积、冲洪积、冲积、湖积、风积，主要岩性为砂、砂砾石、卵砾石、砂质黏土、黏土夹薄层泥煤，其次为黄河组灰黄色粉砂土、粉质亚砂土、黄色中细砂为主的河流冲积物，上更新世马兰组古土壤、太古代花岗岩以及早侏罗世花岗岩有零星出露。根据工程地质特征，区内主要为松软岩层为地基的河北中部冲积湖积低平原区，其中亚砂土、亚黏土区占全区面积的69.41%，黏土、亚黏土、亚砂土区占22.33%，风化砂丘区占4.67%，以松软岩层（冲积砂及风化砂丘）为主要地基的山前洪积、冲积倾斜平原区约占3.59%。该区以松散岩类孔隙含水岩组为主，其中极强富水区占3.40%，强富水区占37.76%，中等富水区占34.85%，弱富水区占23.64%，岩浆岩类弱富水区约占0.34%。区内地质资源开发主要包括非金属矿开发、石油开采以及地热开发。

受地质环境与人类活动影响，环境地质问题较为突出。区内大型地裂缝54处、中型地裂缝5处、小型地裂缝17处、>10m地裂缝17处，地裂缝敏感性0.436。浅层地下水超采区近900km²，深层地下水严重超采1400km²，地面沉降敏感性0.171。地下水地质环境功能敏感性0.197，区内存在浅层地下水的点源污染，主要包括三氮污染和重金属污染，浅层地下水质量敏感性指数为0.936。地下水调蓄敏感性指数0.962、地下水可持续利用敏感性指数0.681、土地沙化敏感性指数0.420、土地盐渍化敏感性0.447。区内环境地质综合敏感性指数为0.328。

③黄泛平原吴桥–大名段环境地质中高敏感亚区（Ⅰ13）

该区呈条带状北东向分布，地跨沧州、衡水、邢台、邯郸等地，平均海拔为28m，宏观地质地貌属于黄泛平原。受沧州-大名深大断裂影响，由北东向西南跨越埕宁台拱、黄骅台陷、沧县台拱、临清台陷、内黄台拱共五个地质构造区，其中黄骅台陷和临清台陷控制面积较广。本区主要出露全新世地层，其中黄河组河流冲积物面积为 2011km^2，全新世冲洪积物分布面积为 2152km^2、冲积物分布面积为 543km^2，另有少量冲积物、风积冲积物和风积物分布。按工程地质特征划分，主要归属松软岩层。水文地质单元主要包括松散岩类孔隙含水岩组的三种类型，中等富水区占 49.88%，强富水区占 25.40%，弱富水区占 24.72%。区内地质资源开发主要为地热开发。

受地质环境及人类活动影响，区内环境地质灾害较为发育。大型地裂缝 6 处、中型 4 处，>10m 地裂缝 13 处，地裂缝高发区面积为 1540km^2，面积占比 31.61%，地裂缝敏感性 0.456。浅层地下水超采区面积为 336km^2，深层地下水超采区面积为 3045km^2。地面沉降影响较大，严重沉降区面积为 1038km^2，地面沉降敏感性指数为 0.163。受工业和农业生产影响，区内存在浅层地下水的点源污染，主要包括三氮污染和重金属污染，浅层地下水水质量敏感性指数为 0.921。地下水地质环境功能敏感性指数为 0.476，地下水调蓄敏感性指数为 0.773，地下水可持续利用敏感性指数为 0.509。受自然和人为因素影响，土地沙化敏感性指数为 0.414，土地盐渍化敏感性指数为 0.441。该区环境地质综合敏感性指数为 0.326。

④泛滥平原高阳-威县段环境地质极高敏感亚区 （I14）

该区地跨沧州、衡水、邢台、邯郸等地，平均海拔 18m，宏观地质地貌属于泛滥平原。东侧靠近沧州-大名深大断裂，1900 年以来区内发生 30 多次 3 级以上地震，该区地跨冀中台陷、沧县台拱、黄骅台陷、临清台陷。区内主要出露全新世松散堆积物，局地出露黄河组，工程地质划分归属松软岩层。水文地质类型为松散岩类孔隙含水类，极强富水区占 1.97%，强富水区占 64.29%，中等富水区占 32.61%，弱富水区占 1.14%。区内的地质资源开发活动主要为石油开采和地热开发。

该区地下水开采较为强烈，环境地质问题较为突出。浅层地下水超采 6866km^2，超采面积占比 36.37%。深层地下水超采面积 11100km^2，深层地下水严重超采面积 2351km^2，严重超采面积比 12.45%，超采和严重超采占比 71.26%。严重沉降区 4261km^2，地面沉降敏感性 0.236。大型地裂缝 83 处、中型 23 处、小型 67 处，>10m 地裂缝 47 处。地裂缝高发区面积约 6420km^2，面积占比 34.01%，地裂缝敏感性 0.604。地下水地质环境功能敏感性指数 0.546，地下水调蓄敏感性指数 0.968。工农业发展及城市建设导致的浅层地下水点源污染，浅层地下水质量敏感性 0.904。地下水可持续利用敏感性指数为 0.562。土地沙化敏感性 0.437，土地盐渍化敏感性 0.369。

⑤冲洪积扇玉田-乐亭段环境地质中敏感亚区 （I151）

该区呈东西向弧形分布，地跨秦皇岛、唐山、廊坊，平均海拔为 16m，宏观地质地貌属于冲洪积扇。受固安-昌黎大断裂、青龙-滦县大断裂、沧州-大名深大断裂控制，1900 年以来发生 3.0 级以上地震近百次，地跨马兰峪复式背斜、黄骅台陷、山海关台拱三个地质构造区。区内主要出露全新世冲洪积、洪冲积、冲积、海积，其他地区出露上更新世马兰组棕黄色土。按工程地质特征划分，该区主要为松软岩层，另有部分区域属于坚硬半坚硬及松散岩层区。从水文地质类型来看，主要属于松散岩类孔隙含水岩组，其中极强富水区为 $3619km^2$、强富水区为 $1365km^2$，局部具有碎屑岩类含水岩组，富水中等的碳酸盐岩类含水岩组。区内的地质资源开发包括金属矿山、非金属矿山、煤炭开采以及地热开发。

受地质环境和人类活动影响，区内存在一定的环境地质问题。大型地面塌陷 1 处、小型 11 处，地面塌陷敏感性指数为 0.002。浅层地下水超采区为 $1062km^2$，浅层地下水严重超采区为 $502km^2$，超采和严重超采占比为 30.65%。深层地下水超采面积为 $688km^2$，超采占比为 13.48%。全区的一般沉降区约为 $437km^2$，轻微沉降区为 $4042km^2$，地面沉降敏感性指数为 0.032。>10m 地裂缝大型 7 处、地裂缝高发区面积约为 $342km^2$，面积占比约为 6.71%，地裂缝敏感性指数为 0.160。浅层地下水的点源污染问题较突出，浅层地下水质量敏感性指数为 0.596，地下水地质环境功能敏感性指数为 0.572，地下水调蓄敏感性指数为 0.515，地下水可持续利用敏感性指数为 0.397。土地沙化敏感性指数为 0.364，土地盐渍化敏感性指数为 0.290。该区的环境地质总敏感性指数为 0.229，总体属于中敏感区。

⑥冲洪积扇通县–宝兴段环境地质中高敏感亚区（Ⅰ152）

该区呈北东东–南西西方向分布，地跨廊坊、天津、保定等地，平均海拔为 13m，宏观地质地貌属于冲洪积扇。受定兴–石家庄深大断裂和固安–昌黎大断裂影响，地跨马兰峪复式背斜、冀中台陷、沧县台拱、军都山岩浆岩带四个地质构造单元，1900 年以来发生 3.0 级以上地震近 40 处。区内出露上更新世马兰组棕黄色土、全新世冲洪积、洪冲积、冲积、湖积、冲海积、洪积沉积物。按工程地质特征，区内主要为松软岩层，坚硬半坚硬及松散岩层。水文地质类型主要为松散岩类孔隙含水岩组，极强富水区为 $1199km^2$、强富水区为 $5213km^2$、中等富水区为 $1348km^2$、弱富水区为 $754km^2$，另仅有少量碳酸盐岩类含水岩组，富水性为强和中等。区内地质开发的地质资源主要包括石油、地热。

严重沉降区为 $231km^2$、一般沉降区为 $6381km^2$、轻微沉降区为 $1906km^2$。浅层地下水超采区为 $1916km^2$，严重超采区为 $250km^2$，严重超采占比为 2.93%。深层地下水超采区为 $740km^2$，深层地下水严重超采区为 $21km^2$，超采和严重超采占比为 8.91%。地面沉降敏感性指数为 0.078。大型地裂缝 53 处，地裂缝高发区面积为 $1855km^2$，面积占比约为 21.72%，地裂缝敏感性指数为 0.449。地下水地质环境功能敏感性指数为 0.572，受农业和工业活动影响，浅层地下水点源污染较突出，主要表现为三氮污染和重金属污染，浅层地下水质量敏感性指数为 0.738。地下水调蓄敏感性指数为 0.801，地下水可持续利用敏感性指数为 0.464。土地沙化敏感性指数为 0.347，土地盐渍化敏感性指数较低（0.267）。该区的环境地质综合敏感性指数为 0.291。

⑦冲洪积扇怀柔–定兴段环境地质中高敏感亚区（Ⅰ153）

该区呈北东–南西向带状分布，地跨北京、保定、廊坊等地，受定兴–石家庄深大断裂和固安–昌黎大断裂影响，地跨马兰峪复式背斜、冀中台陷、军都山岩浆岩带三个地质构造单元，自 1900 年以来，发生 3.0 级以上地震 50 多处。该区平均海拔为 36m，宏观地质地貌为冲洪积扇。区内主要出露全新世冲洪积、洪冲积、冲积、洪积、风积、湖积沉积物，上更新世马兰组棕黄色土次之，另有雾迷山组白云岩、灰岩和遵化杂岩少量分布。按工程地质属性，区内主要为松软岩层，其次为坚硬和半坚硬岩层。从水文地质特征来看，区内主要为松散岩类孔隙含水岩组，富水性整体较好，另有少量其他类型水文地质单元分布，包括富水弱的碎屑岩类含水岩组、富水强的碳酸盐岩类含水岩组、富水中等的碎屑岩类含水岩组、富水弱的变质岩类含水岩组和喷出岩类含水岩组。区内地质资源开发主要为非金属矿开发和地热开发。

受地质环境和人类开发活动影响，区内的地裂缝灾害较为突出，地裂缝大型 64 处、地裂缝中型 5 处、地裂缝小型 17 处、>10m 地裂缝大型 49 处，地裂缝高发区面积为 1348km²，面积占比约为 14.27%，地裂缝敏感性指数为 0.560。崩塌小型 1 处，崩塌-滑坡敏感性指数为 0.003。泥石流大型 2 处、泥石流小型 1 处，泥石流敏感性指数为 0.001。地面塌陷敏感性指数为 0.002。浅层地下水超采区为 5436km²，浅层地下水严重超采区为 828km²，超采和严重超采占比为 66.31%。深层地下水超采区为 278km²，深层地下水严重超采区为 52km²，超采和严重超采占比为 3.49%。该区的严重沉降区为 735km²，地面沉降敏感性指数为 0.101。受人类活动影响，区内局部存在浅层地下水点源污染，包括三氮污染和重金属污染。地下水地质环境功能敏感性指数为 0.599，浅层地下水质量敏感性指数为 0.361，地下水调蓄敏感性指数为 0.508，地下水可持续利用敏感性 0.158。受降水及土地利用方式影响，土地沙化敏感性指数为 0.345。受排水条件影响，土地盐渍化程度较轻，盐渍化敏感性指数为 0.083。该区环境地质综合敏感性指数为 0.222，总体处于中高敏感性水平。

⑧冲洪积扇望都-无极段环境地质中敏感亚区（Ⅰ154）

该区呈团块状分布在保定、石家庄、衡水等地，位于定兴-石家庄深断裂、无极-衡水大断裂、邢台-安阳深断裂交汇区，地跨军都山岩浆岩带、太行拱断束、冀中台陷、临清台陷四个地质构造区，1900 年以来发生 3.0 级以上地震 3 处。区内平均海拔 51m，宏观地质地貌属于冲洪积扇。区内主要出露全新世洪冲积、冲积、风积沉积物，其次为上更新世马兰组棕黄色土，其次为中更新世赤城组红黄色土夹砾石层。按工程地质特征划分，区内主要为松软岩层，其次为坚硬半坚硬及松散岩层。按水文地质特征划分，主要为松散岩类孔隙含水岩组，包括极强富水区为 7262km²、强富水区为 1241km²，另有富水弱的变质岩类含水岩组和碳酸盐岩类含水岩组。区内分布有 2 座非金属矿山，另有地热井 7 处。

受地貌条件影响，崩塌、滑坡、泥石流灾害的敏感性相对较低。人类工程活动与局部地质环境的多重影响，导致地裂缝发生面较广，区内大型地裂缝 42 处、中型 27 处、小型 24 处、>10m 地裂缝 10 处，地裂缝敏感性较高，地裂缝高发区面积为 1690km²，面积约占 19.73%，敏感性指数为 0.835。大型采空塌陷 1 处、小型 1 处，地面塌陷敏感性指数为 0.0004。浅层地下水超采区为 6614km²、严重超采区为 168km²，超采和严重超采占全区面积的 79.17%。深层地下水超采区为 964km²，严重超采区为 28km²，两者合计占该区面积 11.58%。受地下水开采等活动影响，一般地面沉降区面积为 2034km²，地面沉降敏感性指数为 0.041。地下水地质环境功能敏感性指数为 0.613，受农业和工业活动影响，存在浅层地下水的点源污染，尤其是重金属污染相对突出。浅层地下水质量敏感性指数为 0.267，地下水调蓄敏感性指数为 0.365，地下水可持续利用敏感性指数为 0.170。受土壤、植被、气候和人类活动等因素影响，土地沙化和盐渍化敏感性总体处于较低水平，土地沙化敏感性指数为 0.379，土壤盐渍化敏感性指数为 0.190。该区环境地质的综合敏感性指数为 0.237，属于环境地质中等敏感性水平。

⑨冲洪积扇安平-魏县段环境地质高敏感亚区（Ⅰ155）

该区呈北北东-南西西方向带状分布，地跨衡水、石家庄、邢台、邯郸。西部邻接邢台-安阳深断裂，地跨冀中台陷、临清台陷、太行拱断束、内黄台拱 4 个地质构造区，1900 年以来发生 3.0 级以上地震近 70 处，平均海拔为 37m，宏观地质地貌属于冲洪积扇。区内主要出露全新世冲洪积、洪冲积、冲积、风积，按工程地质属性划分主要属于松软岩层。水文地质类型为松散岩类孔隙含水岩组，极强富水区为 749km²、强富水区为 4820km²、中等富水区为 1928km²。区内地质资源开发主要包括石油开采、地热开发。

大型地裂缝 31 处、中型 6 处、小型 12 处、>10m 地裂缝大型 10 处，地裂缝高发区为 1575km²，面积占比为 20.97%，地裂缝敏感性指数为 0.626。浅层地下水超采区为 3806km²，严重超采区为 261km²，超采和严重超采占比为 54.13%；深层地下水超采区为 3962km²，严重超采面积为 23km²，超采和严重超采占比为 53.03%；严重的地面沉降区面积为 476km²，地面沉降敏感性指数为 0.119。地下水地质环境功能敏感性指数为 0.705，存在浅层地下水点源污染，浅层地下水质量敏感性指数为 0.795。地下水调蓄敏感性指数为 0.794，地下水可持续利用敏感性指数为 0.506。受自然条件及土地利用方式影响，土地沙化敏感性指数为 0.391，盐渍化敏感性指数为 0.343。该区环境地质综合敏感性指数为 0.343。

⑩冲洪积扇赵县-临漳段环境地质中高敏感亚区（Ⅰ156）

呈近南北向带状分布，地跨石家庄、邢台、邯郸等地，面积约为 5225km²。受邢台-安阳深断裂控制，地跨临清台陷、太行拱断束、内黄台拱三个地质构造区，1900 年以来发生 3.0 级以上地震 10 多次。区内平均海拔为 51m，宏观地质地貌为冲洪积扇。区内主要出露全新世洪冲积、冲洪积、冲积、风积，另有少量上更新世马兰组棕黄色土分布。按工程地质特征划分，主要属于松软岩层，另有少量区域属于坚硬半坚硬及松散岩层。按水文地质特征划分，主要属于松散岩类孔隙含水岩组，其中强富水区为 2725km²、极强富水区为 2018km²、中等富水区为 461km²、弱富水区为 14km²。区内的采矿活动主要包括非金属、石油、煤炭和地热开采。

受地貌条件影响，重力型地质灾害易发性相对较低。崩塌-滑坡敏感性及泥石流敏感性指数较低。浅层地下水超采区为 2010km²，严重超采区为 1692km²，超采和严重超采占比为 70.85%。深层地下水超采区为 1731km²，严重超采区为 364km²，超采和严重超采占比为 40.10%。一般地面沉降区 1290km²，轻微沉降区 3708km²，地面沉降敏感性指数为 0.043。大型地裂缝 39 处、中型 18 处、小型 13 处、>10m 地裂缝大型 5 处，地裂缝高发区面积 1547km²，面积占比为 29.61%，地裂缝敏感性指数为 0.708。大型采空塌陷 1 处，大型地面塌陷 7 处、中型 9 处、小型 2 处，地面塌陷敏感性指数为 0.001。区内存在浅层地下水点源污染，其中重金属污染相对突出，浅层地下水质量敏感性指数为 0.393。地下水地质环境功能敏感性指数为 0.721，地下水调蓄敏感性指数为 0.522，地下水可持续利用敏感性指数为0.396。土地开发利用及自然条件影响下的土地沙化和盐渍化敏感性处于中下水平，土地沙化敏感性指数为0.401，土地盐渍化敏感性指数为0.264。环境地质综合敏感性为0.283。

（2）华北山区环境地质中敏感区

①丘陵-燕山段环境地质中敏感亚区（Ⅱ11）

该区呈东西向不规则条块状分布，地跨秦皇岛、唐山、北京、承德等地，平均海拔为255m，平均起伏度为72m，平均坡度为13°。受密云-喜峰口大断裂、平坊-桑园大断裂、青龙—滦县大断裂影响，地跨军都山岩浆岩带、承德拱断束、马兰峪复式背斜、山海关台拱4个地质构造区。自1900年以来，区内共计发生3.0级以上地震130多处。区内出露115个地层（岩体），太古宙地层出露面积为2269km²，中新元古代地层出露面积为5187km²，早古生代地层出露面积为292km²，晚古生代地层出露面积为60km²，中生代地层出露面积为2775km²，新生代地层出露面积为2510km²；中生代喷出岩出露面积为35km²；各期次侵入岩出露面积为前寒武纪花岗岩为4727km²，华力西期花岗岩为80km²，燕山期早期花岗岩为1199km²，燕山期晚期花岗岩为444km²，印支期花岗岩为55km²。区内矿产资源开发主要为：特大型金属矿山1处、大型5处、中型27处，非金属矿山23座，大型煤炭矿山1处，地热井8处，温泉4处。受地质环境、气象条件和人类活动影响，地质灾害易发性较高，大型泥石流135处，大型崩塌和滑坡105处，大型地面塌陷1处，区内地质灾害密度约为0.053处/km²。崩塌-滑坡敏感性指数为0.681，泥石流敏感性指数为0.412，地面塌陷敏感性指数为0.172；该区植被覆盖较高，土地沙化敏感性较低，敏感性指数为0.271。该区环境地质综合敏感性指数为0.154，总体处于中等水平。

②丘陵-太行段环境地质中低敏感亚区（Ⅱ12）

该区呈北北东—南南西方向分布，地跨北京、保定、石家庄、邢台、邯郸等地。平均海拔为245m，平均起伏度为57m，平均坡度为11°，宏观地质地貌属丘陵。受紫荆关-灵山深断裂、定兴-石家庄深断裂影响，地跨军都山岩浆岩带、五台台拱、太行拱断束、沁源台陷四个地质构造区，自1900年区内发生3.0级以上地震8处。区内出露113个地层（岩体），地层由老到新出露面积分别为：太古宙地层为4637km²，古元古代地层为334km²，中新元古代地层为3193km²，早古生代地层为2624km²，晚古生代地层为521km²，中生代地层为354km²，新生代地层为3561km²；不同其次岩浆岩出露面积为：前寒武纪花岗岩为657km²，晚燕山期花岗岩为37km²，早燕山期花岗岩为187km²，晚古生代喷出岩为8km²，中生代喷出岩为11km²。区内含水岩组富水主要为弱或中等，具有集中供水潜力的水文地质区面积约为3600km²。区内矿产资源开发主要为：非金属矿山115座，煤炭矿山22座（大型4座、中型18座），金属矿山8座（大型3座、中型5座），地热井4处，温泉2处。

该区地质环境较为复杂，地质灾害敏感性处于中等水平。区内地质灾害共计954处，其中大型地裂缝29处、大型采空塌陷81处、大型崩塌-滑坡60处、大型泥石流77处，灾害密度为0.059处/km²。敏感性评价结果显示，崩塌-滑坡敏感性指数为0.642、泥石流敏感性指数为0.321、地面塌陷敏感性指数为0.200。受气候条件和土地利用类型影响，土地沙化敏感性指数为 0.394。该区环境地质综合敏感性指数为 0.146，总体处于中低敏感水平。

③山地-燕山段环境地质中敏感亚区（Ⅱ21）

该区地跨承德、北京、张家口等地，平均海拔为 831m，平均起伏度为 99m，平均坡度 18°，宏观地貌属于山地。受北东向和近东西向断层控制，包括丰宁-隆化深断裂、大庙-娘娘庙深断裂、尚义-平泉深断裂、上黄旗-乌龙沟深断裂。地跨多伦复背斜、围场拱断束、华北新拗、军都山岩浆岩带、承德拱断束、马兰峪复式背斜 6 个地质构造区，该区自 1900 年来发生 3.0 级以上地震 18 次。区内出露 147 个地层（岩体），出露地层面积由老到新为：太古宙地层为 2213km²、中新元古代地层为 3997km²、早古生代地层为 243km²、晚古生代地层为 206km²、中生代地层为 11276km²、新生代地层为 1601km²。不同期次岩浆岩出露面积为：中生代喷出岩为 251km²、前寒武纪花岗岩为 4523km²、华力西期花岗岩为 593km²、燕山期早期花岗岩为 2869km²、燕山期晚期花岗岩为 1302km²、印支期花岗岩为 611km²。按工程地质属性划分，区内岩层主要属于坚硬半坚硬岩组。按水文地质特征统计，除部分散岩类孔隙含水岩组和碳酸盐岩类含水岩组富水较强外，其他含水岩组富水性多表现为弱。

区内开发的矿产资源开发较为活跃，包括大型和中型金属矿山 40 座，非金属矿山 40 座，中型煤炭矿山 1 处，地热井 12 处，温泉 9 处。区内地质环境较为复杂，地质灾害发育程度中等，地质灾害共计 1245 处，灾害密度为 0.042 处/km²，根据单项环境地质敏感性评价结果，崩塌-滑坡敏感性指数为 0.691、泥石流敏感性指数为 0.4189、地面塌陷敏感性指数为 0.111。区内植被覆盖条件较好，土地沙化敏感性处于较低水平，沙化敏感性指数为 0.287。根据环境地质综合敏感性计算结果，该区敏感性指数为 0.152，就山地背景而言，处于环境地质中等敏感性水平。

④山地-太行蔚县-阜平段环境地质中敏感亚区（Ⅱ22）

该区呈北东向分布，地跨北京、保定、石家庄等地。区内分布有上黄旗-乌龙沟深断裂、紫荆关-灵山深断裂，地跨华北新拗、军都山岩浆岩带、五台台拱、沁源台陷 4 个地质构造区。区内平均海拔为 990m，平均起伏度为 113m，平均坡度为 19°。自 1900 年以来，该区发生 3.0 级以上地震 11 次。

区内出露 128 个地层单元（岩体），地层由老到新出露面积依次为：太古宙地层为 3424km²、中新元古代地层为 4085km²、早古生代地层为 2219km²、晚古生代地层为 158km²、中生代地层为 2878km²、新生代地层为 2468km²。各期次岩浆岩出露面积为：中生代喷出岩为 96km²、前寒武纪花岗岩为 549km²、燕山期早期花岗岩为 2109km²、燕山期晚期花岗岩为 49km²。从工程地质特征来看，区内主要为坚硬半坚硬岩层（8965km²），其次为松软及坚硬半坚硬岩层为地基的工程岩组。区内各类含水岩组总体富水弱或中等，另有部分区域碳酸盐岩类含水岩组（富水中等）3110km²、松散岩类孔隙含水岩组（富水极强）1611km²、碳酸盐岩类含水岩组（富水强）1579km²、松散岩类孔隙含水岩组（富水强）1224km²。区内可用作集中供水的潜力区面积约为 3777km²。

区内矿产资源资源开发包括：大型煤炭矿山 1 处、中型 2 处，大型金属矿山 2 处、中型 3 处, 非金属矿山 18 座, 地热井 5 处, 温泉 3 处。受地质环境和人类活动影响, 区内地质灾害共计 746 处, 灾害密度为 0.0414 处/km², 崩塌-滑坡敏感性指数为 0.670, 泥石流敏感性指数为 0.397, 地面塌陷敏感性指数为 0.155。土地沙化敏感性指数为 0.317, 处于中低水平。综合评价环境地质敏感性, 全区敏感性指数为 0.151, 总体处于中等水平。

⑤山地-太行井陉-涉县段环境地质中敏感亚区 (Ⅱ23)

该区呈近南北向条带状分布, 地跨石家庄、邢台、邯郸等地。本区东临邢台—安阳深断裂, 地跨沁源台陷、太行拱断束两个地质构造区, 自 1900 年以来, 区内发生 3.0 级以上地震 1 次。平均海拔为 727m, 平均起伏度为 111m, 平均坡度为 19°。

区内出露 34 个地层单元 (岩体), 按由老到新出露地层的面积为: 太古宙地层为 929km²、古元古代地层为 279km²、早古生代地层为 1937km²、中新元古代地层为 775km²、新生代地层为 186km²。不同期次岩浆岩出露面积为: 中生代喷出岩为 86km²、前寒武纪花岗岩为 152km²、燕山期早期花岗岩为 13km²、燕山期晚期花岗岩为 66km²。按照工程地质特征划分, 区内的岩组主要为坚硬半坚硬岩层, 以及坚硬半坚硬及松散岩层。按照水文地质特征, 区内含水岩组富水主要为弱和中等, 具有集中供水潜力的区域面积约为 2400km²。

区内矿产资源开发活动一般, 其中大型金属矿山 1 座、中型 1 座。受地形条件影响, 区内地质灾害共计 445 处, 灾害密度为 0.1006 处/km², 崩塌-滑坡敏感性指数为 0.726, 泥石流敏感性指数为 0.409, 地面塌陷敏感性指数为 0.139。受土地利用和气候条件影响, 土地沙化敏感性较低, 敏感性指数为 0.281。根据环境地质综合评价, 区内的环境地质敏感性指数为 0.156, 处于中等水平。

⑥山地-阴山东段怀安-围场段环境地质中低敏感亚区 (Ⅱ3)

该区呈块状北东向分布, 地跨承德、张家口两地。受尚义-平泉深断裂、上黄旗-乌龙沟深断裂影响, 地跨多伦复背斜、张北台拱、沽源陷断束、围场拱断束、华北新拗、军都山岩浆岩带、五台台拱共计七个地质构造区。平均海拔为 1251m, 平均起伏度为 79m, 平均坡度为 15°。自 1900 年以来发生 3.0 级以上地震 7 次。区内出露 103 个地层单元 (岩体), 按由老到新出露地层的面积为: 太古宙地层为 2878km²、中新元古代地层为 403km²、中生代地层为 11371km²、新生代地层为 5028km²; 各期次的岩浆岩出露面积为: 中生代喷出岩为 24km²、前寒武纪花岗岩为 2269km²、华力西期花岗岩为 1577km²、燕山期早期花岗岩为 1908km²、燕山期晚期花岗岩为 192km²、印支期花岗岩为 266km²。按工程地质属性, 区内主要为坚硬半坚硬岩组, 其次为松软及坚硬半坚硬岩组。按水文地质属性, 区内喷出岩类、侵入岩类、变质岩类、部分松散岩类孔隙含水岩组富水弱, 另有部分碳酸盐岩类、松散岩类富水中等, 富水极强的为地势较好的松散岩类。区内矿产资源开发活动中等, 其中非金属矿山 22 座, 大型金属矿山 1 座、中型 4 座, 地热井 3 处, 温泉 4 处。崩塌-滑坡敏感性指数为 0.578, 泥石流敏感性指数为 0.329, 地面塌陷敏感性指数为 0.114, 地质灾害共计 794 处, 灾害密度为 0.031 处/km²。受植被盖度及气候影响, 区内的土地沙化敏感性指数为 0.524, 处于中等水平。根据环境地质敏感性综合评价, 该区的敏感性指数为 0.140, 属于中低敏感性水平。

（3）内蒙古高原环境地质低敏感区

①高原丘陵尚义–沽源段环境地质低敏感亚区（Ⅲ1）

包括承德、张家口两地，面积约为3801km²。地跨沽源–张北大断裂，涉及张北台拱、沽源陷断束、围场拱断束三个地质构造区，1900年来发生3.0级以上地震4次。该区平均海拔为1478m，平均起伏度为40m，平均坡度为8°。区内共计出露36类地层，其中新生代和中生代地层分布面积最广，前寒武纪、华力西期和燕山早期花岗岩出露约为140km²，区内岩组整体富水弱。区内矿山包括非金属矿山6座、中型金属矿山1座，另有温泉。区内地质灾害45处，崩塌–滑坡敏感性指数为0.457，泥石流敏感性指数为0.211，地面塌陷敏感性指数为0.124。受自然因素影响，土地沙化敏感性较高（0.725）。区域环境地质综合敏感性指数为0.122，整体属低敏感性水平。

②高平原张北–沽源段环境地质低敏感亚区（Ⅲ2）

该区地跨张家口和承德两市，受沽源–张北大断裂影响，涉及多伦复背斜、张北台拱、沽源陷断束三个地质构造区。区内平均海拔为1377m，平均起伏度为28m，平均坡度为6°。区内出露26个地层，太古宙地层出露面积为179km²，中生代地层出露面积为160km²，新生代地层出露面积为5186km²，前寒武纪花岗岩出露面积为122km²。除部分碎屑岩类和松散岩类富水中等外，其他工程地质单元均富水弱。区内矿业活动主要为非金属矿山和煤炭开采。受地貌和气候等自然条件影响，重力型地质灾害分布较少。崩塌–滑坡敏感性指数为0.369，泥石流敏感性0.199，地面塌陷敏感性指数为0.142，土地沙化敏感性指数为0.763。区域环境地质敏感性指数为0.115，处于低敏感水平。

③高原丘陵多伦–围场段环境地质低敏感亚区（Ⅲ3）

该区分布在承德市，受上黄旗–乌龙沟深断裂控制，地跨多伦复背斜。平均海拔为1421m，平均起伏度为32m，平均坡度为7°。区内出露11类地层，其中新生代地层出露面积为1150km²，中生代地层出露面积为97km²，燕山期早期花岗岩出露面积为75km²，划归坚硬半坚硬岩组，各水文地质单元富水弱。本区地质灾害发育程度低，崩塌–滑坡敏感性指数为0.506，泥石流敏感性指数为0.222，地面塌陷敏感性指数为0.043，但土地沙化敏感性较高（0.603）。该区的环境地质综合敏感性指数为0.117。

④高原丘陵康保–沽源段环境地质低敏感亚区（Ⅲ4）

该区分布在张家口市，地跨多伦复背斜、张北台拱2个地质构造区，平均海拔为1448m。区内出露18种地层，太古宙地层出露面积702km²、古元古代地层出露面积262km²、晚古生代地层出露面积260km²、中生代地层出露面积78km²、新生代地层出露面积58km²、前寒武纪花岗岩出露面积966km²。各种水文地质单元的含水性均较差，仅松散岩类孔隙含水岩组富水强。区内开发的矿产资源主要非金属矿（13座）。区内地质环境相对简单，分布地质灾害共计33处，灾害密度为0.0142处/km²，重力型地质灾害处于较低发生水平，崩塌–滑坡敏感性指数为0.290，泥石流敏感性指数为0.210。受气候条件影响，该区的沙化敏感性较强，土地沙化敏感性指数为0.775。区域的环境地质综合敏感性指数为0.106，为低敏感水平。

第4章 | 京津冀城市群生态环境胁迫分析

生态环境胁迫主要反映了人类活动作用下区域生态系统所受到的影响和胁迫状态，主要表现为人类活动对生态环境的胁迫，通常可以从资源胁迫、环境胁迫和生态系统胁迫三个方面来刻画。本章主要从水环境、水资源和土地利用强度方面来定量评价京津冀城市群地区生态环境受到的胁迫状态。

4.1 水环境胁迫分析

水环境胁迫可以理解为因人类活动增加而对区域水环境带来的影响，以及对水生态系统造成的压力状态。河流水环境质量可以作为衡量地表水环境胁迫的重要指标。人类活动对水环境所带来的影响主要表现为两个方面：一种是有固定排放口的污染源，例如工业废水排放和城市生活污水处理厂排放等，即点源污染；另一种是溶解性或非溶解性的污染物从非特定的地域，在降水和径流的冲刷下，通过地表或地下径流过程汇入受纳水体而引起的污染，即非点源污染（Olness，1994）。非点源污染具有形成过程随机、影响因子复杂、分布广泛且潜伏周期长、危害大、难以控制等特点（陈利顶和傅伯杰，2000a）。降雨–径流过程所具有的时间和空间上的随机性，以及地表不同土地利用类型上污染物积累的不确定性是非点源污染随机性与复杂性的来源（罗倩，2013；Collick et al.，2015；Liu et al.，2009；Ongley et al.，2010）。非点源污染输出负荷可以有效地反映区域人类活动对水环境的胁迫作用，衡量区域水环境的安全水平。因此，非点源污染研究是表征区域水环境胁迫的重要手段。本节将非点源污染负荷特征作为评价京津冀城市群地区水环境胁迫状态的重要参考。

由于非点源污染具有随机性、不确定性等特征，因此对其监测十分困难的。运用模型模拟是量化和预测非点源污染负荷的最直接和有效的手段（Shen et al.，2008）。非点源污染模拟模型通常可以分为两类：分布式模型和经验模型（Ding et al.，2010；Wu et al.，2016）。分布式模型通常用于计算非点源污染负荷，并模拟水文过程、养分输送、地下水流量及小尺度河流养分转移等。该类模型包括 ANSWERS 模型（Beasley et al.，1980；Singh et al.，2006）、SWAT 模型（Arnold et al.，1993；Geza and Mccray，2008）、AGNPS模型（Lenzi，1997；Young et al.，1989）和 HSPF 模型（Liu and Tong，2011）等。分布式模型的优点是模拟精度较高，并可以模拟流域水文和水质的时空变化。但是由于模型所需参数较多、输入数据量大、结构复杂，且模型校准和验证困难等，因此影响了上述模型在大尺度区域的应用（Matias and Johnes，2012；Singh et al.，2006；Ma et al.，2015）。

输出系数模型是一种应用广泛的经验模型。20 世纪 70 年代，输出系数模型发轫于北美。Omernik 等（1976）基于美国 928 个流域的数据，在研究土地利用类型–营养负荷–湖泊富营养化关系的过程中，开始提出并应用输出系数模型（export coefficient model，ECM），其理论基础是非点源污染负荷是由流域内不同土地利用方式所产生的污染物负荷之和所构成。Omernik 等人建立的 ECM 为当时研究非点源污染提供了一种新的思路，但是该模型对农业用地的输出系数没有细分，只适合于土地利用类型较为单一的流域非点源污染研究，而且模拟精度有限（Omernik，1976；Norvell and Hill，1979）。针对这些问题和不足，许多学者对早期的 ECM 进行了改进和发展，最具有代表性的是 Johnes 发展的 ECM。Johnes（1996）在研究 Winderush 流域非点源污染输出负荷时，通过模型建立、输出系数选择、模型率定、验证等步骤，将非点源污染负荷的来源从土地利用扩展到土地利用、畜牧业、农村生活和大气沉降等方面，从而丰富和发展了输出系数模型。此外，Johnes 还确定了模型中不同类型的农业用地非点源输出系数，提高了模型对拥有不同土地利用类型的研究区的适用性。Johnes 建立的 ECM 避开了污染物产生的复杂过程，将污染物迁移转化过程设定为黑箱，通过相关系数的校正来估算污染物的输出负荷，模拟的精度也较高。

由于具有输入数据要求有限、所需参数少、实验监测和建模成本低、应用简单、准确度可接受等优点（Ding et al.，2010；Johnes，1996；Wu et al.，2015），ECM 已被作为模拟大中尺度流域非点源污染负荷的可靠方法（Ding et al.，2010；Matias and Johnes，2012；Hanrahan et al.，2001；Xiao et al.，2011），在应用于监测数据和先前研究不足的大尺度区域研究时具有优越性（Chen et al.，2013；Li et al.，2016）。自 ECM 问世以来，已在国内外非点源污染研究中得到广泛应用。例如，Winter 和 Duthie（2010）应用 ECM 估算了加拿大南安大略一个城市流域的 TP 负荷，并对土地利用类型对 TP 负荷的影响进行了深入分析。刘瑞民等（2008）应用 ECM 估算了长江上游非点源污染负荷特征，发现重庆市和嘉陵江水系单位非点源污染输出强度最高。王秀娟等（2009）应用 ECM 模型估算了松辽流域非点源 TN 输出负荷，发现流域内非点源污染主要是由土地利用产生。毕雪等运用 ECM 估算了洞庭湖流域非点源污染特征，结果显示湘江流域和环湖区对洞庭湖非点源污染负荷的贡献最大（毕雪和王晓楠，2012）。

然而，由于没有考虑下垫面的空间异质性以及降雨、径流等过程，ECM 尚存在一些局限性（Ding et al.，2010；Ma et al.，2015）。在后续的应用中，不断有学者将 ECM 进行修正和改进。例如，蔡明等（2004）考虑降雨影响和流域损失因素，将改进的 ECM 应用于估算渭河流域 TN 负荷量。徐立红等（2015）通过提出产污系数将 ECM 进行改进，并应用于曹娥江流域农业污染源氮磷输出负荷的估算。Wu 等（2015）通过考虑年际降水侵蚀变化因子，将 ECM 进行修正并应用于延河流域非点源 TN 和 TP 污染负荷估算。由于降水是非点源污染物的主要驱动力（Shen et al.，2008），地形影响污染物的迁移和转化过程（Sims et al.，1998），地形和降水作为 ECM 改进需要重点考虑的因子。因此，有学者通过考虑降水和地形影响因子对 ECM 改进的方法得到了较大程度的认可，改进后的模型已在长江流域上游（Ding et al.，2010）、密云水库流域（耿润哲等，2013）、云南宝象河流域（任玮等，2015）、滦河流域（Cheng et al.，2018a）等地区得到广泛应用。

模型模拟是估算区域非点源污染输出负荷的重要手段。本章将分别运用改进的输出系数模型和新构建的景观结构模型估算京津冀城市群地区市级、区县尺度非点源污染输出负荷。运用野外采集的河流水质数据对模型模拟的结果进行验证，并分析两种模型之间的精度差异。

4.1.1　改进的非点源污染输出系数模型

由于具有输入数据要求有限、所需参数少、实验监测和建模成本低、应用简单、准确度可接受等优点，ECM 是模拟监测数据和先前研究不足的大中尺度流域非点源污染负荷的有效方法。ECM 起源于 20 世纪 70 年代的北美地区，后来许多学者对早期的 ECM 进行了改进和发展，最具有代表性的是 Johnes 的 ECM 表达如下（Johnes，1996）：

$$L = \sum_{i=1}^{n} E_i [A_i (I_i)] + P \tag{4-1}$$

式中，L 为流域每年营养元素的损失，kg；E_i 为营养源 i 的输出系数，kg/（头·a）或 kg/（km²·a）；A_i 为流域内土地利用类型 i 的面积，km²、牲畜 i 数量或农村人口数量；I_i 为来源 i 的营养物质的输入，kg；P 为来自大气降水的营养物质输入。

在这些影响因素中，降水是非点源污染的主要驱动力（Shen et al.，2008），地形（尤其是坡度）在非点源污染物的传输中起着重要作用（Noto et al.，2008；Liu et al.，2004；Sims et al.，1998）。基于相关参考文献（Ding et al.，2010；耿润哲等，2013；任玮等，2015），同时根据作者之前的研究（Cheng et al.，2018a；程先等，2017），不考虑来自大气降水输入的非点源污染负荷 P。因此，改进的输出系数模型（improved export coefficient model，IECM）可以表示如下：

$$L = \sum_{i=1}^{n} \alpha\beta E_i [A_i (I_i)] \tag{4-2}$$

式中，α 为降水影响因子，β 为地形影响因子，其他字母的含义同公式4-1。由于京津冀平原地区地形起伏较小，故 β 对平原地区非点源污染物输出的影响不予考虑。因此，本章只考虑 β 对山区非点源污染输出的影响。

（1）降水影响因子

降雨影响因子 α 由时间不均匀性影响因子 α_t 与空间不均匀性影响因子 α_s 共同决定（Ding et al.，2010）：

$$\alpha = \alpha_t \times \alpha_s = \frac{L}{\overline{L}} \times \frac{R_j}{\overline{R}} = \frac{f(r)}{f(\overline{r})} \times \frac{R_j}{\overline{R}} \tag{4-3}$$

式中，L 为营养物质的流失量，kg；$\overline{L}$ 为 L 给定年限内的平均值，kg；R_j 为给定年限内研究区子流域 j 的年均降水量，mm；$\overline{R}$ 为给定年限内研究流域内年均降水量，mm；t 为时间；s 为降水。

参考耿润哲等（2013）在密云水库流域建立的年均降水量 r 与非点源污染负荷年入河量 L_{TN}、L_{TP} 的回归方程：

$$L_{\text{TN}} = 0.0402r^2 - 27.81r + 5301.4 \quad R^2 = 0.8631 \tag{4-4}$$

$$L_{\text{TP}} = 0.0007r^2 - 0.453r + 77.939 \quad R^2 = 0.7374 \tag{4-5}$$

根据公式 4-3、4-4、4-5，可以得到京津冀城市群地区 TN、TP 负荷输出的降水影响因子为

$$\alpha_{\text{TN}} = \frac{0.0402r^2 - 27.81r + 5301.4}{1420.56} \times \frac{R_j}{R} \tag{4-6}$$

$$\alpha_{\text{TP}} = \frac{0.0007r^2 - 0.4538r + 77.939}{25.53} \times \frac{R_j}{R} \tag{4-7}$$

运用 ArcGIS 软件空间分析模块，计算出京津冀城市群地区 2013 年非点源 TN、TP 降水影响因子的范围分别为 0.31 ~ 4.95、0.25 ~ 5.13。

（2）地形影响因子

根据 Shen 等，地形影响因子定义如下（Shen et al.，2008）：

$$\beta = \frac{L(\theta_j)}{L(\bar{\theta})} = \frac{c\theta_j^d}{c\bar{\theta}^d} \tag{4-8}$$

式中，c 和 d 都为常量；θ_j 为研究区内空间单元的坡度（°），$\bar{\theta}$ 为研究区域的平均坡度（°）。d 是经验值，为 0.6104（Ding et al.，2010；任玮等，2015）。根据京津冀城市群地区 DEM 图，可以计算出京津冀城市群地区山区区县平均坡度是 9.15°。根据公式（4-8），地形影响因子 β 计算公式为

$$\beta = \frac{\theta_j^{0.6104}}{9.15^{0.6104}} \tag{4-9}$$

因此，运用 ArcGIS 软件栅格计算器，可以计算出京津冀城市群地区山区区县地形影响因子为 0.01 ~ 3.33。

4.1.2 基于景观结构的非点源污染模型

营养物质从上游传输到下游，有着明确的方向（Bunzel et al.，2014）。地形是揭示景观结构与营养物质流失之间关系的重要因素（James et al.，2016；Sun et al.，2018）。本小节对 IECM 的研究表明，地形因子对区域内非点源污染物质输出负荷具有显著影响。根据公式（4-8）可知，IECM 关注的地形因子主要是坡度。然而，坡度只是其中的一种地形特征或者景观结构指标。除此之外，景观结构还包括景观单元距离流域出口的距离和相对高度等（Chen et al.，2009）。因此，除了考虑坡度这一要素外，还需要考虑其它景观要素，进一步完善非点源污染输出负荷估算模型。

4.1.2.1 景观结构指数

Chen 等（2009）认为，任何流域，景观的空间分布可以和流域出口（监测点）相比。借鉴洛伦兹曲线的方法，计算不同景观类型随着距离、相对高度和坡度的面积累积百分

比，可以表示为如图 4-1。

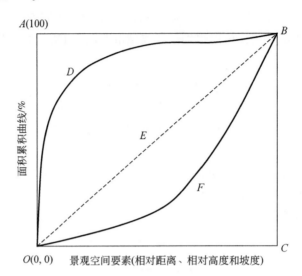

图 4-1　景观类型空间分布示意图

资料来源：Chen et al.，2009

　　图 4-1 中，$O(0,0)$ 表示流域出口（监测点），纵坐标 OA 表示景观类型的面积累积百分比（0~100%）；横坐标 OC 表示景观类型与流域出口（监测点）的相对距离、相对高度或坡度。ODB、OFB 分别表示不同景观类型的面积洛伦兹曲线。洛伦兹曲线与直线 OC、BC 所组成的不规则多边形 $ODBC$、$OFBC$ 的面积分别表示不同景观类型的景观结构的不均匀性。例如，多边形 $ODBC$ 的面积大于多边形 $OFBC$，表明了景观类型 D 相对于景观类型 F 距离流域出口更近。同样地，景观类型 D 相对流域出口的高程和坡度，较景观类型 F 的景观单元要小。多边形 $ODBC$、$OFBC$ 的面积可以通过如下公式计算（Sun et al.，2018）：

$$F(X) = \int_0^1 f(x)\,\mathrm{d}x \tag{4-10}$$

式中，$F(X)$ 是代表景观结构的洛伦兹曲线的函数。$f(x)$ 是景观单元的累积洛伦兹曲线，包括景观单元到流域出口的距离（D），与流域出口的相对高度（E）以及坡度（S）。

　　景观距离（近到远）和海拔（低到高）对营养物质迁移具有正影响，而坡度（平到陡）则具有负影响。基于距离、海拔、坡度和营养物迁移之间的简化关系，景观结构指数可以线性表示如下（Sun et al.，2018）：

$$l = F(D) + F(E) - F(S) \tag{4-11}$$

式中，l 是景观结构指数，$F(D)$、$F(E)$、$F(S)$ 分别是景观单元到流域出口的距离、与流域出口的相对高度、坡度的洛伦兹曲线函数。

4.1.2.2　景观结构模型

　　在公式 4-2 的基础上，本章将景观结构指数与输出系数模型相结合，构建出景观结构

模型（landscape structure model，LSM），用于估算非点源污染输出负荷。模型可以表示为

$$L = \sum_{i=1}^{n} \alpha l_i E_i \left[A_i(I_i) \right] \tag{4-12}$$

式中，L 是流域每年营养元素的损失，kg；α 是降水影响因子，l_i 是景观类型 i、牲畜类型 i 或者农村人口的景观结构指数。E_i 是营养源 i 的输出系数，kg/（头·a）或 kg/（km^2·a）；A_i 是流域内土地利用类型 i 的面积，km^2、牲畜 i 数量或农村人口数量；I_i 是来源 i 的营养物质的输入，kg。

4.1.3　数据来源与处理

确定特定地区不同污染源的输出系数至关重要（Hou et al.，2017；Wu et al.，2015）。输出系数的取值方法有两种：实地监测和查阅文献。实地监测所获得的输出系数值精确度高，但是需要耗费大量的人力、物力，并且在特定的情况下很难完全实施（耿润哲等，2013）。前人的研究成果为确定不同研究区的不同污染源输出系数提供了参照，查阅文献是确定输出系数的重要来源。本书的研究优先根据前人在中国北方的现有研究成果，确定京津冀城市群地区相关污染源的 TN、TP 输出系数。此外，部分污染源的输出系数还参考了中国其他区域的研究结果。输出系数的选择和确定如下所述。

耿润哲等（2013）提供了京津冀北部密云水库流域农村生活和不同类型牲畜的 TN、TP 的输出系数。因此，参考耿润哲等人的研究，确定了京津冀城市群地区农村生活和牲畜养殖的 TN、TP 输出系数，即农村生活 2.83kg/（人·a）、0.89kg/（人·a），大牲畜（包括马、牛、驴、骡等）7.36kg/（头·a）、0.31kg/（头·a），猪 0.41kg/（头·a）、0.15kg/（头·a），羊 1.40kg/（头·a）、0.045kg/（头·a）（表4-1）。

表 4-1　京津冀城市群地区不同污染源总氮、总磷输出系数

污染类型	污染源	TN 输出系数	TP 输出系数	单位	TN 输出系数参考文献	TP 输出系数参考文献
农村生活	农村生活	2.83	0.89	kg/（人·a）	耿润哲等，2013	
牲畜养殖	大牲畜[a]	7.36	0.31	kg/（头·a）		
	猪	0.41	0.15			
	羊	1.4	0.045			
土地利用	耕地	17.75	1.28	kg/（hm^2·a）	Du et al.，2016	
	城镇用地	9.58	0.96			
	林地	2.06	0.11			
	草地	4.84	0.49		Du et al.，2016	
	未利用地	11	0.36		梁常德等，2007	Liu et al.，2009；Hou et al.，2017
	水域	15	0.355			国务院第一次全国污染源普查领导小组办公室（2007 年）

注：a 大牲畜包括马、牛、驴、骡等。

不同土地利用类型的 TN、TP 输出系数也参考前人的研究成果。Du 等（2016）提供了京津冀城市群地区柳河流域不同土地利用类型的 TN、TP 输出系数。因此，参考 Du 等（2016）的研究，确定了京津冀城市群地区耕地、城镇用地、林地和草地的 TN、TP 输出系数，即耕地 $17.75kg/(hm^2 \cdot a)$、$1.28kg/(hm^2 \cdot a)$，城镇用地 $9.58kg/(hm^2 \cdot a)$、$0.96kg/(hm^2 \cdot a)$，林地 $2.06kg/(hm^2 \cdot a)$、$0.11kg/(hm^2 \cdot a)$，草地 $4.84kg/(hm^2 \cdot a)$、$0.49kg/(hm^2 \cdot a)$（表4-1）。

由于未利用地和水域的 TN、TP 输出系数在中国北方的研究案例中较少涉及，本章参照了中国其他地区的研究文献。其中，根据梁常德等（2007）在三峡库区的研究成果，确定了京津冀城市群地区未利用地和水域的 TN 输出系数，分别是 $15kg/(hm^2 \cdot a)$、$11kg/(hm^2 \cdot a)$。根据第一次全国污染源普查汇编的《畜禽养殖业污染源产排污系数手册》提供的水产养殖系数，计算了水域 TP 输出系数，即 $0.355kg/(hm^2 \cdot a)$。此外，根据 Liu 等（2009）和 Hou 等（2017）在长江上游和洞庭湖流域的研究，确定了京津冀城市群地区未利用地的 TP 输出系数，即 $0.36kg/(hm^2 \cdot a)$。

京津冀城市群地区土地利用解译和绘图基于 Landsat TM 影像（30m 分辨率，2010 年）完成。数据在经视觉融合、几何校正、图像增强和拼接之后，通过人机交互和视觉检查来进行图像解译。不同土地利用类型的平均分类准确率为 85%。根据相似性，将土地利用类型划分为六大类，按面积降序排列如下：耕地、林地、草地、城镇用地、水域和未利用地。农村人口和牲畜数量来自京津冀城市群地区区县级行政单元 2013 年经济社会统计年鉴。

地形数据来源于京津冀城市群地区的数字高程模型（DEM），DEM 数据来自中国科学院资源与环境数据中心（90m 分辨率）。多年降水数据下载于中国气象数据网（http://data.cma.cn）。中国北方 157 个气象站点的多年降水数据被用作降水插值，运用普通克里金法插值得到京津冀城市群地区多年降水量。

模型精度的验证是模型应用中的必要环节。由于缺乏京津冀城市群地区水质的历史监测数据，本章重点关注京津冀城市群地区一些代表性小流域。非点源污染物输出主要受汛期地表径流的驱动（Du 等，2016；Wang 等，2015）。Du 等（2016）也发现，在汛期，非点源 TP 输出量占柳河流域（京津冀城市群地区的一个子流域）年度非点源 TP 负荷的 91%。研究人员于 2013 年 9 月在京津冀城市群地区东北部进行了野外采样，9 月属于汛期刚过，月降水量大于 100mm，河流的累积径流和非点源污染物输出负荷较大（Cheng et al.，2018b）。因此，9 月份的非点源污染物输出量可在一定程度上代表它们整年的输出量。35 个布设有流域出口采样点的小流域的水体 TN 和 TP 浓度用于模型模拟精度的验证。这些验证小流域分布在京津冀城市群地区东北部不同的地形区，包括高原、山地和平原等。同时，在河流的干流、支流均有分布。

在 SPSS 19.0 软件中，运用相关分析探究小流域尺度非点源污染物输出量与水体 TN 和 TP 浓度之间的关系。结果显示（表4-2），IECM 模拟的 TN 和 TP 输出负荷和输出强度分别与水体 TN 和 TP 浓度显著（$P<0.01$）相关。非点源 TN、TP 输出强度和水体 TN、TP 浓度的相关系数分别高于非点源 TN、TP 输出负荷和水体 TN、TP 浓度的相关系数。此外，

TP 输出强度的相关系数（0.707）高于 TN 输出强度的相关系数（0.641）。上述结果表明，IECM 对非点源 TP 输出具有较高的模拟精度。

LSM 模拟的 TN 输出负荷、输出强度均与水体 TN 浓度显著正相关（$P<0.01$），且相关系数较高，分别为 0.814、0.795，高于 IECM 模拟的 TN 输出负荷、输出强度与水体 TN 浓度的相关系数。但是，LSM 模拟的 TP 输出负荷、输出强度与水体 TP 浓度的相关性较低（表 4-2）。验证结果表明，LSM 对非点源 TN 的模拟精度较高，对非点源 TP 的模拟精度相对较低。

表 4-2 京津冀城市群地区小流域水体总氮、总磷实测值与模拟值的相关系数

项目	水体 TN 浓度（$N=34$）	项目	水体 TP 浓度（$N=35$）
IECM 模拟 TN 输出负荷	0.537 **	IECM 模拟 TP 输出负荷	0.520 **
LSM 模拟 TN 输出负荷	0.795 **	LSM 模拟 TP 输出负荷	0.405 *
IECM 模拟 TN 输出负荷强度	0.641 **	IECM 模拟 TP 输出负荷量强度	0.707 **
LSM 模拟 TN 输出负荷强度	0.814 **	LSM 模拟 TP 输出负荷量强度	0.449 **

注：** 表示 0.01 水平显著相关。

4.1.4 非点源污染输出负荷

运用本章 4.1 节的 IECM 和 LSM 两种模型，计算出京津冀城市群地区非点源污染输出负荷特征，在此基础上分析非点源污染输出负荷的空间分布格局。通过京津冀城市群地区不同区县非点源污染的污染强度和空间差异分析，可以为区域非点源污染治理和水环境保护提供科学依据。

根据前文对 IECM、LSM 模型模拟精度的检验结果，本章采用 LSM 模型模拟京津冀城市群地区非点源 TN 输出负荷，采用 IECM 模拟非点源 TP 输出负荷。模拟结果显示，京津冀城市群地区 TN、TP 的输出负荷具有较大的空间异质性。区县尺度 TN 输出负荷的分布范围是 7.27~9151.29t，平均输出负荷是 1797.23t。TN 输出负荷最小的区县是天津市和平区，最大的是唐山市迁安市。京津冀城市群地区各城市主城区的 TN 输出负荷相对较小，张家口市西部区县 TN 输出负荷也较小。唐山、秦皇岛、沧州、衡水、邯郸等市所辖区县 TN 输出负荷较大。京津冀城市群地区 TP 输出负荷低于 TN 输出负荷，TP 输出负荷的分布范围是 0.43~3074.72t，平均输出负荷是 562.68t。TP 输出负荷的空间分布趋势与 TN 相似。

由于京津冀城市群地区不同区县（市）之间面积差异较大，单纯地估算非点源输出负荷总量不能完全反映出非点源污染的胁迫程度，因此需要比较不同区县（市）的非点源污染输出强度。非点源 TN、TP 输出负荷除以市、区县（市）土地面积，可以得到各市、区县（市）非点源 TN、TP 的输出强度。结果表明，京津冀城市群地区 13 个城市非点源污染输出强度具有较大的空间异质性，TN 的输出强度大于 TP 的输出强度，非点源 TN、TP 输出强度的空间分布趋势基本一致。张家口市的 TN、TP 输出强度最小，分别为 0.42t/km²、0.09t/km²，承德市的非点源污染输出强度也较低；唐山市 TN 输出强度最大，达 3.74t/km²；衡水市的 TP 输出强度最大，为 1.35t/km²。沧州市非点源污染输出强度也较高，北京市的

非点源污染输出强度略高于天津市。

京津冀城市群地区各区县（市）的 TN 输出强度范围为 0.12 ~ 7.10t/km²，TN 输出强度最小的区县（市）是张家口市尚义县，最大的是秦皇岛市卢龙县。TP 输出强度低于 TN 输出强度，TP 输出强度的范围为 0.02 ~ 2.50t/km²，TP 输出强度最小的区县是张家口市尚义县，最大的是唐山市迁安市。京津冀城市群地区山区区县（市）的非点源污染输出负荷低于平原区县（市），山区区县（市）TN、TP 输出强度分别是 1.10t/km²、0.24t/km²，平原区县（市）TN、TP 输出强度分别是 2.65t/km²、0.96t/km²。位于京津冀北部和西部山区的区县（市）非点源 TN 和 TP 输出强度最低，如张家口和承德所辖区县（市）、保定西部区县（市）等。此外，北京、天津市所辖区（北京东部顺义区除外）的 TN 和 TP 输出强度相对较低。位于京津冀南部和东北平原地区各区县（市），如唐山、秦皇岛、沧州、衡水、邯郸、石家庄、保定东部、邢台东部的区县（市）TN、TP 输出强度最高。京津冀城市群地区的非点源 TN 和 TP 平均输出强度分别为 1.81t/km² 和 0.57t/km²，高于延河流域（Wu et al., 2015）、辽河流域（王雪蕾等，2013）、胶东半岛（Hou et al., 2014）等。

4.1.5 水环境胁迫来源分析

本书 4.1.4 小节给出了非点源污染输出负荷和输出强度，有助于了解京津冀城市群地区非点源污染的空间格局特征。本小节将根据前面所计算的非点源污染输出负荷，从土地利用结构、农村生活和牲畜养殖等三方面分析区域内非点源污染的来源，即人类活动对非点源污染的贡献。

4.1.5.1 非点源总氮来源

TN 来源分析表明，京津冀城市群地区 TN 输出负荷贡献率，从大到小依次是土地利用结构（38.82%）、牲畜养殖（33.57%）和农村生活（27.61%）（表4-3）。土地利用结构是 TN 输出负荷的最大贡献者，这与该区先前的研究结果相一致（程先等，2017）。同时，这也解释了为什么考虑景观结构指数的 LSM 模型模拟 TN 输出负荷精度较高。耕地对 TN 输出负荷的贡献远大于其他土地利用类型。耕地贡献占 TN 输出负荷的比例高达 30.87%，在 10 个污染源中排名第一（表4-3）。如前文所述，耕地的 TN 输出系数 [17.75kg/(hm²·a)] 在土地利用类型中最高（表4-1）。前人研究表明，中国当前 45% ±3% 的谷物产量归因于合成氮肥的使用（Yu et al., 2019）。氮肥的过量使用，会增加土壤对水体环境 TN 的输出负荷（Chen et al., 2013）。此外，作物残留物也是富含氮的污染源（Ding et al., 2010）。

畜牧业输出占京津冀城市群地区 TN 输出负荷的 33.57%（表4-3），大牲畜对 TN 输出的贡献（17.73%），在 10 个污染源中排名第三。虽然京津冀城市群地区大牲畜的密度（50.3 头/km²）远远低于猪（321.8 头/km²）或羊（185.0 头/km²）的密度，但是大牲畜的 TN 输出系数 [7.36kg/(头·a)] 远远超过猪 [0.41kg/(头·a)] 或羊 [1.40kg/(头·a)] 的输出系数（表4-1），因此导致大牲畜的 TN 输出负荷在牲畜养殖中较大。农村生活对京津冀城市群地区 TN 输出负荷的贡献率为 27.61%（表4-3）。应该指出的是，在单个污染源中，农村生活是 TN 输出负荷的第二大来源，仅次于耕地的贡献。

表 4-3　京津冀城市群地区 2013 年不同污染源总氮、总磷输出负荷

类型	污染源	TN 输出负荷/t	百分比/%	TP 输出负荷/t	百分比/%
农村生活	农村生活	99738.98	27.61	51475.36	62.02
	总和	99738.98	27.61	51475.36	62.02
牲畜养殖	大牲畜	64048.25	17.73	2910.93	3.51
	猪	19796.07	5.48	11332.94	13.65
	羊	37424.7	10.36	1816.03	2.19
	总和	121269.02	33.57	16059.9	19.35
土地利用结构	耕地	111515.48	30.87	11758.86	14.17
	城镇用地	13257.59	3.67	2026.18	2.44
	林地	6321.74	1.75	724.23	0.87
	草地	6141.12	1.7	750.17	0.9
土地利用结构	未利用地	144.5	0.04	11.91	0.01
	水域	2817.69	0.78	188.38	0.23
	总和	140234.24	38.82	15459.73	18.63

　　TP 来源分析表明，京津冀城市群地区 TP 输出负荷贡献率从大到小依次是农村生活（62.02%）、牲畜养殖（19.35%）和土地利用结构（18.63%）。农村生活对 TP 输出负荷的贡献最大，这与之前京津冀城市群地区的研究结果相一致（耿润哲等，2013；Cheng et al.，2018b；程先等，2017）。此外，Liu 等（2013）在太湖流域的研究也发现，生活污水和生活固体废弃物贡献了超过 46% 的 TP 输出负荷。由于农村生活对 TP 输出负荷的贡献最大，所以考虑了景观格局（主要是土地利用结构）指数的 LSM 模型对 TP 输出负荷的模拟精度相对较低（表 4-2）。生活污水和固体废弃物也是京津冀城市群地区农村生活的两个主要污染源。京津冀城市群地区农村生活的 TP 输出系数高达 0.89kg/人/年（表 4-1），农村地区缺乏生活污水的收集和处理设施，容易导致非点源 TP 污染物在径流的作用下，直接进入到河流中。

　　牲畜养殖贡献了京津冀城市群地区 19.35% 的非点源 TP 输出负荷（表 4-3）。在 10 个污染源中，猪对 TP 输出负荷的贡献率位居第三（13.65%），仅次于是农村生活和耕地的贡献。本章研究表明，牲畜养殖是 TP 输出负荷的重要贡献者，这与 Hou 等（2017）的研究结果相一致。土地利用结构对京津冀城市群地区 TP 输出负荷的贡献率为 18.63%，其中，耕地的贡献率为 14.17%，在土地利用类型中最高（表 4-3）。一方面是由于京津冀城市群地区总体而言，耕地所占的比例最大；另一方面，耕地 TP 的输出系数在 10 个污染源中最高 [1.28kg/（hm²·a）]。城镇用地的 TP 输出系数为 0.96kg/（hm²·a），在土地利用类型中排名第二（表 4-1）。然而，京津冀城市群地区城镇用地所占的比例总体上相对较小。因此，城镇用地对 TP 输出负荷的贡献总体较低。水域和未利用地的 TP 输出负荷在 10 个污染

源中最低，主要是因为水域和未利用地的面积比例小于其他土地利用类型。

4.1.5.2 小结

本小节通过模型估算京津冀城市群地区非点源 TN 和 TP 输出负荷和输出强度，反映京津冀城市群地区水环境的胁迫状况。

1）京津冀城市群地区的非点源 TN 和 TP 平均输出强度分别为 $1.81t/km^2$ 和 $0.57t/km^2$。非点源 TN 输出强度的空间分布趋势与 TP 相似，且具有显著的空间异质性。北部和西部山区区县和北京、天津两市的区县非点源 TN 和 TP 输出强度相对较低；南部和东北平原地区各区县 TN 和 TP 输出强度最高。

2）京津冀城市群地区 TN 输出负荷贡献率，从大到小依次是土地利用结构（38.82%）、牲畜养殖（33.57%）和农村生活（27.61%）。TP 输出负荷贡献率，从大到小依次是农村生活（62.02%）、牲畜养殖（19.35%）和土地利用结构（18.63%）。

3）模型验证结果表明，改进的输出系数模型对非点源 TP 输出具有较高的模拟精度，景观结构模型对非点源 TN 输出的模拟精度较高。主要是因为土地利用结构是非点源 TN 输出负荷的第一大来源，而农村生活是非点源 TP 输出负荷的主要来源。

4.2 水资源胁迫研究

水资源胁迫是指人类活动对区域水资源造成的压力，目前在评价区域水资源胁迫时常用水足迹分析方法来反映。自水足迹的概念传入以来，水足迹研究在中国得到了迅速发展。水足迹的研究尺度可以归纳为：国家尺度（Ge et al.，2011；Wang et al.，2015）；省级尺度，例如，云南（Qian et al.，2018）、辽宁（Dong et al.，2013）、北京（Zhang et al.，2012）、新疆（韩舒等，2013）等；流域尺度，例如，黑河流域（Zeng et al.，2012）、海河流域（Zhao et al.，2010）等。在省级以下尺度，尤其是区县尺度水足迹的研究还较为缺乏。京津冀城市群地区属于严重的资源型缺水区域，水足迹方法能够有效地刻画京津冀城市群地区的水资源利用状况。例如，Zhao 等（2017）从蓝水、绿水、灰水三个方面计算了京津冀城市群地区 2010 年的水足迹，结果表明北京市灰水水足迹远大于蓝色和绿水水足迹之和。Zhang 等（2012）运用投入产出分析方法分别计算了北京市 1997～2007 年内部水足迹和外部水足迹，发现外部水足迹所占比例有所上升。范翠英（2013）基于农业产品、工业产品、生态环境用水和生活实体水的水足迹，计算结果表明，天津市水足迹呈现逐年持续缓慢上升的趋势。韩玉等（2013）运用产品虚拟水研究方法计算了河北省 2010 年水足迹，并评价出河北省水资源利用处于不可持续状态。但是，上述水足迹的研究多停留在省级尺度上，缺乏更小尺度（如市级、区县级）的研究。本节将计算京津冀城市群地区市级、区县尺度水足迹。通过查找京津冀城市群地区水资源公报和统计资料，收集生活用水量、生态环境用水量、城镇、乡村人均主要农产品、动物产品消费量和城、乡常住人口数量等数据，计算出虚拟水消费量，然后汇总得到水足迹和人均水足迹。分析京津冀城市群地区 2000～2014 年市级、区县尺度水足迹和人均水足迹的时空变化特征，并解析水足迹的组成结构。

4.2.1 数据来源与处理方法

4.2.1.1 水足迹计算方法

水足迹是指任何已知人口（一个国家、一个地区或者一个人）在一定时间内所消费的所有产品和服务所需要的水资源数量（Chapagain and Hoekstra，2004）。这部分水资源量既包括日常生活实体用水，又包括工农业产品和服务中的虚拟水和为人类提供生态服务功能的用水（曹永强等，2011；王艳阳等，2011）。其中，以产品和服务形式的虚拟水消费是人类对水资源的主要消费形式（Gleick，2002）。水足迹通常有两种计算方法，即自上而下的方法和自下而上的方法。本书将采用自下而上的研究方法计算京津冀城市群地区水足迹，公式表达式为（曹永强等，2011；姜莉，2011）

$$\text{WF} = \text{DU} + \sum_1^n P_i \times \text{VWP}_i + \text{ENV} \tag{4-13}$$

式中，WF 是一个国家或地区水资源的足迹；DU 为生活用水量；P_i 为第 i 种产品消费量；VWP_i 为第 i 种产品的单位产品虚拟水量；ENV 是生态环境用水量。该方法相对简单，所需的消费数据可以从统计年鉴上获得，但存在数据不全的缺陷。

4.2.1.2 主要产品虚拟水

农作物产品和动物产品的虚拟水是目前虚拟水计算中最主要的部分（Ge et al.，2011）。单位农作物产品的虚拟水含量参考姜莉（2011）在京津冀城市群地区的研究成果。农作物虚拟水含量为农作物单位面积虚拟水量与单位面积实际产量的比值。作物单位面积虚拟水量的获取主要参照《中国主要农作物需水量等值线图研究》中关于京津冀三省市的研究成果和研究区内已有的研究文献。同时根据《北京统计年鉴》《天津统计年鉴》《河北经济年鉴》等相关统计数据，计算京津冀单位产品虚拟水含量。本书选取了京津冀城市群地区主要的粮食作物类（小麦、水稻）和经济作物类（水果、蔬菜）共 4 种作物为研究对象，其单位质量的虚拟水含量如表 4-4 所示。

表 4-4 京津冀城市群地区主要农作物单位质量的虚拟水含量 （单位：m^3/kg）

省市	小麦	水稻	水果	蔬菜
北京	1.23	1.4	0.58	0.38
天津	1.25	1.19	0.48	0.35
河北	1.38	1.56	0.68	0.56

资料来源：姜莉，2011

由于计算动物产品虚拟水含量需要的数据很多，并且这些数据通常难以获得，因此，作者参考 Chapagain 和 Hoekstra（2004）根据 FAO 和 WTO 提供的数据资料，按照贡献度大小对世界 100 多个国家单位质量动物产品的虚拟水估算中有关中国部分的估算结果。考虑到数据的可获得性和连续性，本节选取了京津冀城市群地区 7 种主要动物产品，分别是猪肉、牛肉、羊肉、家禽肉、禽蛋、奶类、水产品，其单位质量虚拟水量如表 4-5 所示。单位质量的动物产品虚拟水含量较农作物产品高（Hoekstra and Chapagain，2007）。

表 4-5　主要动物产品单位质量的虚拟水含量　　　　（单位：m³/kg）

动物产品	猪肉	羊肉	牛肉	家禽肉	禽蛋	奶类	水产品
单位虚拟水含量	3.6	19.98	18.1	3.5	9.65	2.2	5.1

4.2.1.3　数据来源与处理

本节所需数据来源如表 4-6 所示。京津冀市级、区县（市）城镇与乡村常住人口数据来自 2000～2014 年北京、天津统计年鉴、北京区域统计年鉴、河北经济年鉴和河北农村统计年鉴等。由于受可获得统计数据的限制，城镇、乡村居民主要食品人均年消费量只能收集到省级尺度。其中，对于北京、天津、河北统计年鉴中城乡居民主要食品人均年消费量统计缺失的年份，参照中国统计年鉴中的全国城乡居民主要食物消费量，按照北京、天津、河北城乡居民食品消费支出与全国城乡居民平均食品支出之比，估算出京津冀城乡居民主要食物人均年消费量。京津冀地区生活用水量和生态环境用水量来自于 2000～2014 年北京、天津和河北省各市水资源公报，数据收集到市级尺度，并按照区县总人口数量，分配至区县行政单元。

表 4-6　主要数据来源

数据类型	数据来源	数据尺度
城镇、乡村常住人口数量	2000～2014 年北京统计年鉴、北京区域统计年鉴、天津统计年鉴、河北经济年鉴、河北农村统计年鉴、中国统计年鉴	市级、区县
城镇、乡村居民主要食品人均年消费量		省级
生活用水量	2000～2014 年京津冀各省、市水资源公报	省级、市级
生态环境用水量		

4.2.2　水足迹的空间格局特征

4.2.2.1　市级尺度水足迹

市级尺度的水足迹计算能反映京津冀城市群地区各城市水资源的胁迫状况。根据式（4-13）计算出京津冀 13 个市级尺度单元 2000～2014 年水足迹（图 4-2，表 4-7）。结果表明，北京市 2000～2014 年平均水足迹为 138.99 亿 m³，在京津冀 13 个市级尺度单元中位居第一。天津市次之，2000～2014 年平均水足迹为 77.94 亿 m³。京、津两个直辖市由于人口总量大，且城镇化水平高，水足迹较高。在河北省 11 个地级城市中，保定市和石家庄市是仅有的两个人口过千万的城市，2014 年常住人口分别为 1124.52 万、1268.52 万，因此水足迹最高，2000～2014 年平均水足迹分别为 51.96 亿 m³、49.60 亿 m³。作为河北省常住人口数量最少的地级市（2014 年常住人口 306.45 万），秦皇岛市 2000～2014 年水足迹最低，仅为 14.32 亿 m³。位于京津冀北部燕山山区的承德市、张家口市和中南部的衡水市，由于人口数量相对较少，且城镇化水平较低，水足迹相对较低。在时间上，京津冀市级尺度水足迹总体呈现增加的趋势，13 个市级尺度单元的平均水足迹由 2000 年的 35.88 亿 m³ 增长为 2014 年的 50.82 亿 m³。主要驱动因素是人口数量增加、城市发展及经济水平的提高（刘梅等，2012）。其中，天津市、北京市水足迹增长幅度最大，增长率分别为 96.60%、62.32%。主要是因为京、津两直辖市城镇化水平最高，城市人口增加数量最多（程先等，2018）。石家庄、邯郸市水足迹增长幅度相对较大，增长率均超过了 30%。京津冀城市群地区 13 个城市 2000～2014 年人均水足迹如图 4-3 所示。时间尺度上，京津冀城市群地区各城市人均水足迹呈现"波浪式"变化。总体上，北京市人均水足迹最高，2000～2014 年平均人均水足迹为 814.92m³/人。天津市次之，平均人均水足迹为 683.90m³。石家庄市、秦皇岛市平均人均水足迹相对较高，均超过了 500m³。衡水市、邢台市人均水足迹相对较低，其中衡水市人均水足迹低于 450m³。

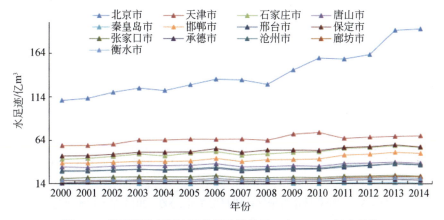

图 4-2　京津冀城市群地区市级尺度单元 2000～2014 年水足迹

表 4-7　京津冀城市群地区市级尺度单元 2000～2014 年水足迹　（单位：亿 m³）

城市	2000年	2001年	2002年	2003年	2004年	2005年	2006年	2007年	2008年	2009年	2010年	2011年	2012年	2013年	2014年	2000～2014年平均
北京市	109.9	112.3	119.2	123.9	121.2	127.9	134.3	133.5	128.5	145.1	158.9	157.8	163	171	178.4	138.99
天津市	57.58	57.8	59.4	64.11	64.32	65.42	65.06	75.55	76.94	88.41	94.65	90.38	96.35	99.91	113.2	77.94
石家庄市	41.92	43.08	45.23	48	45.88	49.2	50.7	46.53	48.34	50.02	50.69	54.85	55.67	57.91	55.96	49.6
唐山市	33.08	32.53	33.95	34.91	34.5	35.15	36.88	33.38	33.87	34.63	34	37.01	37.85	38.87	37.68	35.22
秦皇岛市	13.77	13.4	13.49	14.1	13.99	14.03	14.77	13.85	13.84	14.39	14.12	15.06	15.38	15.61	14.99	14.32
邯郸市	37.48	37.49	38.48	39.42	39.41	40.05	43.05	39.47	41.56	41.81	42.43	46.94	47.99	50.18	48.97	42.32
邢台市	28.88	28.72	29.59	30.33	29.55	29.86	31.88	28.95	29.96	30.7	30.75	33.23	34.86	37.28	36.04	31.37
保定市	45.69	46.09	47.63	50.04	49.96	50.51	54.37	50	52.68	52.72	52.1	55.72	56.64	58.74	56.47	51.96
张家口市	19.88	20.78	21.43	21.76	21.73	21.78	23.15	20.97	20.97	21.52	20.94	22.54	22.92	23.67	22.72	21.78
承德市	14.59	15.96	16.49	16.83	16.53	16.57	17.72	16.22	16.63	16.9	16.84	18.13	18.68	19.02	18.3	17.03

城市	2000年	2001年	2002年	2003年	2004年	2005年	2006年	2007年	2008年	2009年	2010年	2011年	2012年	2013年	2014年	2000~2014年平均
沧州市	28.14	28.46	29.33	30.26	29.77	31.13	32.96	30.12	31.19	31.36	31.69	34.56	35.48	36.86	35.68	31.8
廊坊市	17.63	17.23	17.52	18.45	18.3	18.66	19.99	18.37	18.81	19.18	19.35	20.94	21.76	22.61	22.13	19.4
衡水市	17.9	17.69	17.89	18.21	18.14	18.39	19.89	18.18	18.71	18.89	18.88	20.24	20.38	21.01	20.19	18.97
平均	35.88	36.27	37.67	39.26	38.71	39.9	41.9	40.38	40.92	43.51	45.02	46.72	48.23	50.21	50.82	

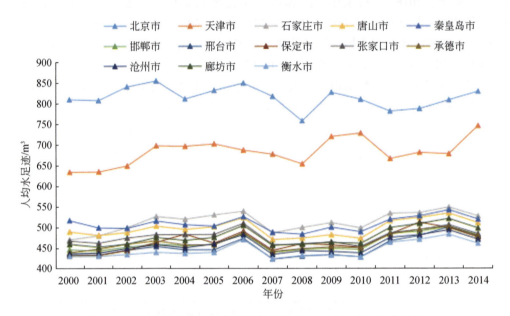

图 4-3　京津冀城市群地区市级尺度单元 2000~2014 年人均水足迹

4.2.2.2　区县尺度水足迹

在分析京津冀城市群地区市级尺度的水足迹状况基础上,本节刻画了京津冀城市群地区各市级尺度单元水资源的胁迫特征。本节将从区县尺度分析京津冀城市群地区的水足迹。京津冀区县(市)2000~2014 年水足迹结果表明,北京市市辖区水足迹总体最高,朝阳区年均水足迹达 26.38 亿 m³,位居京津冀区县第一,其次是海淀区,年均水足迹为 24.87 亿 m³。天津市市辖区平均水足迹低于北京市市辖区,滨海新区年均水足迹达 12.05 亿 m³,位居天津市市辖区第一。在河北省所辖区县(市)中,定州市年均水足迹最高,为 5.43 亿 m³。北部燕山山区与西部太行山区区县由于人口总量相对较少,且城镇化水平较低,因此,水足迹相对较低。如张家口、承德、邢台等市所辖区县(市)。其中张家口市下花园区水足迹最低,年均水足迹仅为 0.36 亿 m³。衡水市所辖区县(市)水足迹也较低。在时间上,2000~2014 年,由于人口总量,特别是城镇人口的增加,京津冀区县(市)水足迹总体呈现增长趋势,201 个区县(市)平均水足迹由 2000 年的 2.30 亿 m³ 增长为 2014 年的 3.16 亿 m³。其中北京市市辖区水足迹增长幅度最大，天津市次之（图 4-4）。京津冀区县（市）2000~2014 年人均水足迹结果表明，北京市主城六区（东城区、西城区、朝阳区、海淀区、丰台区、石景山区）人均水足迹在京津冀区县（市）中最高，年平均人均水足迹超过 860m³。北京市其他市辖区和天津市主城六区（和平区、南开区、河北区、河东区、河西区、红桥区）、滨海新区人均水足迹次之，均高于 700m³。石家庄主城区人均水足迹也相对较高，均高于 600m³。邯郸、邢台、保定所辖山区区县（市）人均水足迹相对较低。衡水市所辖区县（市）人均水足迹也较低。

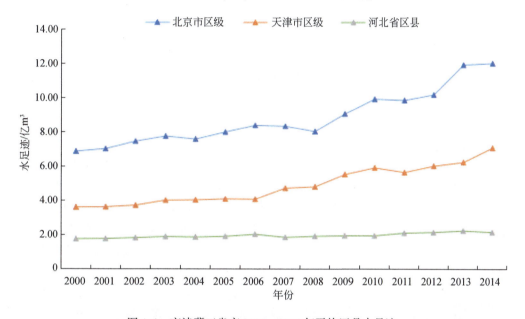

图 4-4 京津冀三省市 2000~2014 年平均区县水足迹

4.2.3 水足迹的构成分析

通过水足迹的组成分析，可以准确掌握区域水资源胁迫的组成结构，在此基础上提出具有针对性的水资源节约利用措施。如前文所述，本章研究的水足迹主要由生活用水、虚拟水消费和生态环境用水组成，其中，虚拟水消费包括农产品和动物产品的虚拟水消费。本节以 2014 年为例，分析京津冀城市群地区 13 个城市水足迹的结构组成（图 4-5）。结果表明，京津冀城市群地区水足迹的组成比例从大到小依次是消费虚拟水量、生活用水量和生态环境用水量。消费虚拟水量约占水足迹的 90%，这与（曹永强和马静，2011；王艳阳等，2011）等人计算出的虚拟水消费所占水足迹的比例一致。京津冀城市群地区生活用水所占水足迹的平均比例为 6.96%，唐山、北京、秦皇岛、廊坊、石家庄、承德等城市生活用水所占比例均超过了平均值。其中，唐山、北京、秦皇岛三地生活用水所占水足迹的比例分别为 10.01%、9.53%、9.01%。上述城市除石家庄外，均位于京津冀北部。因此，京津冀北部城市需要进一步增强节水意识，降低生活用水所占比例。居民人均动物产品消费量所占食物消费的比重，可以反映区域经济发展水平。一般而言，在同一地区，城镇居民人均动物产品消费量明显高于农村。中国农业科学院食物与营养发展研究所调研数据显示，2013 年我国城镇居民人均肉类、水产品、蛋类和奶类的消费量分别是农村居民的1.5、1.8、1.5、3.5 倍。在城镇居民中，高收入组的动物产品消费总量也显著高于低收入组（杨祯妮等，2016）。在京津冀城市群地区，北京市、天津市的经济发展水平显著高于河北省，北京、天津居民人均消费的动物产品量也高于河北省。本节研究显示，京、津人均消费动物产品的虚拟水量分别达 109.08m³、73.76m³，远超河北省各市。因此，北京和天津居民动物产品虚拟水消费量所占水足迹的比例较高，均超过了 60%，而河北省各市均低于 50%。动物产品虚拟水消费量所占水足迹的比例在河北省 11 个城市中无显著差异，均处于 45% 左右，和农产品虚拟水消费量所占的比例大致相同（图 4-5）。生态环境用水量能反映一个城市或地区对生态环境保护与修复的投入程度。本节计算了 2000～2014 年京津冀三省市生态环境用水所占各自水足迹比例（图 4-6）。结果表明，北京市生态环境用水所占水足迹的比例高于天津市和河北省。同时，京津冀生态环境用水所占水足迹比例总体呈现增加的趋势，表明京津冀城市群地区对生态环境保护的重视和投入有所增加。北京市增加幅度最大，天津市次之。其中，北京市生态环境用水所占水足迹比例在 2004～2008 年增长幅度高于其他年份，原因是北京市为了筹备 2008 年奥运会，进一步加大了对生态环境的保护力度。但是，京津冀城市群地区需要进一步提高生态环境用水所占比例，加大生态环境投入力度。虽然本地区生态环境用水所占水足迹的比例在不断上升，但总体仍然偏低。以 2014 年为例，京津冀城市群地区生态环境用水所占水足迹的平均比例仅为

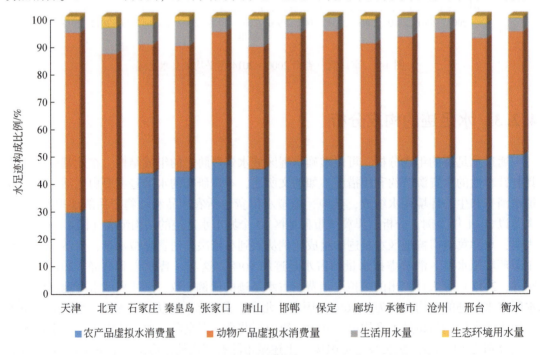

图 4-5　京津冀城市群地区市级尺度单元 2014 年水足迹结构组成

2.06%，除北京、石家庄生态环境用水所占比例略高（超过3%）外，其余市级尺度单元均较低（图4-5）。京津冀城市群地区是我国水污染最为严重的地区之一，前人研究表明，京津冀城市群地区水体总体呈现富营养化，其中44%的主要河流处于极度富营养化水平（张洪等，2015）。生态环境部发布的2018年中国空气质量最差的10个城市中，京津冀城市群地区占据5席。因此，京津冀城市群地区需要进一步提高生态环境用水量，通过城镇绿地灌溉、环境卫生清洁和河湖、湿地补水等措施，可以在一定程度上减轻本区域水体和大气污染。

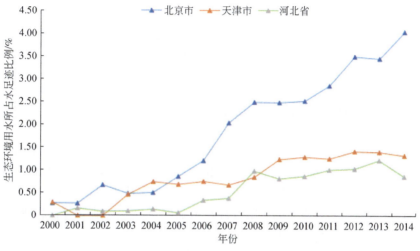

图 4-6　京津冀三省市生态环境用水所占水足迹比例

4.2.4　小结

　　本节运用自下而上的方法，基于消费虚拟水量、生活用水量和生态环境用水量等指标，计算并分析了京津冀城市群地区市级、区县2000～2014年水足迹、人均水足迹的时空变化特征。结果表明，①市级尺度上，北京市水足迹、人均水足迹最高，天津市次之。石家庄市水足迹、人均水足迹相对较高，衡水市水足迹、人均水足迹均相对较低。京津冀市级平均水足迹由2000年的35.88亿m³增长到2014年的50.82亿m³，天津市、北京市增长幅度最大。②区县尺度上，北京市主城六区水足迹、人均水足迹最高，北京市其他市辖区和天津市主城六区、滨海新区水足迹、人均水足迹次之，石家庄市主城区水足迹、人均水足迹也相对较高。北部燕山山区、西部太行山区及衡水市所辖区县水足迹、人均水足迹最低。京津冀区县平均水足迹由2000年的2.30亿m³增长为2014年的3.16亿m³。北京市市辖区水足迹增长幅度最大，天津市市辖区次之。③水足迹的构成比例从大到小依次是消费虚拟水量、生活用水量和生态环境用水量，消费虚拟水量约占水足迹的90%。京津冀城市群地区生态环境用水所占水足迹比例总体呈现增加的趋势，北京市生态环境用水所占水足迹的比例高于天津市和河北省。

　　本节的研究结果可为提高京津冀城市群地区水资源利用和分配效率提供参考和依据。京津冀市级、区县水足迹、人均水足迹均呈现出增加的趋势，表明随着城镇化水平的提高，城镇化对水资源的胁迫和压力越来越大。京津冀城市群地区是我国水资源最为短缺的地区之一，城市的扩张和城镇人口的增长必须考虑水资源这一重要的限制性因素，必须考虑水资源的承载能力。虽然自 2014 年底南水北调工程正式通水运行以来，京津冀城市群地区水资源压力得到了一定程度的缓解。但是，如何更为高效地分配南水北调水资源也是一个重要的课题。本章水足迹的研究成果，可为南水北调水资源在京津冀城市群地区的合理分配提供参考。对于水足迹较大且本地水源供应不足的市和区县，在使用南水北调水资源时，应该予以优先保障。

4.3 土地利用胁迫性评价

4.3.1 土地利用胁迫及影响因子

土地利用资源胁迫是指在自然或人为因素影响下景观格局与过程造成的对生产、生活不利的影响（刘彦随等，2001；汪翡翠等，2018；肖琳等，2014）。土地利用资源胁迫强度指数是指不同景观类型对生态环境的胁迫程度，用来表征不同景观所导致生态胁迫的贡献度。基于景观格局指数构建土地利用资源胁迫强度指数（汪翡翠等，2018），土地利用资源胁迫强度指数的计算公式如下：

$$\text{LRI} = \sum_i^n \frac{A_i W_i}{A} \frac{F}{M} \tag{4-14}$$

式中，LRI 为土地利用资源胁迫强度指数；n 为土地利用类型的数量；A_i 为研究区内土地利用类型 i 的面积（km^2）；A 为研究区总面积（km^2）；W_i 为土地利用类型 i 的胁迫权重；F 为斑块密度（个/100hm^2）；M 为蔓延度（%）。

通过 AHP 分析得到林地、草地、耕地、人工地表、水域和未利用地的生态胁迫强度权重分别为：0.0708、0.129、0.1691、0.2238、0.0961、0.3112。基于 1984 年、1990 年、2000 年、2005 年、2010 年、2015 年和 2020 年土地利用数据，通过构建土地利用资源胁迫强度指数，揭示京津冀城市群地区 7 个时间节点的土地利用胁迫强度空间分布特征。土地利用胁迫强度划分为 5 个等级：低强度、较低强度、中等强度、较高强度和高强度。分析京津冀城市群地区土地利用胁迫强度，风险等级总体上呈上升趋势，其中，较高强度和高强度都呈现出不断扩张趋势，较高强度的上升趋势较明显。高强度和较高强度与城市建设用地的吻合度较高，对应面积也呈逐渐增加的趋势。表明建设区域周边土地利用强度正在不断地增加。低强度主要分布在沧州市、衡水市、北京市北部、保定市西部、邢台市东部和邯郸市东部，并且所占比例呈现下降趋势，而较低、中强度面积有所增加，并且其格局存在明显的时空分异，胁迫高强度呈点状分布于北京北部、天津中部、保定北部、石家庄西部以及张家口西部以及承德市西北部。京津冀城市群区域的较高强度由呈面状零散分布变化至面状连片分布。其中，高强度和较高强度多位于各大城市的中心城区附近，佐证了城市化的快速发展对土地利用流失的风险具有显著影响（图 4-7）。

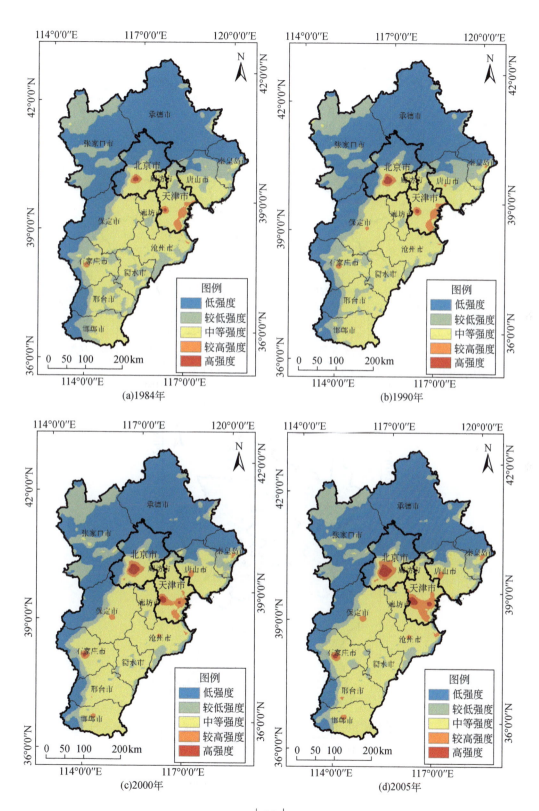

(a)1984年

(b)1990年

(c)2000年

(d)2005年

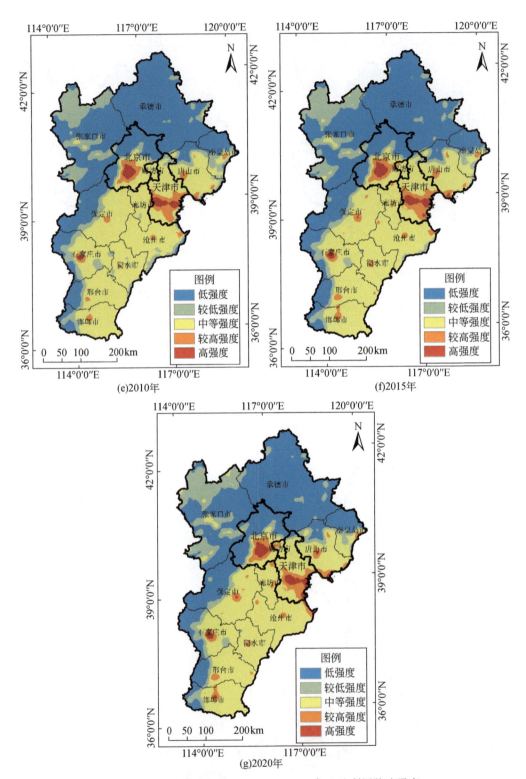

图 4-7　京津冀城市群地区 1984～2020 年土地利用胁迫强度

京津冀城市群各地级市胁迫强度的变化各不相同，但是各个地级市土地利用胁迫强度变化有三种情况：上升、下降和基本不变。对于胁迫强度升高和几乎不变的区域，要加强城市内部的生态建设，对于胁迫强度下降的区域在加强内部建设的同时，也要加强与邻近地区的联系，从区域的角度考虑胁迫风险的影响，加强各个城市之间的生态联系，积极促进京津冀城市群地区生态网络一体化建设。

从土地利用生态保护发展的角度出发，在监测土地利用变化同时，快速、准确地识别研究区域土地胁迫强度的累积变化趋势，有助于管理者进行科学合理的土地利用决策，为社会、经济和生态安全打下重要基础。

4.3.2 土地利用胁迫强度空间转移特征分析

将土地利用胁迫较高强度和高强度定义为综合高强度，然后计算其重心转移轨迹，从而探究土地利用胁迫综合高强度的空间转移动态变化规律。

重心转移轨迹计算公式如下：

$$X = \frac{\sum\limits_{i}^{n} M_i X_i}{\sum\limits_{i}^{n} M_i} \quad Y = \frac{\sum\limits_{i}^{n} M_i Y_i}{\sum\limits_{i}^{n} M_i} \tag{4-15}$$

式中，X、Y 分别表示胁迫强度重心的行号、列号，准确表达了重心的地理位置；X_i 为第 i 个综合高强度次级区域（即每一个栅格单元）中心的行号，Y_i 为第 i 个综合高强度次级区域（即每一个栅格单元）中心的列号，M_i 为第 i 个综合高强度次级区域的属性值。由式 (4-15) 可知，影响重心迁移的因素是各栅格单元综合高强度的空间坐标和属性值的大小。

京津冀城市群综合高强度对生态环境的影响具有一定的区域性，各个地级市之间胁迫强度的变化既有相同之处，也有不同之处，主要表现在各地级市综合高强度的重心转移方向和变化幅度上（图4-8）。根据地级市的胁迫强度重心，积极调整土地利用结构，加强城市之间的生态凝聚力，发展成为生态环境更加良好的城市群。

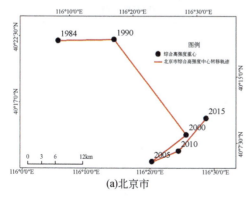

(a)北京市

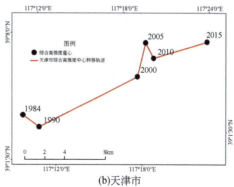

(b)天津市

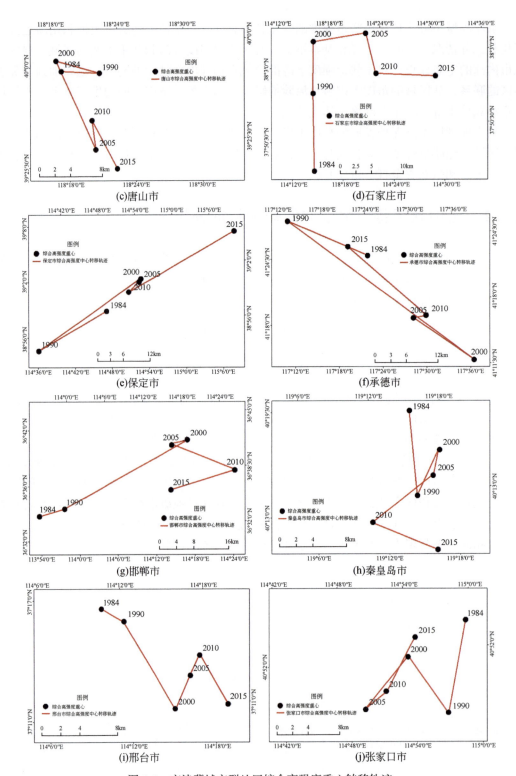

图4-8　京津冀城市群地区综合高强度重心转移轨迹

4.4 小 结

　　本章通过水资源胁迫、水环境胁迫与土地资源胁迫，重点阐明了京津冀城市群生态环境受到的胁迫状况。本章主要取得以下结论：（1）模型估算了京津冀城市群地区非点源TN和TP输出负荷特征和输出强度，反映出京津冀城市群地区水环境的胁迫状况。京津冀城市群地区非点源TN输出强度的空间分布趋势与TP相似，且具有显著的空间异质性。其中，土地利用是非点源TN输出负荷的第一大来源，而农村生活是非点源TP输出负荷的主要来源。（2）基于消费虚拟水量、生活用水量和生态环境用水量等指标，从市、区两级计算了京津冀城市群地区水足迹、人均水足迹的时空变化特征。市级尺度上，北京市水足迹总量、人均水足迹最高；京津冀市级平均水足迹增长显著，天津市、北京市增长幅度最大。京津冀区县平均水足迹也有较明显增加，北京市市辖区水足迹增长幅度最大，天津市市辖区次之。（3）京津冀城市群各地级市胁迫强度的变化各不相同。针对不同地区生态环境受到的胁迫强度和存在的风险，提出了生态风险防范与生态建设的基本策略。

第 5 章 京津冀城市群社会调控能力评价

人类社会是以人的行为为主导，从社会、经济、自然三方面进行结构和功能整合的复合生态系统（王如松和欧阳志云，2012）。社会调控指的是社会管理机构对运动中的各种社会力量的调节和控制，以使它们能够最大限度地均衡运动，同时避免它们之间的矛盾和冲突危及社会的总进程，打破社会发展所需要的必要的稳定结构（王沪宁，1990）。社会稳定的各种响应因子的动态变化，直接影响着社会系统的稳定状态。

城市群是城镇化发展到一定阶段时，较为成熟的空间组织形式，已经成为人类生产和生活的主要空间（陈利顶等，2016）。城市群在空间结构上组织紧凑，在经济上联系紧密，在产业布局、基础设施建设、城乡统筹及环境保护方面都形成了较为突出的一体化特征（方创琳等，2016），成为经济共同体和发展利益共同体。良好的社会调控机制是维持城市健康有序发展的核心保障，因此，现有城市群内部的社会调控能力是否能满足城市群可持续发展的需求是一个重要的科学问题。

社会调控通过可持续发展战略、政策、立法等调节手段，把社会资源总量和经济发展联结为一个生态–经济–社会反馈机制（陈祖海等，2001）。城市群从生态、经济和社会的一体化趋势及内部城市在以上各方面的差异性，决定了城市群社会调控能力评估的复杂性。城市群的可持续发展过程是经济、自然和社会层面内部结构不断优化和再平衡的过程，因此，良好的城市群社会调控能力是在经济、人口、自然资源和社会资源等方面协调发展的综合体现。

具体而言，经济方面，城市群经济调节能力与城市群的经济产值、可用资源总量及经济对资源的利用效率密切相关。一般来说，经济总量较大时，政府的社会调节能力和调节手段较为充裕，但是经济发展必须可持续，才能保证基于经济的社会调节能力可持续，因此必须考虑经济发展与自然生态的反馈机制（范泽孟和牛文元，2007）。具体到城市群尺度，要根据城市群区域生态系统的资源可用总量来确定相应的经济发展模式。传统的经济增长模式以无节制开发资源为基础，经济高速发展的同时透支了未来的可用资源，反而导致了社会调节能力的下降。必须通过技术升级、产业结构优化等方式提高各城市经济运行的资源利用效率，并且构建合理的资源配置模式和环境保护制度（张天华等，2019），才能从本质上提升城市群经济发展质量，保障社会对经济调节弹性，实现经济和社会的可持续发展。

人口方面，人口作为社会发展的主体，劳动年龄人口数量和人口空间分布是人口调控的主要内容（李昕，2020）。我国大城市近年来人口不断膨胀，给城市交通、教育、居住、医疗等带来很大压力，人口–城市–社会和资源的协调性逐渐失衡（范进和赵定涛，2012）。在此背景下，针对城市群协调发展的需要，评估当前大城市人口对经济社会的贡献，评估城市人口调控潜力，制定城市群内部人口的有序流动和人口疏解对策尤为必要。

我国的人口调控政策自 20 世纪 80 年代陆续开展，然而很长时间以来，人口调控的政策效果并不显著（童玉芬，2021）。近年来由于人口老龄化进程加快，人口红利逐渐消失，目前，我国大城市人口调控主要通过以下方式开展（刘厚莲，2020）：①调整城市功能定位，优化城市规划；②经济与行政手段并举，优化人口空间分布；③坚持区域发展，推动城市群内部协同发展。从城市群角度来看，鉴于其内部各城市的人口数量、人口结构（年龄、从业类型等）以及人口空间分布差异性较强，因此需要先对城市群整体及内部人口调控能力的变化规律做出评价，为优化人口调控政策提供参考。

社会资源方面，除了自然物质形态的资源外，社会资源还包含教育、医疗、科技能力等的非物质形态资源。社会资源的规模和性质是随着人类社会的不断发展而不断变化和调整的，其区域的分布往往具有一定差异性（马海斌，2015）。社会资源的分布与发展同时受到自然资源分布和地区经济社会状况的影响，并且社会资源与自然资源是密切相关的，二者相互制约、相互依存。二者的相互作用和合理配置促进了经济发展和社会发展，尤其是在自然资源逐步短缺的情况下，如何有效地配置和调控社会资源是当前亟待解决的问题和难点。在社会发展过程中，由于某种自然资源数量较少或质量较低形成的"资源瓶颈"的问题，限制了其他资源功能的有效发挥，从而形成"短板效应"，制约了整个地区的经济和社会发展（樊杰等，2015）。因此，虽然自然资源在推动社会发展方面具有基础性作用，但单方面强调自然资源的开发利用，在推动社会发展的过程中是不可持续的，需要同时发展社会资源，推动资本、技术、人才、管理等社会资源的高效配置，才是解决经济增长瓶颈问题的根本办法。

作为我国主要城市群之一，京津冀特大城市群内部社会经济发展的差异性明显，经济、人口和社会资源空间分布不均。《京津冀协同发展规划纲要》明确了京津冀城市群的发展定位，为区域协同发展指明了方向，因此需要对城市群社会调控能力的变化做出评估。生态安全是国家安全的重要基础，提升社会调控能力，是构建和优化城市群生态安全格局的主要手段（陈利顶等，2016）。本章从京津冀特大城市群的自然资源禀赋和社会资源特征出发，统筹考虑自然资源和社会资源，明确京津冀城市群社会调控能力的变化规律，分析社会调控能力变化与生态安全格局构建的内在联系，为提升城市群社会调控和管理能力提供决策参考。

5.1 指标体系和研究方法

5.1.1 指标体系构建

本章的研究时段为 2000～2018 年。数据来源为《北京统计年鉴》《天津统计年鉴》《河北经济统计年鉴》及河北省内各市的经济统计年鉴。本文对社会调控能力的描述从经济、人口、自然要素和社会要素方面展开。对各要素调控能力从要素总量和要素利用效率方面来评价。本文指标体系如表 5-1 所示。

表 5-1　京津冀社会调控能力评估指标体系

系统类型	指标名称（单位）	指标特性
经济子系统	GDP 总量（亿元）	总量
	工业产值（亿元）	总量
	固定资产投资（亿元）	总量
	政府财政收入（亿元）	总量
	人均 GDP（万元/人）	效率
人口子系统	常住人口（万人）	总量
	城镇人口（万人）	总量
	人均收入（万元/人）	效率
	人口密度（人/km²）	效率
自然资源子系统	建成区面积（km²）	总量
	农作物播种面积（万 hm²）	总量
	粮食产量（万 t）	总量
	城市供水总量（亿 t）	总量
	人均绿地面积（m²/人）	效率
	单位面积粮食产量（t/hm²）	效率
社会保障子系统	人均生活用水（t/人）	效率
	政府社会支出（亿元）	总量
	图书馆藏书（册）	总量
	高等学校学生数量（个）	总量
	高等学校教师数量（个）	总量
	医院床位数（张）	总量
	医生数量（个）	总量

5.1.2　研究方法

本章使用时间序列趋势和数据标准差描述各类别要素的时间变化特征，使用熵值法和耦合协调度模型对京津冀城市群的社会调控能力进行综合测度。首先，对数据使用离差标准化方法处理以去除数据量纲，保证数据间的可比性，公式如下：

$$Y_{ij} = \frac{X_{ij} - \min X_{ij}}{\max X_{ij} - \min X_{ij}} \tag{5-1}$$

$$Y_{ij} = \frac{\max X_{ij} - X_{ij}}{\max X_{ij} - \min X_{ij}} \tag{5-2}$$

其中，式（5-1）为正向趋势计算公式，式（5-2）为负向趋势计算公式。其次，本章基于熵值法确定各类指标的权重。熵值法是目前已有确定指标权重方法（主观赋权法、客观赋权法和主客观综合赋权法）中计算过程相对简单，可靠性较好的方法，对于指标数量没有限制，适用范围较广（张翔等，2020）熵值法的基本思想是从指标的离散程度（指标熵）的角度来反映指标对评价对象的区分程度，指标熵值越小，则该指标的样本数据权重越大，即当前指标在综合评价过程中的作用也越大。经过数据标准化过程后，熵值法的步骤如下。

第一步，计算每项指标逐年的特征值 P_{ij}。

$$P_{ij} = \frac{H_{ij}}{\sum\limits_{i=1}^{n} H_{ij}} (0 \leqslant P_{ij} \leqslant 1) \tag{5-3}$$

式中，H_{ij} 为标准化指标指数。

第二步，计算信息熵 E_j。

$$E_j = -k \sum_{i=1}^{n} P_{ij} \ln P_{ij} \tag{5-4}$$

式中，$k>0$，$\ln$ 为自然对数，常数 k 与样本数 n 有关，一般令 $k=1/\ln n$，则 $0 \leqslant E_j \leqslant 1$。

第三步，计算指标的差异性系数 D_j。

指标的差异性系数直接影响权重的大小，直接用 1 减去该指标的信息熵 E_j 便可计算出差异性系数，第 j 项指标的差异性系数 D_j 的具体计算式为

$$D_j = 1 - E_j \tag{5-5}$$

第四步，计算指标权重 W_j。

利用熵值法计算各指标的权重，其本质是利用该指标信息的差异性系数计算权重，差异性系数越大，其所占权重越大。第 j 项指标的权重计算式为

$$W_j = \frac{D_j}{\sum\limits_{i=1}^{n} D_j} \tag{5-6}$$

第五步，计算综合评价得分 U_i。

$$U_i = \sum_{i=1}^{n} Y_{ij} W_j \tag{5-7}$$

式中，U 代表综合评价得分，n 为指标数，W_j 代表第 j 项指标的权重值。U 值越大，综合得分越高，评价结果越有利，最终根据所有的 U 值，对评价结果进行比较。

第六步，基于熵值法对社会调控能力中经济、人口、社会和自然要素 4 个方面的各自评价结果，代入耦合协调度模型，求取京津冀城市群的社会调控能力的综合协调性：

$$C = \left[\frac{U_1 \times U_2 \times U_3 \times U_4}{\left(\frac{1}{4} \times (U_1 + U_2 + U_3 + U_4) \right)^4} \right]^{\frac{1}{4}} \tag{5-8}$$

$$T = \alpha U_1 + \beta U_2 + \gamma U_3 + \sigma U_4 \tag{5-9}$$

$$D = \sqrt{CT} \tag{5-10}$$

式中，C 为耦合度；U_1、U_2、U_3、U_4 分别为经济、人口、自然资源和社会保障 4 个子系统的综合发展指数；T 为子系统综合协调指数；α、β 和 γ 和 σ 为待定参数，且 $\alpha+\beta+\gamma+\sigma=1$。本章 α 取 0.4、β 取 0.3，γ 取 0.3，σ 取 0.3，D 为最终的耦合协调度。参考贾海发等

（2020），根据耦合协调度 D 的大小，将子系统耦合协调类型分为四类，即 $0 < D \leqslant 0.3$ 时，表示严重不协调；$0.3 < D \leqslant 0.5$ 时，表示基本不协调；$0.5 < D \leqslant 0.8$ 时，表示基本协调；$0.8 < D \leqslant 1$ 时，表示高度协调。

5.2 社会调控子系统变化趋势

5.2.1 经济子系统

图 5-1 显示了京津冀城市群地区经济子系统不同要素的变化特征。

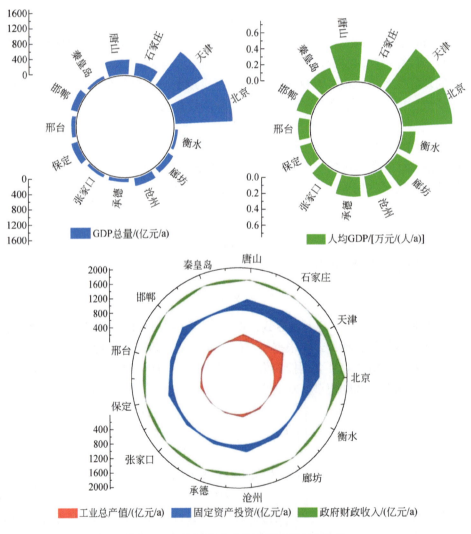

图 5-1 经济调控子系统不同要素变化趋势

经济调控能力上，一般来说，经济要素总量和效率越高，其对社会的调控能力贡献越强。2000～2018 年，京津冀城市间经济子系统各要素变化趋势差异性较大（图 5-1）。GDP 总量方面，北京和天津变化趋势分别达到了 1537.23 亿元/a 和 1104.58 亿元/a，其余城市 GDP 总量年增长率均小于京津两市。在人均 GDP 方面，北京、天津和唐山增长最快，分别达到 0.63 万元/a、0.66 万元/a 和 0.48 万元/a，其余城市人均 GDP 增长相对较缓，增长率在为 0.13～0.32 万元/a。工业总产值方面，除北京、天津、唐山以及石家庄外，其余城市增长率均小于 100 亿元/a。天津市增加最快，达到 433.23 亿元/a，其次为北京，达到 214.03 亿元/a；唐山与北京增长速率相当，达到 202.25 亿元/a。

5.2.2 人口子系统

图 5-2 显示了京津冀城市群地区人口子系统不同要素的变化特征。

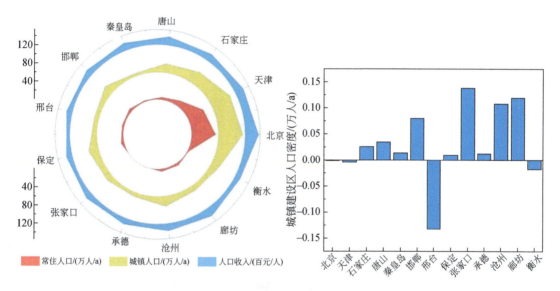

图 5-2 人口调控子系统要素变化趋势

人口是社会调控的重要方面，本章主要考虑常住人口、城镇人口、人均收入以及人口密度。京津冀城市间，2000 年以来人口总量和人口收入均明显上升，但人口密度变化趋势具有较大差异性（图 5-2）。具体来讲，北京和天津常住人口增长趋势最快，分别达到 54.06 万人/a 和 39.23 万人/a，大幅领先于京津冀区域其他城市，反映了人口在特大城市的聚集性。而城镇人口方面，北京和天津增长仍然最快，分别为 54.30 万人/a 和 46.23 万人/a，其他城市城镇人口增长速率也较快，增长率远高于常住人口。人口收入方面，除北京和天津人均收入超过 2 万元外，其余城市均小于 2 万元/人。可以看出，人均收入与城市经济总量密切相关，其中唐山人均收入最高，达到 1.8 万元/人，衡水人均收入最低，为 1.2 万元/人。

5.2.3 自然资源子系统

图 5-3 显示了京津冀城市群地区自然资源调控子系统不同要素的变化特征。

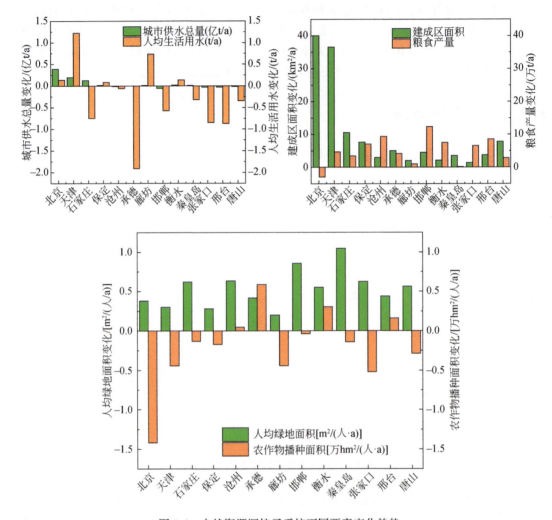

图 5-3 自然资源调控子系统不同要素变化趋势

自然资源要素调控主要考虑城市用水、粮食生产以及生产用地等方面。城市供水量除北京、天津和石家庄外,其他城市 2000 年以来趋势变化均较小,但人均用水量的趋势变化差异性较强。其中,北京和天津供水量增长率分别为 0.39 亿 t/a 和 0.18 亿 t/a,其余城市供水总量变化趋势均小于 0.1 亿 t/a。人均生活用水方面,有 8 个城市为下降趋势,5 个城市为增加趋势。具体来讲,天津人均生活用水增加最快,达到 1.23t/a,承德人均生活用水减少最快,为 −1.9t/a。北京和衡水变化趋势基本相当,均为 0.13t/a。在粮食产量方面,除北京趋势减小外,其余城市均为增长趋势。粮食产量增长最快的为邯郸市,为

12.32 万 t/a，其次是沧州市和邢台市，产量变化趋势分别为 9.37 万 t/a 和 8.53 万 t/a，秦皇岛市产量增加率最低，仅为 0.22 万 t/a。农作物播种面积除沧州、承德、衡水以及邢台外，均为下降趋势，下降趋势要高于增加趋势。其中播种面积下降最快的是北京，为 –1.42 万 hm²/a，增加最快的是承德，为 0.59 万 hm²/a。城市建成区面积增加显著，增长最快的是北京，天津和石家庄，分别为 40.07km²/a，36.56km²/a 和 10.56km²/a，其余城市增长率均小于 10km²/a。同样地，人均绿地面积增长明显，增长最快的是秦皇岛市，为 1.05m²/a，增长最小的是廊坊市，为 0.20m²/a。

5.2.4 社会保障调控子系统

图 5-4 显示了京津冀城市群地区社会保障子系统不同要素的变化特征。

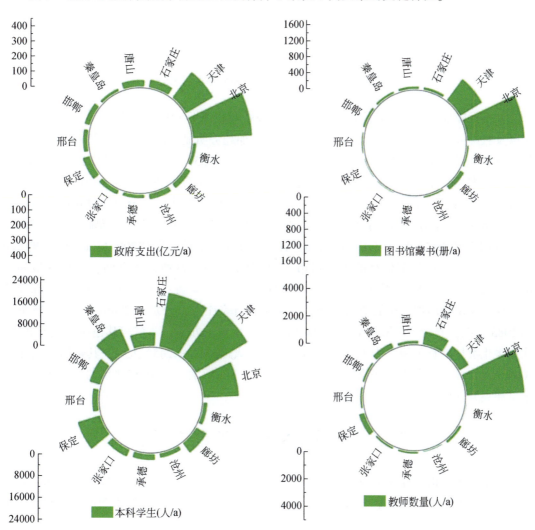

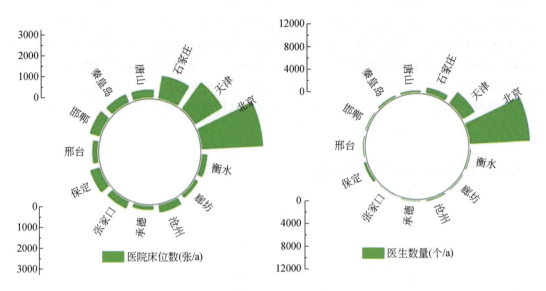

图 5-4　社会保障调控子系统不同要素变化趋势

社会保障能力方面，政府社会保障支出 2000 年以来呈现明显增长趋势，高等院校学生以及教师数量有不同程度增加，医院床位数增加趋势明显，但医生数量增加趋势很不均衡。具体来讲，北京和天津市政府支出增加最快，达到 395.07 亿元/a 和 211.78 亿元/a，其余城市增长率差距较大，均小于 50 亿元/a，最小的为秦皇岛市，为 16.07 亿元/a。文化（图书馆藏书）方面，北京和天津增长率远高于其他城市，分别为 1481.9 册/a 和 653.8 册/a，其余城市均小于 110 册/a。在教育方面，天津和石家庄高等院校学生增加最快，分别达到 22174 人/a 和 19965 人/a，其次为北京，增长率为 13200 人/a，其余城市小于 10000 人/a，增长率最小的为衡水市，为 1301 人/a。教师数量方面，增长率最高的依次为北京、石家庄和天津市，分别是 4417 人/a、944 人/a 和 783 人/a。卫生保障方面，医院床位数增加最快的依次为北京、天津和石家庄市，分别为 2986 张/a、1575 张/a 和 1083 张/a，其余城市增长率小于 500 张/a。医生数量方面，北京与其他城市差异较大。北京医生数量增长最快，为 10857 人/a，其次为天津市，为 2452 人/a，其余城市均小于 1000 人/a，增长最低的为张家口市，为 63 人/a，显示了医疗资源在北京的集聚程度远高于京津冀其他城市。

5.3　不同子系统调控能力分析

本节基于熵值法计算了各子系统的综合发展得分。结果显示，各调控子系统间综合发展情况差异性较大，但要素子系统内部，城市间调控能力发展趋势均为增加向好趋势，但是综合发展状况有所差别（图 5-5 ~ 图 5-8）。具体来讲，经济子系统方面，所有城市的调控能力综合得分均为增长趋势，到 2018 年均接近 0.3；人口子系统的调控能力也均为增长趋势，到 2018 年调控能力得分值域为 0. 097 ~ 0. 231，增长的差异性较大；自然资源子系统调控能力得分差异性也较大，值为 0. 097 ~ 0. 235；社会保障调控能力得分较为均衡，值域为 0. 164 ~ 0. 333。

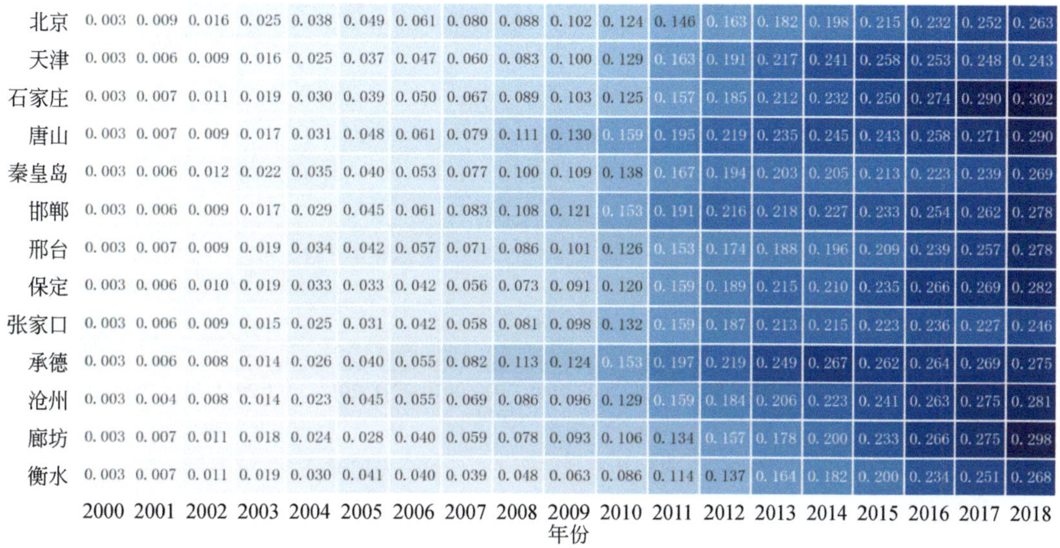

	2000	2001	2002	2003	2004	2005	2006	2007	2008	2009	2010	2011	2012	2013	2014	2015	2016	2017	2018
北京	0.003	0.009	0.016	0.025	0.038	0.049	0.061	0.080	0.088	0.102	0.124	0.146	0.163	0.182	0.198	0.215	0.232	0.252	0.263
天津	0.003	0.006	0.009	0.016	0.025	0.037	0.047	0.060	0.083	0.100	0.129	0.163	0.191	0.217	0.241	0.258	0.253	0.248	0.243
石家庄	0.003	0.007	0.011	0.019	0.030	0.039	0.050	0.067	0.089	0.103	0.125	0.157	0.185	0.212	0.232	0.250	0.274	0.290	0.302
唐山	0.003	0.007	0.009	0.017	0.031	0.048	0.061	0.079	0.111	0.130	0.159	0.195	0.219	0.235	0.245	0.243	0.258	0.271	0.290
秦皇岛	0.003	0.006	0.012	0.022	0.035	0.040	0.053	0.077	0.100	0.109	0.138	0.167	0.194	0.203	0.205	0.213	0.223	0.239	0.269
邯郸	0.003	0.006	0.009	0.017	0.029	0.045	0.061	0.083	0.108	0.121	0.153	0.191	0.216	0.218	0.227	0.233	0.254	0.262	0.278
邢台	0.003	0.007	0.009	0.019	0.034	0.042	0.057	0.071	0.086	0.101	0.126	0.153	0.174	0.188	0.196	0.209	0.239	0.257	0.278
保定	0.003	0.006	0.010	0.018	0.033	0.033	0.042	0.056	0.073	0.091	0.120	0.159	0.189	0.215	0.210	0.235	0.266	0.269	0.282
张家口	0.003	0.006	0.009	0.015	0.025	0.031	0.042	0.058	0.081	0.098	0.132	0.159	0.187	0.213	0.215	0.223	0.236	0.227	0.246
承德	0.003	0.006	0.008	0.014	0.026	0.040	0.055	0.082	0.113	0.124	0.153	0.197	0.219	0.249	0.267	0.262	0.264	0.269	0.275
沧州	0.003	0.004	0.008	0.014	0.023	0.045	0.055	0.069	0.086	0.096	0.129	0.159	0.184	0.206	0.223	0.241	0.263	0.275	0.281
廊坊	0.003	0.007	0.011	0.018	0.024	0.039	0.040	0.059	0.078	0.093	0.106	0.134	0.157	0.178	0.200	0.233	0.266	0.275	0.298
衡水	0.003	0.007	0.011	0.019	0.030	0.041	0.040	0.039	0.048	0.063	0.086	0.114	0.137	0.164	0.182	0.200	0.234	0.251	0.268

年份

图 5-5　各城市经济子系统综合发展评价

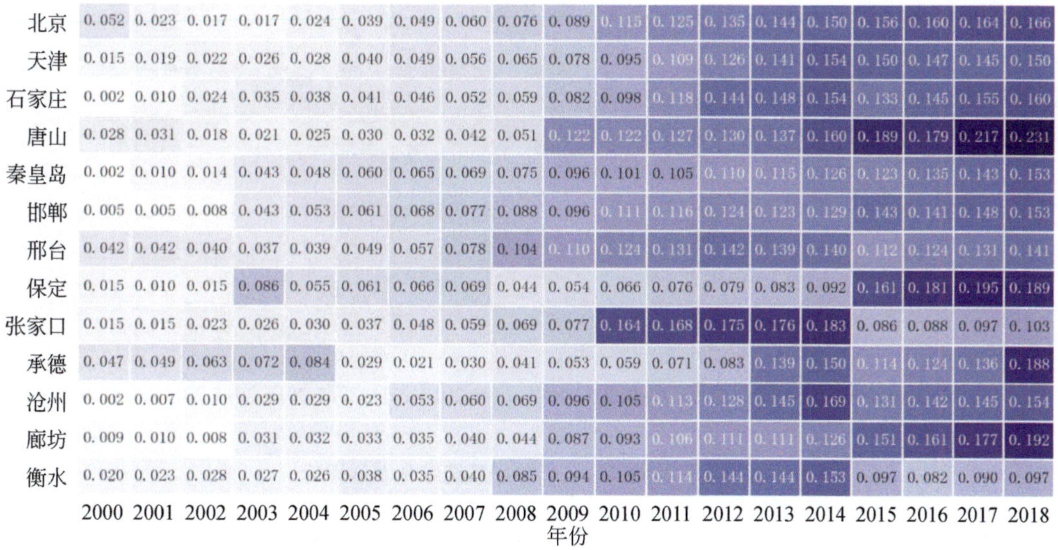

	2000	2001	2002	2003	2004	2005	2006	2007	2008	2009	2010	2011	2012	2013	2014	2015	2016	2017	2018
北京	0.052	0.023	0.017	0.017	0.024	0.039	0.049	0.060	0.076	0.089	0.115	0.125	0.135	0.144	0.150	0.156	0.160	0.164	0.166
天津	0.015	0.019	0.022	0.026	0.028	0.040	0.049	0.056	0.065	0.078	0.095	0.109	0.126	0.141	0.154	0.150	0.147	0.145	0.150
石家庄	0.002	0.010	0.024	0.035	0.038	0.041	0.046	0.052	0.059	0.082	0.098	0.118	0.144	0.148	0.154	0.133	0.145	0.155	0.160
唐山	0.028	0.031	0.018	0.021	0.025	0.030	0.032	0.042	0.051	0.122	0.122	0.127	0.130	0.137	0.160	0.189	0.179	0.217	0.231
秦皇岛	0.002	0.010	0.014	0.043	0.048	0.065	0.069	0.075	0.096	0.101	0.105	0.115	0.126	0.123	0.145	0.143	0.153		
邯郸	0.005	0.005	0.008	0.043	0.053	0.061	0.068	0.077	0.088	0.096	0.111	0.116	0.124	0.123	0.129	0.143	0.141	0.148	0.153
邢台	0.042	0.042	0.040	0.037	0.039	0.049	0.057	0.078	0.104	0.110	0.124	0.131	0.142	0.139	0.140	0.112	0.124	0.131	0.141
保定	0.015	0.010	0.015	0.086	0.055	0.061	0.066	0.069	0.044	0.054	0.066	0.076	0.079	0.083	0.092	0.161	0.181	0.195	0.189
张家口	0.015	0.015	0.023	0.026	0.030	0.037	0.048	0.059	0.069	0.077	0.164	0.168	0.175	0.176	0.183	0.086	0.088	0.097	0.103
承德	0.047	0.049	0.063	0.072	0.084	0.029	0.021	0.030	0.041	0.053	0.059	0.071	0.083	0.139	0.150	0.114	0.136		0.188
沧州	0.002	0.007	0.020	0.029	0.029	0.032	0.053	0.060	0.069	0.096	0.113	0.128	0.145	0.169	0.131	0.142	0.145	0.154	
廊坊	0.009	0.010	0.008	0.031	0.032	0.033	0.035	0.040	0.044	0.087	0.093	0.106	0.111	0.111	0.126	0.151	0.161	0.177	0.192
衡水	0.020	0.023	0.028	0.027	0.026	0.038	0.035	0.040	0.085	0.094	0.105	0.114	0.144	0.144	0.153	0.097	0.082	0.090	0.097

年份

图 5-6　各城市人口子系统综合发展评价

城市	2000	2001	2002	2003	2004	2005	2006	2007	2008	2009	2010	2011	2012	2013	2014	2015	2016	2017	2018
北京	0.098	0.101	0.088	0.062	0.090	0.090	0.097	0.094	0.115	0.128	0.133	0.137	0.135	0.153	0.129	0.116	0.113	0.114	0.097
天津	0.047	0.074	0.066	0.058	0.066	0.074	0.066	0.050	0.067	0.082	0.084	0.106	0.118	0.127	0.152	0.152	0.159	0.195	0.192
石家庄	0.079	0.075	0.065	0.076	0.078	0.089	0.078	0.085	0.095	0.107	0.128	0.151	0.148	0.155	0.163	0.188	0.183	0.176	0.183
唐山	0.095	0.081	0.077	0.105	0.117	0.093	0.095	0.091	0.099	0.153	0.156	0.126	0.134	0.133	0.137	0.141	0.188	0.136	0.144
秦皇岛	0.065	0.083	0.073	0.059	0.072	0.080	0.074	0.066	0.094	0.096	0.129	0.149	0.143	0.150	0.168	0.147	0.161	0.129	0.144
邯郸	0.092	0.085	0.086	0.067	0.083	0.081	0.079	0.094	0.098	0.100	0.142	0.155	0.160	0.123	0.128	0.139	0.135	0.144	0.149
邢台	0.113	0.099	0.091	0.076	0.063	0.078	0.083	0.107	0.122	0.144	0.159	0.149	0.123	0.151	0.132	0.119	0.136	0.141	0.136
保定	0.097	0.089	0.059	0.052	0.057	0.062	0.065	0.091	0.101	0.083	0.153	0.134	0.112	0.143	0.123	0.159	0.153	0.134	0.138
张家口	0.146	0.144	0.130	0.150	0.144	0.122	0.048	0.042	0.075	0.075	0.090	0.095	0.099	0.114	0.105	0.104	0.127	0.116	0.116
承德	0.085	0.086	0.096	0.078	0.090	0.113	0.132	0.108	0.145	0.132	0.173	0.159	0.166	0.155	0.145	0.161	0.174	0.176	0.155
沧州	0.088	0.111	0.037	0.023	0.064	0.093	0.103	0.107	0.126	0.145	0.145	0.149	0.159	0.182	0.195	0.162	0.189	0.201	0.179
廊坊	0.050	0.053	0.042	0.060	0.056	0.086	0.081	0.098	0.108	0.116	0.132	0.133	0.144	0.144	0.150	0.126	0.171	0.140	0.162
衡水	0.023	0.023	0.037	0.015	0.021	0.046	0.107	0.101	0.137	0.135	0.143	0.153	0.153	0.141	0.133	0.124	0.136	0.208	0.235

年份

图 5-7 各城市自然资源子系统综合发展评价

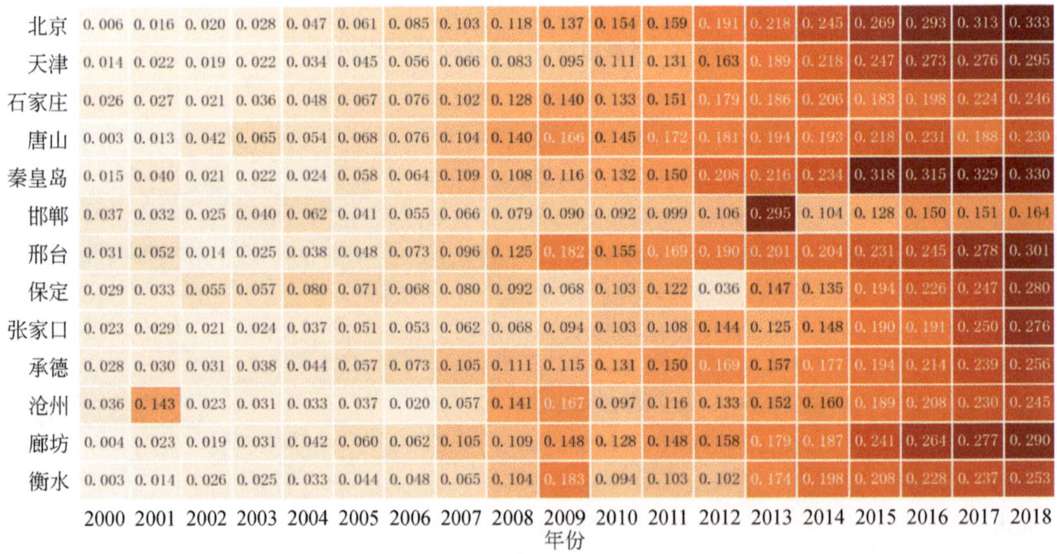

城市	2000	2001	2002	2003	2004	2005	2006	2007	2008	2009	2010	2011	2012	2013	2014	2015	2016	2017	2018
北京	0.006	0.016	0.020	0.028	0.047	0.061	0.085	0.103	0.118	0.137	0.154	0.159	0.191	0.218	0.245	0.269	0.293	0.313	0.333
天津	0.014	0.022	0.019	0.022	0.034	0.045	0.056	0.066	0.083	0.095	0.111	0.131	0.163	0.189	0.218	0.247	0.273	0.276	0.295
石家庄	0.026	0.027	0.021	0.036	0.048	0.067	0.076	0.102	0.128	0.140	0.133	0.151	0.179	0.186	0.206	0.183	0.198	0.224	0.246
唐山	0.003	0.013	0.042	0.065	0.054	0.068	0.076	0.104	0.140	0.166	0.145	0.172	0.181	0.194	0.193	0.218	0.231	0.188	0.230
秦皇岛	0.015	0.040	0.021	0.022	0.024	0.058	0.064	0.109	0.108	0.116	0.132	0.150	0.208	0.216	0.234	0.318	0.315	0.329	0.330
邯郸	0.037	0.032	0.020	0.040	0.062	0.041	0.055	0.066	0.079	0.090	0.092	0.099	0.106	0.295	0.104	0.128	0.150	0.151	0.164
邢台	0.031	0.052	0.014	0.025	0.038	0.048	0.073	0.096	0.125	0.182	0.155	0.169	0.190	0.201	0.204	0.231	0.245	0.278	0.301
保定	0.029	0.033	0.055	0.057	0.080	0.071	0.068	0.080	0.092	0.068	0.103	0.122	0.036	0.147	0.135	0.194	0.226	0.247	0.280
张家口	0.023	0.027	0.021	0.024	0.031	0.051	0.053	0.062	0.068	0.094	0.103	0.108	0.144	0.125	0.148	0.190	0.191	0.250	0.276
承德	0.028	0.024	0.030	0.031	0.038	0.044	0.057	0.105	0.111	0.115	0.131	0.150	0.169	0.157	0.177	0.194	0.214	0.239	0.256
沧州	0.036	0.143	0.023	0.031	0.033	0.037	0.020	0.057	0.141	0.167	0.097	0.116	0.133	0.152	0.160	0.189	0.208	0.230	0.245
廊坊	0.004	0.023	0.019	0.031	0.042	0.060	0.062	0.105	0.109	0.148	0.128	0.148	0.158	0.177	0.187	0.241	0.264	0.277	0.290
衡水	0.003	0.014	0.026	0.025	0.033	0.044	0.048	0.065	0.104	0.183	0.094	0.103	0.102	0.174	0.198	0.208	0.228	0.237	0.253

年份

图 5-8 各城市社会保障子系统综合发展评价

本节求取了京津冀城市各子系统综合发展得分均值，得到子系统综合发展评价结果（图 5-9）。如图所示，经济和社会保障调控能力得分趋势较为一致，从 0.025 到 0.25；自然资源调控能力得分增长较为平缓，从 2000 年的 0.075 增长到 2018 年的 0.15；人口调控能力得分增长趋势小于经济和社会保障子系统，从 2000 年的 0.02 增加到 2018 年的 0.15。

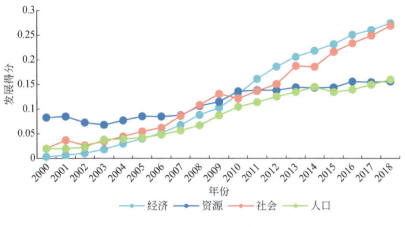

图 5-9　各子系统综合发展评价

除此之外，本节通过综合发展指数的标准差描述各城市子系统调控能力的变化强度（图 5-10）。整体上看，各子系统内部、各城市间变化强度差异性不大，但子系统间变化强度有显著差异性。经济子系统平均变化强度最高，为 0.097，人口子系统平均变化强度为 0.054，自然资源子系统平均变化强度最小，为 0.038，社会保障子系统平均变化强度为 0.084。在子系统内部，经济子系统方面，北京和衡水的调控能力变化强度最小，为 0.086 和 0.089，承德和石家庄经济调控能力变化最大，为 0.11 左右。人口子系统方面，变化强度最大的为唐山市（0.073），其余城市变化强度差别不大，变化强度在 0.04 ~ 0.06 之间。自然资源方面，变化强度值域为 0.028 ~ 0.064，衡水变化强度最高，邢台变化强度最低。社会保障方面的变化强度差异性较其他子系统更显著，其变化强度值域为 0.06 ~ 0.11，变化强度最小的为邯郸市，变化强度最大的为秦皇岛市。

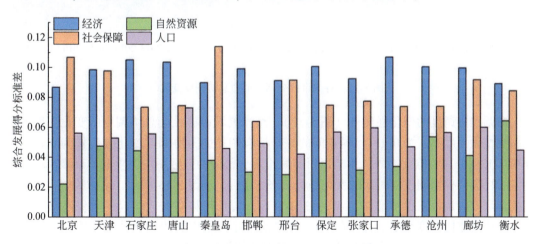

图 5-10　京津冀城市群综合发展变化强度评价

5.4 社会总协调度与调控能力评价

本节基于各子系统综合得分计算得到了京津冀城市群社会调控能力变化的总协调度（图 5-11 ~ 图 5-13）。根据图 5-11，京津冀各城市社会调控能力处于一直向好的趋势。整体上，城市间社会调控能力的协调性随时间变化的差异性不大。在 2000 ~ 2002 年，几乎所有城市协调度均低于 0.2，根据前文所述耦合协调度对协调类型的分级，社会调控的协调性为差；2003 ~ 2007 年，调控协调性有所增加，值域为 0.2 ~ 0.35；2008 ~ 2012 年，社会调控能力的协调性进一步增加，协调度增加到 0.45 左右；2012 ~ 2018 年，社会调控能力的协调度稳步增加，截至 2018 年，除张家口和邯郸外，所有城市均高于 0.5，达到了基本协调状态。但需要指出的是，基于现有的评价结果，京津冀城市群各城市的社会调控能力方面，其协调性仍然有较大改进空间，即各子系统调控的配合度还需要进一步改善。

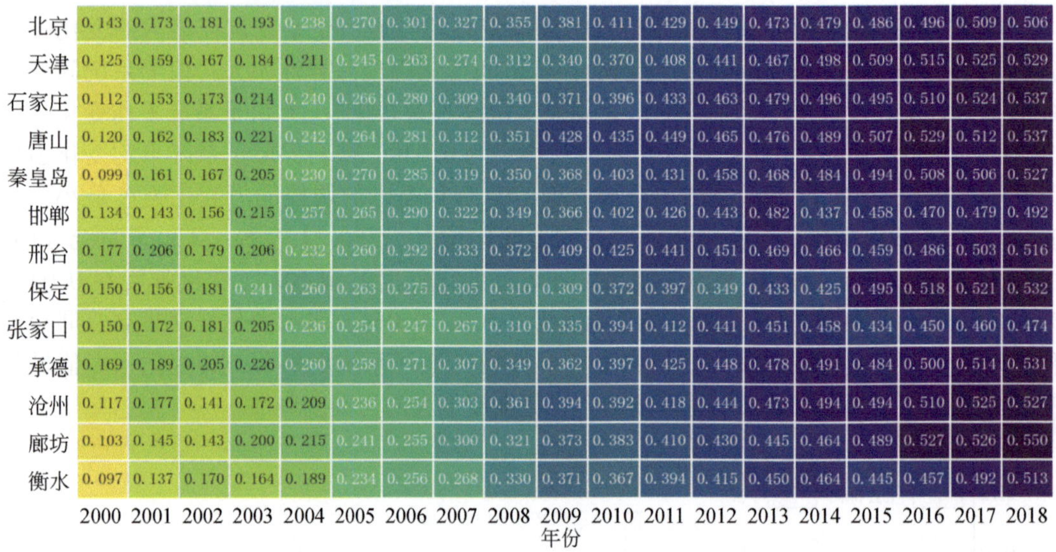

	2000	2001	2002	2003	2004	2005	2006	2007	2008	2009	2010	2011	2012	2013	2014	2015	2016	2017	2018
北京	0.143	0.173	0.181	0.193	0.238	0.270	0.301	0.327	0.355	0.381	0.411	0.429	0.449	0.473	0.479	0.486	0.496	0.509	0.506
天津	0.125	0.159	0.167	0.184	0.211	0.245	0.263	0.274	0.312	0.340	0.370	0.408	0.441	0.467	0.498	0.509	0.515	0.525	0.529
石家庄	0.112	0.153	0.173	0.214	0.240	0.266	0.280	0.309	0.340	0.371	0.396	0.433	0.463	0.479	0.496	0.495	0.510	0.524	0.537
唐山	0.120	0.162	0.183	0.221	0.242	0.264	0.281	0.312	0.351	0.428	0.435	0.449	0.465	0.476	0.489	0.507	0.529	0.512	0.537
秦皇岛	0.099	0.161	0.167	0.205	0.230	0.270	0.285	0.319	0.350	0.368	0.403	0.431	0.458	0.468	0.484	0.494	0.508	0.506	0.527
邯郸	0.134	0.143	0.156	0.215	0.257	0.265	0.290	0.322	0.349	0.366	0.402	0.420	0.443	0.482	0.437	0.458	0.470	0.479	0.492
邢台	0.177	0.206	0.179	0.206	0.232	0.260	0.292	0.330	0.372	0.409	0.425	0.441	0.451	0.469	0.466	0.459	0.486	0.503	0.516
保定	0.150	0.156	0.181	0.241	0.260	0.263	0.275	0.305	0.310	0.309	0.372	0.397	0.349	0.433	0.442	0.495	0.518	0.521	0.532
张家口	0.150	0.172	0.181	0.205	0.236	0.254	0.247	0.267	0.310	0.335	0.394	0.412	0.441	0.451	0.458	0.434	0.450	0.460	0.474
承德	0.169	0.189	0.205	0.226	0.260	0.258	0.271	0.304	0.349	0.362	0.397	0.425	0.448	0.478	0.491	0.484	0.500	0.514	0.531
沧州	0.117	0.177	0.141	0.172	0.209	0.236	0.254	0.303	0.361	0.394	0.392	0.418	0.444	0.473	0.494	0.494	0.510	0.525	0.527
廊坊	0.103	0.145	0.143	0.200	0.215	0.241	0.255	0.300	0.321	0.373	0.383	0.410	0.430	0.445	0.464	0.489	0.527	0.526	0.550
衡水	0.097	0.137	0.170	0.164	0.189	0.234	0.256	0.268	0.330	0.371	0.367	0.394	0.415	0.450	0.464	0.445	0.457	0.492	0.513

年份

图 5-11 各城市社会调控能力总协调度变化

在调控协调度的变化强度上（图 5-12），京津冀城市群社会总协调度的变化强度比各子系统变化强度高，为 0.131。城市间的综合社会调控能力协调性变化强度较为平稳，得分在 0.12 ~ 0.14。除此之外，本节以所有城市综合得分的算数平均值求取了京津冀城市群整体的社会调控协调度随时间的变化趋势（图 5-13）。如图 5-13 所示，京津冀城市群整体的社会调控协调性在稳步增加，到 2013 年之后，增长趋势略有放缓，但是仍然具有增长潜力。从具体协调度类型上看，在 2004 年之前京津冀城市群的综合社会调控能力的协调性较差，之后逐步改善；到 2016 年之后处于基本协调的状态。

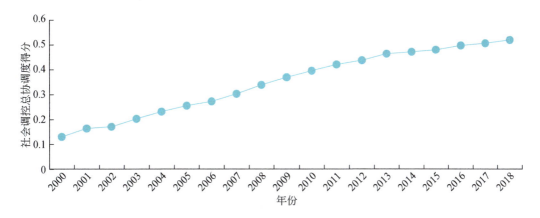

图 5-12 京津冀城市群社会调控总协调度变化

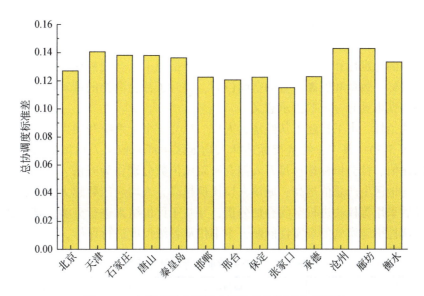

图 5-13 京津冀城市群社会调控总协调度变化强度

基于本节评价结果可以预测,随着京津冀协同一体化发展的不断深入,京津冀城市群整体,及其内部城市之间的社会调控能力仍有较大增长潜力,这与京津冀经济发展、人口结构优化、自然资源合理配置以及社会保障能力的逐步提升密不可分。

5.5 社会调控能力与生态安全

生态安全是保障社会健康发展,人民生活幸福的重要基础。在城市群尺度上,城市社会调控能力的发展与城市群生态安全格局构建相辅相成,具有密切联系,主要表现在以下两个方面。

1）提升城市调控能力是城市群生态安全格局成功构建的基础。

从广义角度，生态安全是一个涉及到多方面系统的综合概念（彭建等，2017c）。城市群生态安全不仅涉及到自然资源的安全，还包含了经济安全、人口保障和社会保障等方面，而这些方面正是形成城市和城市群社会调控能力的主要组成部分。随着城市群社会协调能力的逐步提高，意味着经济、人口、资源以及社会保障各子系统的综合发展水平也逐步提升，这是由经济结构优化、人口结构优化、资源合理配置以及社会保障投入提升得到的结果。以上社会和自然要素的优化对城市群生态安全格局的构建具有直接和正向的影响，因此，城市和城市群调控能力的提升是区域生态安全格局构建的基础要求。

2）城市群生态安全优化和保障城市群社会调控的实施。

区域生态安全格局构建的主要目的是提升城市人居环境质量、增强生态系统韧性、保障城市生态系统服务能力等（陈利顶等，2018）。社会调控是通过对各种资源的均衡运用，令社会稳定发展的过程（王沪宁，1990）。由此可见，有效的生态安全格局对维持或提升区域自然生态环境、人文生活环境以及工业生产环境具有促进和保障作用，从区域景观格局、生态功能和生态过程的角度保持了城市和城市群人文和自然复合生态系统的稳定性。这种生态系统的稳定性和生态安全格局的基本框架指导了社会调控在对各类资源进行配置时要达成的目标、数量和资源配置的空间位置，提升了社会调控的针对性，对提高各调控子系统的协调性也具有一定的指示意义。

通过筛选指标，本书构建了从经济、人口、社会三个子系统开展生态调控能力评价的指标体系（表5-2）。其中，经济指标选择人均地区生产总值、人口指标选择乡村人口与城镇人口的比值、社会指标选择每万人拥有医院床位数分别作为经济、人口、社会子系统的表征，人均地区生产总值越高、城镇人口比例越高、人均病床数越大，表明社会调控能力越强。最后采用等权法进行空间叠加分析，并基于评价结果进行分类。基于数据的可获取性、生态调控措施实施的现实性问题，本书仅从县级尺度进行评价。

表5-2 生态调控能力等级划分规则

等级	取值区间*	编码
弱调控	1~5	1
低调控	5~7	2
中调控	7~9	3
高调控	9~11	4
极高调控	>11	5

注：*表示共3个调控力因子，各调控力因子取值1~5，总风险评分取值为1~15。

结果显示，京津冀城市群地区生态调控能力空间异质性较大；高生态调控能力主要分布在北京市、天津市；河北省大部分地区生态调控能力多处于中等及以下（图5-14）。

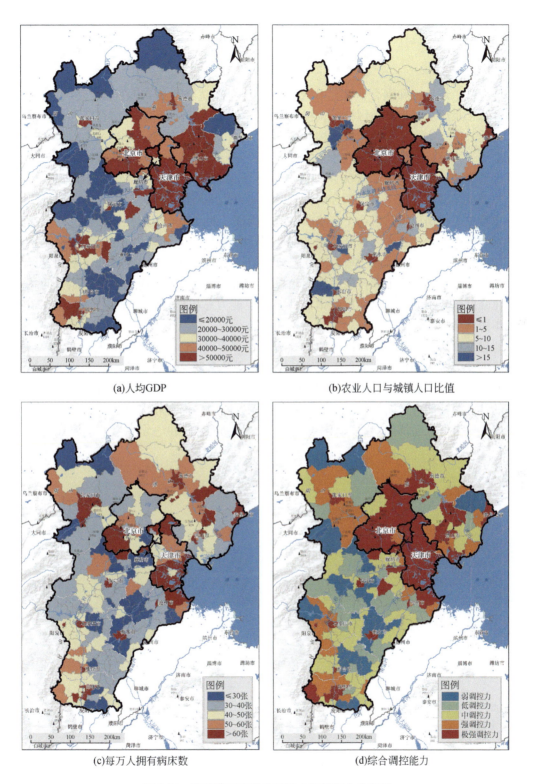

(a)人均GDP

(b)农业人口与城镇人口比值

(c)每万人拥有病床数

(d)综合调控能力

图 5-14　京津冀城市群地区社会调控能力分布图

5.6 小 结

本章基于熵值法和耦合协调度模型，考虑社会经济和自然资源的运行总量和运行效率，计算了京津冀城市群地区社会调控能力的变化趋势，评估了社会调控能力整体的协调性。具体来讲，本章从社会调控的核心要素出发，构建了以经济子系统、人口子系统、自然资源子系统及社会保障子系统为主的社会调控能力指标体系。使用熵值法求取了各子系统内部要素的权重，计算了2000～2018年子系统的社会调控能力综合发展趋势，再利用耦合协调度模型得到各子系统耦合的社会调控能力的协调性演变过程。

本章主要得出以下结果：①京津冀城市群内部，北京和天津的社会和自然要素变化趋势与其他城市差异性较大，部分要素呈现了明显向特大城市聚集的特点；②调控子系统内部，城市间调控能力发展趋势均为向好趋势，但子系统间调控能力的提升速率和发展趋势具有差异性；③各子系统调控能力的变化强度差异性较为显著，而社会调控能力的总协调度变化强度差异不大；④京津冀城市群社会调控能力总协调性稳步增长，截至2018年处于基本协调状态。

通过本章研究结果可以看出，2000年以来，京津冀城市群的经济、人口、资源以及社会保障的社会调控能力有不同程度的增长，而综合社会调控能力也从不协调逐步提升为基本协调，说明京津冀城市群的社会调控能力在逐步增强。从趋势和发展现状看，京津冀城市群的社会调控能力，尤其是单个城市的社会调控能力，仍有较大增长空间。本章研究结果可以为城市群社会调控规律以及区域生态安全格局构建提供一定参考。

第6章　京津冀城市群生态系统服务评价

生态系统服务评价有物质量评价和价值量评价两种定量化评价方法。其中价值量评价是基于专家知识或问卷调查的方式，对生态系统服务功能以定性与定量相结合的方式进行的评价。其优点是数据要求低，能够快速完成评价，并直接得到其经济价值，对于生态价值核算、生态补偿估算具有直接意义。但价值量评价法也具有无法忽视的不足，例如其主观性强，在进行多时期评价时其科学性与合理性欠缺，不具有可持续性，忽略了生态过程对生态系统服务的影响等，这与生态系统服务是生态安全格局分析的基础理论的认识相悖（赵景柱等，2000）。因此，目前大多数生态系统服务评价模型都是通过物质量评价法定量化评价生态系统服务功能强弱。当前系统性基于生态过程和机理的生态服务评估的框架模型主要有5种，分别为InVEST、ARIES、SolVES、SAORES、LUCI等，这5种框架模型各有优缺点。InVEST采用的是基于生态过程的定性与定量评价结合的方式，通过简化生态过程和参数进行多项生态系统服务评价，因其简便、快速，在大尺度研究中应用最为广泛。ARIES采用人工智能算法，通过对生态系统服务流的模拟，实现生态系统服务评价和多生态系统服务之间权衡与协同分析。SolVES是美国地质勘探局（USGS）研发的基于GIS平台的定量化开源评价模型，其特点是可以利用社会经济数据对一些难以量化的生态系统服务进行定量化评估（Sherrouse et al.，2011）。SAORES是生态学家傅伯杰与胡海棠在多年生态系统服务评价与权衡工作基础上研发的生态系统服务集成与优化模型（Hu et al.，2015）。LUCI也是基于生态过程的定量化评价模型，通过对基础信息的定量化评估可以识别出不同生态系统服务之间的权衡与协同关系，并可以在空间上显式表达（Bagstad et al.，2013）。研究内容上，生态系统服务评价已实现从供给估算到生态系统服务供需评价、生态系统服务供给与需求评价研究的转变；研究方法上，已实现从定性、静态研究描述到基于生态系统服务流的动态模拟研究、权衡与协同关系研究的转变（景永才等，2018）。

6.1　土壤保持服务

土壤侵蚀是指在水力、风力、冻融、重力等外营力作用下，土壤及其母质被破坏、分离、搬运和沉积的过程（徐乾清，2006）。土壤侵蚀分类一般根据外营力的种类划分，包括水力侵蚀、风力侵蚀、冻融侵蚀、重力侵蚀等。土壤在外营力作用下产生位移的物质量即为土壤侵蚀量，土壤侵蚀不仅容易导致土壤退化、降低土地生产力，严重影响农业生产和粮食安全。而且，随径流泥沙迁移的污染物质会对侵蚀区的"汇"的生态环境和社会经济造成较为严重的影响，导致侵蚀区下游地区水体富营养化、生境破坏、旱涝等自然灾害强度加剧。土壤侵蚀过程中由于泥沙的搬运会导致土壤中碳、氮、磷等元素的含量与组分发生变化，随着时间的累积会影响全球化学要素的正常循环，直至成为重要的全球气候变化驱动要素之一（Mukhopadhyay et al.，2021；史志华等，2018；Lal，2004）。

  土壤保持服务研究从开始阶段基于经验知识的探究，逐步发展到对侵蚀机理和过程的研究，根据其发展历程有三个阶段：第一阶段是侵蚀现象和模式的描述性分析及影响要素相关性研究的探索，在这一阶段初步辨识了侵蚀的关键要素，初步建立了关键影响要素与侵蚀的定量关系，如水蚀模型有 USLE 模型（Wischmeier et al.，1965）、RUSLE 模型（Renard，1997）；WEQ 土壤风蚀模型（Woodruff et al.，1965）、RWEQ 修正土壤风蚀模型（Fryrear et al.，2000）；第二阶段主要开始在坡地或小流域尺度分析土壤侵蚀过程，并构建土壤侵蚀的预报模型，该阶段主要是对侵蚀过程及其机理有了较深的认识，开发构建了不同尺度和适宜地质条件下的土壤侵蚀模型，如 EPIC（Williams，1990）、WEPP（Laflen et al.，1997）、SWAT（Arnold et al.，1998）模型等；第三阶段主要关注水保措施对土壤保持的作用，在土壤侵蚀过程与机理的基础上，系统研究了气象条件（如降雨、温度等）（肖胜生等，2011）、流域下垫面特征（如流域大小、土地利用/覆被、地形地貌等）（Peng et al.，2014）、水保措施（Chen et al.，2017；Feng et al.，2019）（如水平阶、鱼鳞坑、草方格等）和人类活动（如耕作、放牧等）等因子及因子间的相互作用对土壤侵蚀发生强度、土壤输移量、土壤侵蚀后的堆积过程研究（刘月等，2019；史志华等，2018）。

6.1.1　RUSLE 因子计算

  RUSLE 模型表达式可表示为

$$A = R \times K \times LS \times C \times P \tag{6-1}$$

式中，A 为年土壤侵蚀量，单位为 $t/(hm^2 \cdot a)$；R 是降雨侵蚀力因子，单位为 $(MJ \cdot mm)/(hm^2 \cdot h \cdot a)$，是降水后地表径流对土壤水力侵蚀指标；LS 为地形因子，量纲为 1，其中 L 代表坡长因子，S 代表坡度因子；K 是土壤可蚀性因子，单位为 $(t \cdot hm^2 \cdot h)/(hm^2 \cdot MJ \cdot mm)$；$C$ 是植被覆盖因子，一般用植被盖度表示，代表植被覆盖对土壤水力侵蚀的作用；P 因子为水土保持措施因子，指在特定水土保持措施的土壤流失量与标准参考试验地的土壤流失量的比值。

  RUSLE 模型在不同空间尺度具有较大应用（Xiong et al.，2019a，2019b）。海河流域的 RUSLE 模型模拟结果与基于站点数据 EI_{30} 值的相关关系，证明了 RUSLE 模型在海河流域的适用性（马志尊，1989），学者基于 RUSLE 模型估算了京津冀城市群地区土壤侵蚀和保持量（Peng et al.，2016；Zhang et al.，2017）。因此，RUSLE 模型可用于评价京津冀城市群地区土壤水力侵蚀量和土壤保持量。RUSLE 模型主要基于地形数据、气象监测站数据、NDVI 等对土壤侵蚀进行估算，详细数据列表如表 6-1 所示。

表 6-1　估算土壤侵蚀所需数据列表

数据名称	空间分辨率	时间分辨率	处理方式	来源
DEM	30m	—	拼接、裁剪	SRTM
坡度	30m	—	DEM 提取	SRTM
中国地面气候资料日值数据集 V3.0（2001~2016）	1km	月、年	ANUSPLIN 插值	中国气象数据网（http://data.cma.cn）
GLDAS Noah Land Surface Model L4 monthly （2017 - 2019）	0.25°×0.25°	月、年	裁剪、Kriging 插值	NASA（https://disc.gsfc.nasa.gov/datasets/GLDAS_NOAH025_M_2.1/summary? keywords=GLDAS）
NDVI	1km	年	拼接、裁剪、最大值合成	MODIS MOD13A3
土地覆被类型	500m	年	拼接、裁剪	MODIS MCD12Q1，LC_Prop2，FAO-Land Cover Classification System
土壤组分数据	1km	—	裁剪	ISRIC-HWSDV1.2

（1）降雨侵蚀力因子 R

本文采用 Wischmeier 等（1965）提出的由月降雨量计算降雨侵蚀力的经验公式和由 Renard（1994）提出的基于年降雨量的经验方程。其中 Wischmeier（1965）计算降雨侵蚀力公式为

$$R = 1.735 \times \sum_{1}^{12} 10^{(1.5\log\frac{p_i^2}{p}-0.8188)} \tag{6-2}$$

式中，p_i 为当年第 i 月降雨量，p 为年降雨量，当 $p_i = 0$ 时，设 $p_i = 0.1$（即最小值为 0.1，最大精度）。年降雨和月降雨数据由中国地面气候资料日值数据集利用 ANUSPLIN 算法插值得到。

Renard（1994）公式如下：

$$R = \begin{cases} 0.0483P^{1.61} & P \leq 850\text{mm} \\ 587.8-1.249P+0.004105P^2 & P > 850\text{mm} \end{cases} \tag{6-3}$$

式中，P 为年降雨量。

可以发现 Renard（1994）公式直接利用年降雨数据进行估算，经过对两种算法的比较，尽管两种经验公式的评估结果在空间分布上的趋势具有较高的一致性，但是其结果比 Wischmeie（1965）公式算法结果高出一个数量级。经过与已有的实验样地的实验结果对比发现（马志尊，1989），采用 Wischmeie 公式计算的 R 值且与已发表成果在京津冀采用 EI_{30} 结果一致，且该公式得到的 R 值与 EI_{30} 得到的 R 值相关系数 $r=0.887$。因此本书采用 Wischmeier（1965）公式，基于月降雨和年降雨数据估算降雨侵蚀力 R，并计算了京津冀城市群地区 2001~2019 年 R 平均值，如图 6-1 所示。

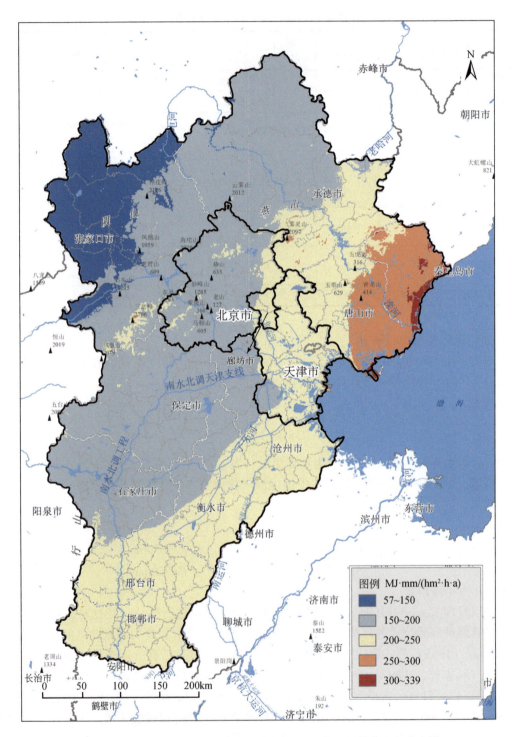

图 6-1　京津冀城市群地区土壤侵蚀 2001～2019 年 R 平均值空间分布图

（2）土壤可蚀性因子 K

土壤可蚀性因子 K 值估算采用土壤侵蚀和生产力影响估算模型（Erosion-Productivity Impact Calculator，EPIC）中基于土壤粒径组分含量与土壤有机碳含量的土壤可蚀性因子估算方法（Sharpley et al.，1990；Williams，1990）：

$$K=k_{cs}\times k_{clay}\times f_{om}\times k_{hss} \tag{6-4}$$

$$k_{cs}=0.2+0.3\times \exp\left[-0.256\times S_d\times\left(1-\frac{S_i}{100}\right)\right] \tag{6-5}$$

$$k_{clay}=\left(\frac{S_i}{S_i+C_l}\right)^{0.3} \tag{6-6}$$

$$f_{om}=1-\frac{0.25\times C}{C+\exp(3.72-2.95\times C)} \tag{6-7}$$

$$k_{hss}=1-\frac{0.7\times\left(1-\frac{S_d}{100}\right)}{\left(1-\frac{S_d}{100}\right)+e^{-5.51+22.9\times(1-\frac{S_d}{100})}} \tag{6-8}$$

式中，k_{cs} 为粗糙沙土质地土壤侵蚀因子；k_{clay} 为黏壤土土壤侵蚀因子；f_{om} 为土壤有机质因子；k_{hss} 为高沙质土壤侵蚀因子；S_d 为砂粒含量，单位为%；S_i 为粉粒含量，单位为%；C_l 为黏粒含量，单位为%；C 为有机质含量，单位为%。

（3）坡长因子 L

坡长因子是土壤侵蚀模型中重要的参数，坡长因子在 DEM 基础上生成。基于数据可靠性和计算可行性，本书利用 30m 分辨率的 DEM 数据通过计算水流累积数量估算坡长因子（孔亚平等，2008；肖武等，2017；符素华等，2015；刘宝元等，2001；Zhang et al.，2017；Liu et al.，2002），其计算公式如下：

$$L=(\gamma/22.3)^m \tag{6-9}$$

$$\gamma=\text{flowacc}\times\text{cellsize} \tag{6-10}$$

$$m=\frac{\beta}{1+\beta} \tag{6-11}$$

$$\beta=\left(\frac{\sin\theta}{0.0896}\right)/[3.0\times(\sin\theta)^{0.8}+0.56] \tag{6-12}$$

式中，γ 为坡面在水平方向的投影长度，表示为地面上一点沿水流反方向到径流起点的距离在水平方向上的投影长度；flowacc 是上坡来水流入像元的总像元数，其最小值为设为 1；cellsize 为像元空间分辨率；m 为坡长因子指数；β 为细沟侵蚀量与细沟侵蚀间侵蚀量的比值；θ 为坡度，单位为（°）。本书假设坡长的上限值为 150m，表征坡长在 150m 内才会发生细沟侵蚀，即 γ 最大值取 150m，即 5 个像元大小（陈燕红等，2007）。需要特别注意的是 ArcMap 栅格计算器中 sin 函数的输入值为弧度，如果输入数据为角度值（°），需要转为弧度（rad）后计算。

坡长因子的详细计算步骤如下：

1）在 ArcMap 中导入 DEM 数据，并按照与流域划分相同的顺序进行填注、流向、流量处理，利用 SpatialAnalystTools-Hydrology-Fill、FlowDirection、FlowAccumulation 工具，得到流量累积栅格 flowacc；

2）获取栅格像元大小 cellsize；

3）使用 SpatialAnalystTools-MapAlgebra-RasterCalculator 工具计算流量累积栅格 flowacc×cellsize，得到坡面的水平投影长度 γ；

4）使用 3DAnalystTools-RasterSurface-Slope 工具得到坡度数据，然后在 RasterCalculator 中按照公式计算得到 β，并求得 m；

5）按照公式计算得到坡长因子 L。

（4）坡度因子 S

对于坡度因子 S，则利用刘宝元提出坡度因子的方法（Liu et al., 2002; Schmidt et al., 2019），S 是根据坡度的起伏强度分类计算，其公式为

$$S=\begin{cases}10.8\sin\theta+0.03, & \theta\leqslant5° \\ 16.8\sin\theta-0.5, & 5°<\theta<10° \\ 21.97\sin\theta-0.96, & \theta\geqslant10°\end{cases} \tag{6-13}$$

式中，θ 为坡度，单位为（°）。同坡长因子一样，需要特别注意的是 ArcMap 栅格计算器中 sin 函数的输入值为弧度，如果输入数据为角度值（°），需要转为弧度后计算（rad）。

（5）植被覆盖度与管理因子 C

植被覆盖度与管理因子 C 是指其他土壤侵蚀影响因子不变，植被盖度或植被管理措施下的土壤流失量与标准小区土壤流失量之比。C 是对植被覆盖和管理对降低土壤水力侵蚀的反映，植被覆盖和土地利用类型决定其值的大小。基于蔡崇法等（2000）提出的经验方程，计算 C 值：

$$C=\begin{cases}1, & f\leqslant0.1 \\ 0.6508-0.3436\times\log f, & 0.1<f<78.3 \\ 0, & f\geqslant78.3\end{cases} \tag{6-14}$$

$$f=\frac{\text{NDVI}-\text{NDVI}_{soil}}{\text{NDVI}_{veg}-\text{NDVI}_{soil}}\times100\% \tag{6-15}$$

式中，C 表示植被覆盖与管理因子；f 表示植被覆盖度大小，单位为%，取月均值；NDVI 表示像元的植被指数；NDVI_{soil} 和 NDVI_{veg} 分别为像元植被指数的最小值和最大值，即像元在完全裸露和完全被植被覆盖时的植被指数，取值分别按各类土壤类型对应的 NDVI 最小值概率分布的 5% 下侧分位数和各类植被类型对应的 NDVI 最大值概率分布的 95% 下侧分位数对应的 NDVI 值。

（6）土壤保持措施因子 P

土壤保持措施因子 P 是指其土壤水力侵蚀因子相同时，对土壤实行间种、坡耕地改造、梯田、鱼鳞坑等土壤保持措施后的土壤流失量与标准研究小区土壤流失量的比值。P 因子的取值范围为 0～1，当 $P=0$ 时表示不会发生土壤水力侵蚀，当 $P=1$ 时表示由于未施行土壤保持措施。本书参考以往研究结果（许月卿等，2006）并结合当地土地利用及农事活动情况确定 P 值，将 P 因子取值与土地利用类型相对应，其值如表 6-2 所示。

表 6-2 京津冀城市群地区不同土地利用类型 P 值

土地利用类型	林地	草地	耕地	水域	人工地表	其他
P 取值	1	1	0.3	0	0	0

6.1.2 京津冀城市群地区水力侵蚀时空演变特征

基于 RUSLE 模式修正土壤侵蚀模型，本书评估了 2001～2019 年逐年的土壤水蚀量。如表 6-3 和图 6-2 所示，我们列举了 2005 年、2010 年、2015 年、2019 年四期的水蚀量空间分布图，并根据 0～20，20～50，50～100，100～200，>200 为阈值（单位为 t/km²），将水蚀程度分为 5 个等级，分别为微度侵蚀、轻度侵蚀、中度侵蚀、高度侵蚀、重度侵蚀。从时间尺度上，京津冀城市群地区整体上水蚀发生的空间范围一直在减小、发生强度也一直在减弱，其中以张家口市、邢台市、邯郸市及承德市的水蚀量减少趋势最为明显。从空间尺度上土壤水蚀量呈现出以西部山区林地为主、北部草原、林地次之的现象，其中以河北省西部及北部山区以太行山脉—阴山山脉的水蚀程度最为严重。根据水蚀量时间序列分布图也可以发现，尽管整体的水蚀程度和水蚀量在减弱和变小，但是局部地区的水蚀量也在增加，其中以唐山市和秦皇岛市交界处最为明显，不仅水蚀范围在扩张，水蚀等级也呈现出增大的趋势。整体上不同水蚀等级的斑块呈现出非常明显的破碎化趋势，表面上看，京津冀城市群地区的生态保护措施起到了固土保土的作用，且效果十分明显，尤其是北京北部山区土壤侵蚀量减小幅度最为显著。尽管在 2010 年，水蚀发生的面积和等级有增加的趋势，但变化幅度非常小。2005～2019 年，水蚀所处的重度等级变化最大，侵蚀量减少了约 0.9 万 km²，比例下降占到京津冀城市群地区总面积的 4%，中度、高度侵蚀等级的面积及侵蚀量比例变化较小，微度侵蚀的面积增加了约 1 万 km²，对应比例增加了 4.5%，表明京津冀城市群地区水土保持措施的效果显著，土壤侵蚀量和面积都在减少。

表 6-3 京津冀城市群地区 2005～2019 年水蚀量不同等级面积及比例变化

水蚀量 /(t/km²)	面积/km²				比例/%			
	2005 年	2010 年	2015 年	2019 年	2005 年	2010 年	2015 年	2019 年
0～20	155781	153064	163543	165349	71.7	70.5	75.3	76.2
20～50	12557	14557	12188	13266	5.8	6.7	5.6	6.1
50～100	9614	10437	9450	8931	4.4	4.8	4.4	4.1
100～200	9903	10323	9353	8845	4.6	4.8	4.3	4.1
>200	29267	28740	22587	20730	13.5	13.2	10.4	9.5

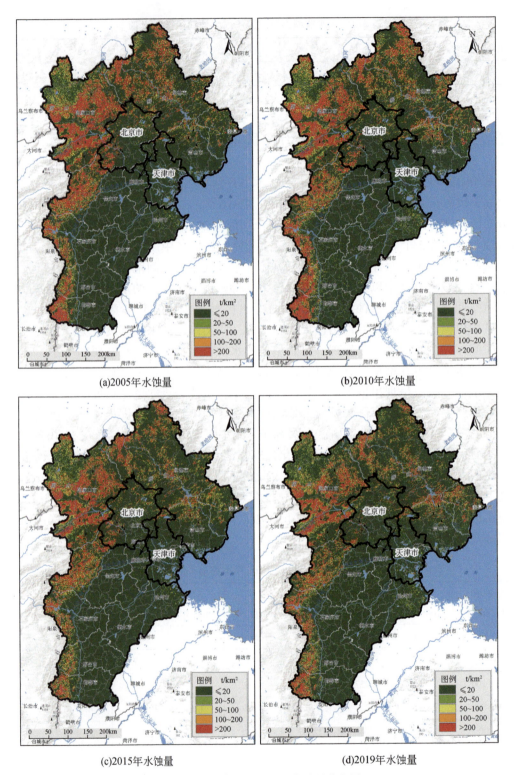

(a)2005年水蚀量   (b)2010年水蚀量

(c)2015年水蚀量   (d)2019年水蚀量

图 6-2   京津冀城市群地区水蚀量分布图

为明确和辨析京津冀城市群地区水蚀变化的基本现状和特征，本书计算了 2001～2019 年的年均水蚀量与 2019 年水蚀量与年均水蚀量的差值。如图 6-3 所示，京津冀城市群地区年均水蚀量与各年水蚀量在空间上的分布相一致，主要分布在西部和北部山区，其中以西部的侵蚀量最大，北部侵蚀斑块破碎化程度较高。2019 年京津冀城市群地区水蚀量距平结果表明，山区大部分地区水蚀量减少量超过了 50t/km²，说明近几年的水土保持措施效果较好。不过需要特别注意的是在承德市、秦皇岛市、唐山市有部分地区的水蚀量有增加的趋势，而且在西部与北部山区靠近人口聚居区的地方也了零星出现水蚀量增加的斑块，表明近几年人类活动对自然生态环境的干扰强度在增加，须予以重视。

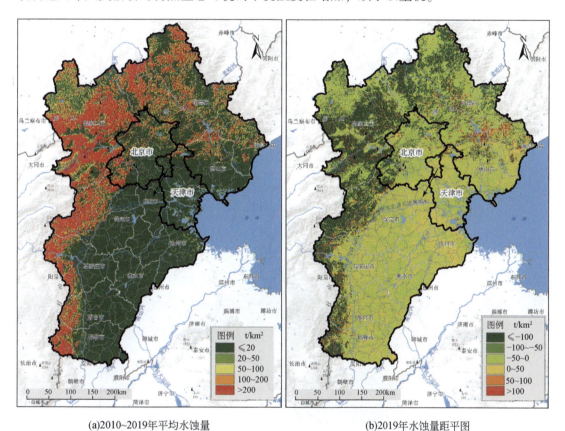

(a)2010~2019年平均水蚀量 （b)2019年水蚀量距平图

图 6-3　京津冀城市群地区水蚀量现状与多年平均图

6.1.3　京津冀城市群地区土壤保持量演变特征

根据 RUSLE 模型评估框架原理，土壤保持量是潜在土壤水蚀量与实际土壤侵蚀量的差值，其中潜在土壤侵蚀量主要是排除了植被因子后的模拟量。水蚀土壤保持量即在无植被因子下的潜在土壤水蚀量与有植被因子下的实际土壤水蚀量的差值，其计算公式如下：

$$A_c = R \cdot K \cdot L \cdot S \cdot (1 - C \cdot P) \tag{6-16}$$

式中，A_c 为土壤水蚀保持量，A 为实际土壤水蚀量，R 为降雨侵蚀力因子，L 为坡长因子，S 为坡度因子，K 为土壤可蚀性因子，C 为植被覆盖因子，P 是水土保持措施因子。

本书计算了 2001～2019 年土壤水蚀保持量，并采用叠加分析的方法计算了近 20 年京津冀城市群地区土壤水力侵蚀的年均水蚀量，如图 6-4 所示，计算结果表明年均土壤水蚀保持量在 0～20，20～50，50～100，100～500，500～1000，>1000（单位为 t/km^2）的面积比例分别为 47.7%、9.4%、4.9%、19.5%、11.2%、7.3%；土壤水蚀保持量的高值区主要分布在太行山—燕山山脉丘陵区，其次为坝上高原区，并以北京市北部和西部的年均土壤保持量最高。

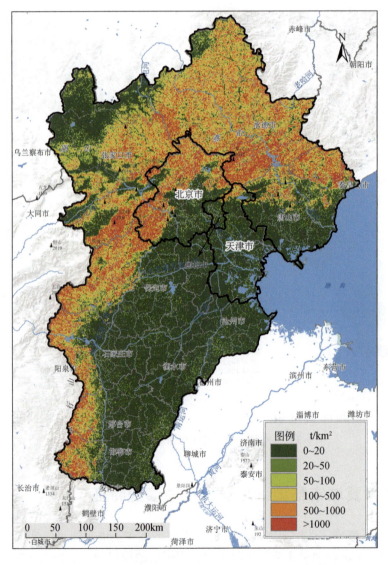

图 6-4　京津冀城市群地区 2001～2019 年平均水蚀保持量

6.2 防风固沙服务

6.2.1 RWEQ 模型中各因子计算

RWEQ 模型以牛顿第一定律为前提，评价一定时间周期内土壤表面和距地面 2m 高之间的风力侵蚀和输送泥沙的经验过程模型。风力侵蚀的产生与气象因子、土壤可蚀性、土壤结皮、土壤粗糙度、植被覆盖、土壤湿度以及人类水土保持措施等有关（表 6-4）。该模型假设风力是造成风力侵蚀的主要原因，当风力大于地面阻力时，不稳定的土壤颗粒发生迁移，进而形成风力侵蚀。随着下风向距离的增加，风力迁移量将逐渐达到最大转运容量。其原理如图 6-5 所示（Fryrcar et al., 2001）。

表 6-4 估算土壤风蚀所需数据列表

数据名称	空间分辨率	时间分辨率	处理方式	来源
DEM	30m	—	拼接、裁剪	SRTM
坡度	30m	—	DEM 提取	SRTM
气象数据	站点实测	日	转入数据库、模型计算、插值	National Climatic Data Center
潜在蒸散发 PET	1km	月		The Centrefor Environmental Data Analysis（CEDA）
NDVI	1km	年	拼接、裁剪、最大值合成	MODIS MOD13A3
土地覆被类型	500m	年	拼接、裁剪	MODISMCD12Q1，LC_Prop2，FAO-Land Cover Classification System
土壤组分数据	1km	—	裁剪	ISRIC-HWSDV1.2

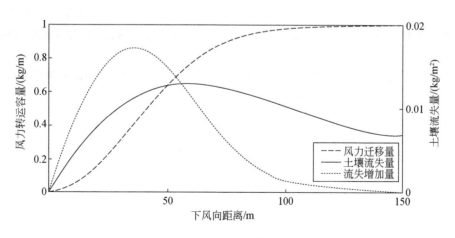

图 6-5 风力侵蚀原理图
资料来源：RWEQ 帮助文档

根据已有研究结果（Fryrcar et al.，2001；Visser et al.，2005；巩国丽等，2014；Youssef et al.，2012），本书选择以半月 15d 为研究周期，则单周期内模拟降雨次数为 540 次。

（1）气象因子 WF

气象因子主要基于气象站点监测数据计算，然后根据站点结果使用普通克里金算法（默认参数）插值得到，其计算方法如下：

$$WF = Wf \times SW \times SD \tag{6-17}$$

式中，WF 为气象因子；Wf 为风场强度因子；SW 为土壤湿度因子；SD 为积雪盖度因子，各因子的计算方法如下：

$$W = \sum_{i=1}^{N} U_2(U_2 - U_t)^2 \tag{6-18}$$

$$Wf = \frac{W \times N_d \rho}{N \times g} \tag{6-19}$$

$$\rho = 348.0\left(\frac{1.013 - 0.1183EL + 0.0048EL^2}{T}\right) \tag{6-20}$$

$$SW = \frac{ET_p - (R+I)\dfrac{R_d}{N_d}}{ET_p} \tag{6-21}$$

$$SD = 1 - P \tag{6-22}$$

式中，W 为风蚀力，单位为（m/s）^{3}；U_2 为 2m 处风速，单位为（m/s）；U_t 为临界起沙风速，假定为 5m/s；N 为风速的观测次数；N_d 为试验的天数，单位为 d；ρ 为空气密度，单位为（kg/m^3），由海拔 EL，单位为 km，和绝对温度 T 计算得到；g 为重力加速度，单位为（m/s^2）；气象因子（WF）包括风场强度因子（Wf）、土壤湿度因子（SW）以及积雪盖度因子值（SD）。R 为降雨量，单位为 mm；I 为灌溉量，单位为 mm，由于灌溉数据缺失，故将 I 设为 0；R_d 为降雨天数和（或）灌溉天数；N_d 为测定风速的时间段，一般为 15d（半月）；P 为研究周期内积雪覆盖深度大于 25.4mm（1 英寸）的概率。其中 ET_p 用 PET 代替。PET 是各气象站点的月平均的潜在蒸发量数据，数据来源于 CRUTS4.04 数据集。

其中风场强度 Wf 采用余弦函数降风速尺度的方法，通过模拟 15d 不少于 500 个风速数据，用来计算气象因子，其计算公式如下：

$$W_n = W + \frac{1}{2}W_{max} \cdot \cos\left(\frac{n \cdot \pi}{12}\right) \tag{6-23}$$

式中，W_n 是观测周期内第 n 次的模拟风速；W 是日均风速；W_{max} 是日最大风速；为了满足风速数据，个数不少于 500 个，本书 $n = 36$，即每天模拟 36 个风速值，每 40 分钟一个风速值，则一个风蚀周期内（15 天）即模拟了 540 个风速值。当缺少 W_{max} 数据时，设 $W_{max} = 2W$。

由于气象监测站点数据提供的为 10m 处风速，需要经过模型转换得到 2m 处风速，RWEQ 操作手册（Fryrcar et al.，2001）提供了转换方法：

$$U_2 = U_1 \left(\frac{Z_2}{Z_{10}} \right)^{\frac{1}{7}} \quad (6-24)$$

式中，U_1 为 10m 处风速，U_2 为待求 2m 处风速，Z_{10} 和 Z_2 分别为 10、2，表示所对应的高度。

模型假设只有潜在蒸散发量大于降雨量时才会发生侵蚀，当降雨量大于潜在蒸散发量时，土壤由于湿度黏性原因将不会产生风蚀，湿度因子 SW 计算公式为

$$SW = \frac{PET - R_m}{PET} \quad (6-25)$$

式中，PET 为气象站点潜在蒸散发量，R_m 为月降雨总量。

模型假设当积雪厚度超过 24.5mm（1 英寸）时，将不会产生风蚀，积雪盖度因子 SD 计算公式为

$$SD = \frac{N_s}{N_d} \quad (6-26)$$

式中，SD 为积雪盖度因子，即土地被雪覆盖的概率，N_s 为降雪大于 24.5mm（1 英寸）的天数，N_d 为研究周期所含天数。

（2）土壤可蚀性因子 EF

土壤可蚀性表征了土壤组分对风力侵蚀的阻碍难易程度，其计算公式如下：

$$EF = \frac{29.09 + 0.31Sa + 0.17Si + 0.33 \frac{Sa}{Cl} - 2.59OM - 0.95CaCO_3}{100} \quad (6-27)$$

式中，Sa 表示土壤砂粒含量，单位为%；Si 表示土壤粉砂含量，单位为%；Cl 表示土壤黏粒含量，单位为%；OM 表示土壤有机质含量，单位为%；$CaCO_3$ 表示土壤碳酸钙含量，单位为%；当 EF<0 时，EF 取值为 0。

（3）土壤结皮因子 SCF

土壤结皮是由于土壤细微颗粒遇水结团，形成一层薄土壤结皮，进而形成阻碍土壤风蚀的作用力。其机理是由于土壤颗粒物中黏土、粉砂与有机质颗粒的胶结作用，在土壤表面生成一层物理、化学和生物性状均较特殊的土壤微层。其计算公式如下：

$$SCF = \frac{1}{1 + 0.0066(Cl)^2 + 0.021(OM)^2} \quad (6-28)$$

式中，Cl 为土壤黏粒含量，单位为%，OM 为土壤有机质含量，单位为%。

（4）土壤粗糙度因子

土壤粗糙度因子包括土垄粗糙度因子和由风向引起的随机粗糙度因子构成。当风向与土垄平行时，土壤粗糙度仅包括随机粗糙度因子（Allmaras et al., 1966; Zobeck and Onstad, 1987）；当风向与土垄不平行时，土壤粗糙度是指土垄粗糙度和随机粗糙度的共同粗糙度。在田间尺度其计算公式如下：

$$K' = e^{1.86K_r - 2.14K_r^{0.934}} - 0.124C_{rr} \quad (6-29)$$

式中，K_r 表示耕地土垄的粗糙度，C_{rr} 为随机粗糙度。在大尺度流域或研究区计算时，土垄的粗糙度可忽略，而地表随机粗糙度一般采用将地形粗糙度表征（Habib, 2021; 李玉

茹等，2019）。所以 K 的计算表达式如下：

$$K = e^{-0.124C_{rr}}$$

地表粗糙度有多种算法，本书采用其计算原理（图6-6）及公式如下：

a	b	c
d	e	f
g	h	i

图 6-6　地表粗糙度计算示意图

$$\overline{H} = \frac{a+b+\cdots+i}{m^2} \tag{6-30}$$

$$\sum_{k=1}^{m^2} (H_k - \overline{H}^2) = (a - \overline{H})^2 + (b - \overline{H})^2 + \cdots + (i - \overline{H})^2 \tag{6-31}$$

$$K' = \sqrt{\frac{1}{m^2 - 1} \sum_{k=1}^{m^2} (H_k - \overline{H})^2} \tag{6-32}$$

式中，$\overline{H}$ 为滑动窗口的平均海拔高度，H_k 为待求中心像元的海拔高度的方差，m 为滑动窗口的像元数量（本书以 3×3 个像元窗口进行计算），K' 为地表粗糙度。

（5）综合植被因子

综合植被因子用来确定生长植被、枯萎植被（农作物的倒伏残茬）以及植被（主要为农作物）的直立残茬对土壤风蚀的影响（巩国丽，2014）。根据 RWEQ 模型手册中样方实验中，综合植被因子考虑了生长作物冠层的土壤流失比率、枯萎植被的土壤流失比率、直立残茬的土壤流失比率的乘积。由于枯萎植被及植被残茬在大尺度研究中无法表达，因此本研究忽略枯萎植被及植被残茬对土壤风蚀的影响，仅考虑生长植被对土壤风蚀的影响，其计算公式如下：

$$COG = e^{-5.614 \times CC^{0.7366}} \tag{6-33}$$

$$CC = \frac{NDVI - NDVI_{min}}{NDVI_{max} - NDVI_{min}} \tag{6-34}$$

式中，CC 是地表植被覆盖度（0~1）；COG 为生长作物冠层的土壤流失比率，此处用以表征综合植被因子。NDVI 指整体植被绿度，$NDVI_{min}$ 指最小植被绿度，$NDVI_{max}$ 指植被绿度最大值。

6.2.2 京津冀城市群地区风力侵蚀时空演变特征

基于 RWEQ 修正土壤风蚀模型，本书评估了 2001～2019 年逐年的土壤风蚀量。京津冀城市群地区 2005～2019 年风蚀量不同等级面积及比例变化如表 6-5 所示。本书列举了 2005 年、2010 年、2015 年、2019 年四期的风蚀量，并根据 0～20, 20～50, 50～100, 100～200, >200 为阈值，将风蚀程度分为 5 个等级，分别为微度侵蚀、轻度侵蚀、中度侵蚀、高度侵蚀、重度侵蚀。从时间尺度上，京津冀城市群地区整体上风蚀发生的空间范围一直在减小、发生强度也一直在减弱，但是，从不同风蚀量等级上，发现京津冀城市群地区风蚀量在 2005～2010 年有增加的趋势，风蚀量在轻度侵蚀、中度侵蚀、高度侵蚀、重度侵蚀的面积比例分别增加了 3%、1.5%、1%、2.8%。在 2015 年和 2019 年风蚀量减少得非常明显，风蚀量在轻度侵蚀、中度侵蚀、高度侵蚀、重度侵蚀的面积比例比 2010 年分别减少了 4%、2.5%、2.4%、6.4%，其中在 2010～2015 年风蚀量和风蚀等级程度减少最为显著，风蚀量轻度侵蚀、中度侵蚀、高度侵蚀、重度侵蚀的面积比例比 2010 年分别减少了 2.9%、2.4%、1.9%、5.7%，即 2010～2015 年的在各风蚀等级的风蚀减少量占 2010～2019 年风蚀量的 72.5%、96%、79.2%、89.1%。研究结果表明，自 2002 年开始的京津风沙源治理工程、退耕还林还草工程的防风固沙效果显著，其中以北京周边地区的风蚀显著减弱。

表 6-5 京津冀城市群地区 2005～2019 年风蚀量不同等级面积及比例变化

风蚀量 /(t/km²)	面积/km²				比例/%			
	2005 年	2010 年	2015 年	2019 年	2005 年	2010 年	2015 年	2019 年
0～20	181811	163912	192036	197351	83.8	75.6	88.5	90.9
20～50	11462	17998	11718	9416	5.3	8.3	5.4	4.3
50～100	7655	10947	5601	5351	3.5	5.0	2.6	2.5
100～200	6379	8496	4291	3243	2.9	3.9	2.0	1.5
>200	9654	15523	3363	1667	4.4	7.2	1.5	0.8

为明确和辨析京津冀城市群地区风蚀变化的基本现状和特征，本书计算了 2001～2019 年的年均风蚀量与 2019 年风蚀量与年均风蚀量的差值。如图 6-7 所示，近 20 年来京津冀城市群地区各年风蚀发生区域的空间分布基本保持不变，但是风蚀发生强度有着较为显著的变化；风蚀的沙源地主要分布在太行山脉一带，以河北省张家口市的怀安县、阳原县以及河北省保定市阜平县的风蚀情况最为严重。随着 "京津风沙源治理工程" 退耕还林还草工程" "脱贫攻坚" 等的实施，风沙治理效果显著，2019 年风沙源地的风沙减少量超过了 50t/km²。结果表明，2019 年风蚀量距平显示河北省邯郸市、秦皇岛市及承德市北部有部分区域风蚀量较年均风蚀量增加，说明 2019 年的模拟风蚀量在这些区域并不显著，表明该区域的风蚀量为最近几年才出现，但是风蚀量非常小（<20t/km²）。

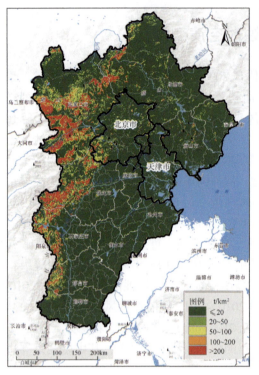
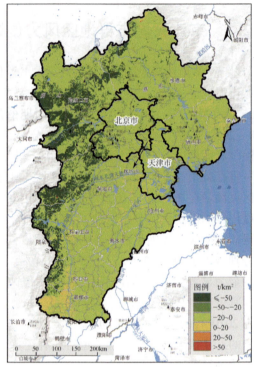

(a)2001~2019年平均风蚀量   (b)2019年风蚀量距平图

图 6-7   京津冀城市群地区土壤风蚀量现状与多年平均图

因为京津冀城市群地区的主要土壤侵蚀方式为水力侵蚀和风力侵蚀，因此土壤侵蚀量是土壤水力侵蚀量与风力侵蚀量的总和。第一次全国水利普查成果显示，京津冀城市群地区土壤总侵蚀面积达到50534km²，约占京津冀城市群地区总面积的24%。京津冀城市群地区土壤侵蚀主要有水力侵蚀和风力侵蚀两种形式，其中以水力侵蚀为主，风力侵蚀规模较小。其中风力侵蚀主要分布在太行山—燕山山脉周边地区，面积约为45573km²；而风力侵蚀发生面积为4961km²，约占水力侵蚀面积的10.9%，主要分布在河北省坝上高原地区。

京津冀城市群地区西北与广袤的内蒙古高原相连，其东部浑善达克沙漠化较为严重，导致在春季季风开始时，该地区干旱、干燥、多风，再加上京津冀地处我国第二、三级地形阶梯交界处，风沙穿过坝上高原、阴山—燕山脉后，直接就是华北平原，由于地形地貌、气候等因素的影响，导致京津冀城市群地区同时面临着水力侵蚀和风力侵蚀。基于RUSLE模型和RWEQ模型通过对2001~2019年的水蚀量与风蚀量模拟结果，表明在空间上土壤侵蚀量和强度都在减小，以北京市周边区域、保定市阜平县和涞源县的减少量最为显著。总侵蚀量在较高侵蚀等级上整体在减少和减弱，与单独评估单水蚀和风蚀一样，在2010年的总侵蚀量和等级比2005年的严重，但是2015年、2019年的总侵蚀情况好转，侵蚀强度和侵蚀面积都在减小。与2015年相比，2019年总侵蚀量在50~100、100~200、>200的面积比例分别减少了0.2%、0.7%、5.9%，总侵蚀量在≤20、20~50的面积比例增加了6%和0.8%，表明强侵蚀转为了弱侵蚀（表6-6）。

表 6-6 京津冀城市群地区 2005~2019 年总侵蚀量不同等级面积及比例变化

总侵蚀量/(t/km²)	面积/km²				比例/%			
	2005 年	2010 年	2015 年	2019 年	2005 年	2010 年	2015 年	2019 年
0~20	143248	130017	152792	156257	66.1	60.0	70.5	72.1
20~50	14694	20058	15402	16370	6.8	9.3	7.1	7.6
50~100	11561	13971	11296	11084	5.3	6.4	5.2	5.1
100~200	11866	13248	11287	10294	5.5	6.1	5.2	4.8
>200	35238	39312	25830	22602	16.3	18.1	11.9	10.4

为探究京津冀地区年均总侵蚀量状况、现状及水蚀与风蚀的对比情况,本书计算了京津冀城市群地区 2005 年、2010 年、2015 年和 2019 年的总侵蚀量(图 6-8),以及 2001~2019 年年均总侵蚀量、2019 年总侵蚀量距平、年均水蚀量与风蚀量的比值(图 6-9)。结果表明:京津冀城市群地区总侵蚀量以沿太行山脉地区为主,侵蚀面积和强度都较大,以张家口市怀安县最为严重;京津冀城市群地区的土壤流失量以水力侵蚀为主、风力侵蚀为辅,在燕山山脉、邯郸市西北部及太行山南麓的水力侵蚀远超过风力侵蚀;水力侵蚀与风力侵蚀的发生强度与位置在空间上具有很高的一致性,都发生在西部和北部山区,沿太行山—阴山—燕山山脉分布,并以太行山脉周边区域的土

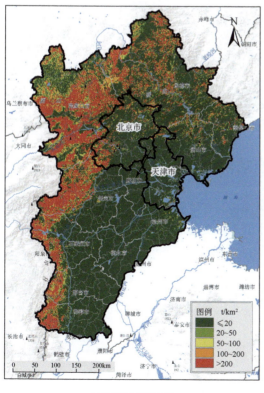

(a)2005年总侵蚀量

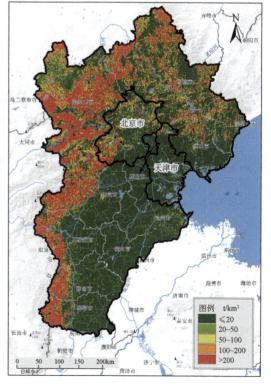

(b)2010年总侵蚀量

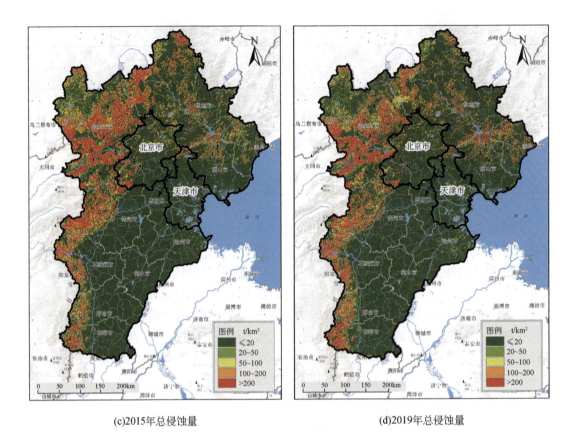

(c)2015年总侵蚀量   (d)2019年总侵蚀量

图 6-8 京津冀城市群地区土壤总侵蚀量分布图

壤侵蚀量、强度最大；2019 年总侵蚀量距平发现京津冀城市群地区东部区域近几年的总侵蚀量在增加，具体位于承德市、秦皇岛市、唐山市的交界区域。

6.2.3 京津冀城市群地区防风固沙功能演变特征

防风固沙量即在无植被因子下的潜在土壤风蚀量与有植被因子下的实际土壤风蚀量的差值，实际土壤侵蚀量 S 已在上文中详细叙述，本节不再赘述，潜在风蚀量其计算公式如下：

$$S'_L = \frac{2Z}{S'^2} Q'_{max} \cdot e^{-(\frac{Z}{S'})^2} \tag{6-35}$$

$$Q'_{max} = 109.8\,(\text{WF} \times \text{EF} \times \text{SCF} \times K') \tag{6-36}$$

$$S' = 150.71\,(\text{WF} \times \text{EF} \times \text{SCF} \times K')^{-0.3711} \tag{6-37}$$

式中，Z 为参数。

则土壤风蚀保持量计算公式如下：

$$R = S'_L - S_L \tag{6-38}$$

式中，R 为土壤风蚀保持量，S'_L 为土壤潜在风蚀量，S_L 为实际土壤风蚀量。

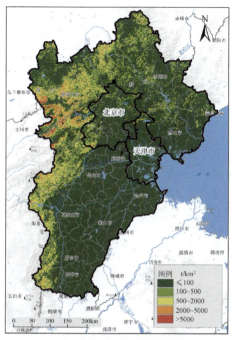

(a)2001~2019年平均土壤侵蚀量

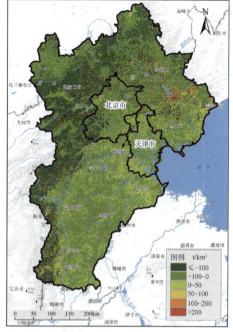

(b)2019年总侵蚀量距平分布图

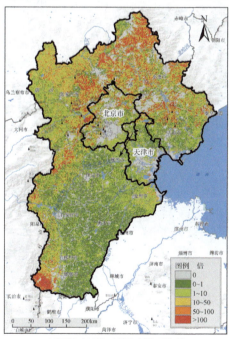

(c)2001~2019年水蚀与风蚀平均量

图6-9 京津冀城市群地区土壤总侵蚀量现状与多年平均图

本书计算了 2001～2019 年土壤风蚀保持量，并采用叠加分析的方法计算了近 20 年京津冀城市群地区土壤风力侵蚀的年均风蚀量，如图 6-10 所示，计算结果表明年均土壤水

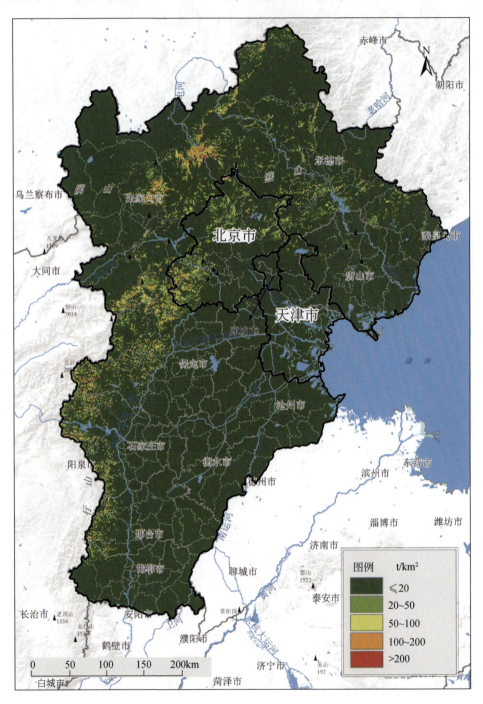

图 6-10　京津冀城市群地区 2001～2019 年平均防风固沙量

蚀保持量在 0~20，20~50，50~100，100~200，>200（单位为 t/km²）的面积比例分别为 91.8%、5%、2.1%、1%、0.2%；土壤风蚀保持量的高值区主要分布在坝上高原区，其次为太行山丘陵区；风蚀保持量整体少于水蚀保持量。

6.3 水源涵养服务

水源涵养功能是指降水被植被的冠层、枯落物层和地下土壤层等拦截、吸收和积蓄，从而使降水充分积蓄和重新分配的能力（龚诗涵等，2017）。"水源涵养生态服务功能"的概念来源于森林生态系统，主要研究森林生态系统拦蓄降水、调节径流、净化水质等功能，后来不断将水源涵养功能研究扩展到全土地利用类型上，并多在应用在大尺度研究中（吴丹等，2016）。随着联合国千年生态系统服务评估（MEA）成果的发布，水源涵养生态服务功能的生态学作用更加突出（吕一河等，2015）。水是生命之源，作为生态系统生物地球化学循环的重要驱动力和载体，水安全格局是区域生态安全格局的重要组成部分。随着全球化背景下生态安全问题的日益严峻，面对水资源分布不均、部分地区水资源严重匮乏等诸多问题，生态安全格局成为各国政府和研究者的关切热点。

国内外学者针对水安全的研究主要从水资源、水环境、水生态等方面进行，如水资源安全评价指标体系的构建（贾绍凤等，2002；李仰斌和畅明琦，2009；代稳等，2012）、水环境质量评价（彭建等，2016）、水生态（王淑云等，2009）。水源涵养生态服务功能作为陆地生态系统的重要生态功能，受气候、气象、土壤理化性质、植被覆盖类型、地形地貌特征等诸多因素的影响，基于遥感影像，可研究其长时间动态变化，反映水安全格局的时空演变特征（Daneshi et al.，2021）。目前多基于水循环原理，采用水量平衡法、土壤蓄水估算法、径流系数法等评价方法评价水源涵养功能（姜文来，2003；张帅普等，2017）。其中水量平衡是指空间中任一流域、地区或样点在一定时段内，收入的水量与支出的水量之差等于该区域内的蓄水变量，表征的是区域总的水量关系。水量平衡法可反映实际水源涵养值，由于其所需数据量较小、操作性强、适用于大尺度研究等优点，被广泛应用。

6.3.1 净水源涵养量评价模型

净水源涵养量是指特定空间中产水量与服务人口虚拟用水量和粮食生产水足迹的差值。通过耦合水资源供给与需求，评估京津冀城市群地区水源涵养服务时空演变特征。因此，净水涵养量可表示为

$$V(x) = WY(x) - WC_p(x) - WC_g(x) \tag{6-39}$$

式中，$V(x)$ 为像元 x 的净水源涵养量，单位为 mm；$WY(x)$ 为像元 x 的产水量，单位为 mm；$WC_p(x)$ 为像元 x 的人口虚拟用水量，单位为 mm；$WC_g(x)$ 为像元 x 的粮食产量水足迹，单位为 mm。其中产水量可通过水量平衡方程得到，服务人口虚拟用水量可以通过人均水足迹与人口密度的乘积得到，粮食生产水足迹由粮食总产量、单位粮食生产水

足迹、农业用地面积得到。

本书主要使用 InVEST 产水量模块进行水源涵养量估算，该模块基于水量平衡原理（Budyko 水热耦合平衡理论），结合气候、降雨、蒸散发、地形、土壤理化性质、土地利用/覆被类型等数据，利用降水量减去实际蒸散量计算得出每一栅格上的水源涵养量，InVESTWaterYield 详细计算公式如下：

$$Y(x) = \left[1 - \frac{AET(x)}{P(x)}\right] \times P(x) \tag{6-40}$$

$$\frac{AET(x)}{P(x)} = 1 + \frac{PET(x)}{P(x)} - \left[1 + \left(\frac{PET(x)}{P(x)}\right)^{\omega}\right]^{\frac{1}{\omega}} \tag{6-41}$$

$$\omega(x) = Z\frac{AWC(x)}{P(x)} + 1.25 \tag{6-42}$$

$$AWC(x) = Min(Rest.\ layer.\ depth, root.\ depth) \cdot PAWC \tag{6-43}$$

$$PAWC = 54.509 - 0.132S_d - 0.003\ S_d^2 - 0.055S_i - 0.006\ S_i^2 - 0.738\ C_l$$
$$+ 0.007\ C_l^2 - 2.688C + 0.501\ C^2 \tag{6-44}$$

式中，$Y(x)$ 表示像元 x 的年产水量，单位为 mm；$AET(x)$ 表示像元 x 的年实际蒸散量，单位为 mm；$P(x)$ 表示栅格单元 x 的年降水量，单位为 mm；$PET(x)$ 为像元 x 的年潜在蒸散发量，单位为 mm；$AWC(x)$ 为栅格单元 x 的植物可利用含水量，单位为 mm；Rest. layer. depth 指根系限制层深度，由于物理或化学特性而抑制根系渗透的土壤深度。root. depth 指植被根系的生根深度，通常由某一植被类型 95% 的根系生物量发生的深度表征。PAWC 植物有效用水能力，无单位；ω 为气候土壤的参数，其量纲为 1；Z 为季节性因子，表征季节性降雨特征的常数，本书取 3.3；S_d 为砂粒含量，单位为 %；S_i 为粉粒含量，单位为 %；C_l 为黏粒含量，单位为 %；C 为有机质含量，单位为 %。本书利用 MODIS 潜在蒸散发数据，所以未单独计算 PET。水源涵养服务所需数据集见表 6-7。

表 6-7　水源涵养服务所需数据集

数据名称	空间分辨率	处理方式	来源
降水量/mm	1km	ANUSPLIN 插值	中国地面气候资料日值数据集 V3.0
土壤有效含水量 PAWC/%	1km	裁剪	ISRIC-HWSDV1.2
参考蒸散量 ETp/(mm/d)	500m	拼接、裁剪	MODISMOD16A3GF
土壤的根系最大埋藏深度/mm	1km	裁剪	ISRIC-HWSDV1.2
土地利用	500m	拼接、裁剪	MODISMCD12Q1，PlantFunctional Types
根系深度	500m	—	FAO 推荐数值，参考文献
流域	1km	拼接、裁剪	SRTM

注：植物根系深度通常指特定植物类型的根生物量为 90% 的土层深度，而非土壤的最大根系埋藏深度。

6.3.2 京津冀城市群地区产水量时空演变特征

本书基于水量平衡方程估算了京津冀城市群地区2001~2019年产水量，由于水量平衡方程仅考虑降水量及水量的蒸散发，结果表明：京津冀城市群地区山区的产水量少于平原地区；年降雨量年际变化差异是导致产水量的空间异质性的主要原因；从时间尺度上可以发现秦皇岛市、唐山市产水量有减小的趋势，坝上高原则有增加的趋势；空间上具有明显的分界，以太行山—燕山山脉为界。

由于水量平衡方程仅考虑降水量与蒸散发量，未考虑径流和用水量，且产水量受降雨量的直接影响，使用年均产水量更能说明京津冀城市群地区的产水量状况。通过计算2001~2019年京津冀城市群地区的年均产水量，结果表明：平原区的产水量大于山区的产水量；秦皇岛市与唐山市由于受季风影响，降雨量较大，所以产水量显著高于其他区域；整体上纬度越低、越靠近沿海区域产水量越大；自东北到西南，产水量等级整体呈阶梯状带状分布。

6.3.3 京津冀城市群地区需水量时空演变特征

(1) 人口水足迹
人口水足迹计算公式为

$$WC_p(x) = \frac{WF(x) \times P(x)}{1000} \tag{6-45}$$

式中，$WF(x)$为像元x的人口水足迹，单位为$m^3/人$；$P(x)$为人口密度，单位为人$/km^2$。

人口水足迹是指一定空间范围内的人口在一定时间内所消费的所有产品和服务所需要的水资源数量（Hoekstra and Chapagain, 2006），包括生活用水、农业用水、生态用水和工业用水，其中有直接用水，还有以产品和服务为人类提供的虚拟水（程先等，2018）。其中人均水足迹是通过统计数据分析计算得到，计算方法如下：

$$WF = DU + \sum_1^n P_i \times VWP_i + ENV \tag{6-46}$$

式中，WF区域内人均水足迹，单位为$m^3/人$；DU为生活用水量，单位为m^3；P_i为第i种产品的消费量，单位为kg；VWP_i为第i种产品的单位虚拟水量，单位为m^3；ENV是生态环境用水量，单位为m^3。

农产品及肉蛋奶虚拟水为单位质量农作物或的肉蛋奶虚拟水量与实际产量的比值，单位虚拟水量及主要用水定额主要参照《中国主要农作物需水量等值线图研究》的研究成果和研究区内已有的研究文献（Chapagain and Hoekstra, 2003；程先等，2018），数据主要来源为《北京统计年鉴》《天津统计年鉴》《河北经济年鉴》《主要行业用水定额》《河北省用水定额》等标准（表6-8）。

表 6-8　京津冀城市群地区主要农业虚拟水含量、生态和生活用水定额

项目		北京	天津	河北
农产品/ （m³/kg）	小麦	1.23	1.25	1.38
	水稻	1.4	1.19	1.56
	水果	0.58	0.48	0.68
	蔬菜	0.38	0.35	0.56
肉蛋奶/ （m³/kg）	猪肉	3.6		
	牛羊肉	19.98		
	鸡鸭肉	3.5		
	禽蛋	9.65		
	奶类	2.2		
	水产品	5.1		
生活用水定额/ L/（人·d）	城镇居民	130	120	110
	农村居民	80	78	60
生态用水定额 L/（m²·a）	环境卫生	500	370	370
	城镇绿化	300	410	410

人口密度数据来源于 WorldPop（https：//www.worldpop.org/methods/popula-tions）数据库，英国南安普敦大学的 WorldPop 研究小组基于云计算得到的 2000～2020 年的连续人口数据集，空间分辨率为 1km×1km，在部分地区提供 100m×100m 空间分辨率数据，其连续性好、精度较高，且已被很多研究采用（Tatem，2017）。

（2）粮食生产水足迹

粮食生产水足迹为

$$\mathrm{WF_c} = G \times \mathrm{wf} \qquad (6\text{-}47)$$

式中，G 为单位面积粮食产量，单位为 kg/km²；wf 为单位粮食生产水足迹，单位为 m³/kg。其中，根据已有研究（操信春等，2014；孙世坤等，2016），本书 wf 设为 0.738m³/kg。

产水量减去用水量即为净水涵养量，本书估算了 2001～2019 年京津冀城市群地区净水涵养量，此处仅展示 2005 年、2010 年、2015 年、2019 年净水源涵养量（表 6-9）。结果表明：2005～2010 年京津冀城市群地区净水源涵养量有增加的趋势，2010～2019 年净水源涵养量有减少的趋势；以坝上高原、承德市与秦皇岛市山区净水源涵养量的较少最为明显；2015～2019 产水量在">100"级别上由 50.1% 减少到了 8.9%，而净水涵养量为负的级别"−300～0"上由 22% 增加到了 42.5%，结合产水量分布图，说明近几年京津冀城市群地区不但产水量在减少，用水量却在增加。

表 6-9　京津冀城市群地区 2005～2019 年净水源涵养量变化

净水源涵养量/mm	面积/km²				比例/%			
	2005 年	2010 年	2015 年	2019 年	2005 年	2010 年	2015 年	2019 年
≤ -300	6308	7570	8064	9290	4.0%	4.7%	5.1%	8.7%
-300～0	40454	33260	35014	45312	25.4%	20.9%	22.0%	42.5%
0～20	8288	6832	9288	13012	5.2%	4.3%	5.8%	12.2%
20～50	11212	9858	11850	7980	7.0%	6.2%	7.4%	7.5%
50～100	15658	13902	15270	21406	9.8%	8.7%	9.6%	20.1%
>100	77576	87979	79865	9500	48.6%	55.2%	50.1%	8.9%

6.3.4　京津冀城市群地区净水源涵养量时空演变特征

为方便识别京津冀城市群地区自 2001 年以来的净水源涵养量分区，本书计算了 2001～2019 年的逐年年均净水源涵养量，结果表明：京津冀城市群地区净水源涵养量的高值区以坝上高原区、沿太行山—燕山山脉区域为主；受降雨量影响，沧州市及衡水市部分区域的净水源涵养量为正，说明该区域尽管在内陆区，但是产水量大于需水量；平原区及人口聚居区净水源涵养量为负，其中平原区需水量主要为农业用水，城镇地区的用水量主要为人口虚拟水；净水源涵养量高值区的斑块破碎化较为严重。

6.4　生物多样性保护

生物多样性是指生物及其环境形成的生态复合体以及与此相关的各种生态过程的综合（蒋志刚和马克平，2014）。生物多样性是人类赖以生存的物质基础，对于维护生态平衡、保护区域环境具有重要的作用（Myers et al.，2000）。由于人类活动导致生物多样性的减少，影响生态系统功能和生态系统服务作用正常表达，进而引起多物种丧失、生态系统服务效率低下、生态系统服务功能退化或丧失。

生物多样性主要体现在三个概念层次上：生态系统多样性、物种多样性和基因多样性（马克平，1993），针对大尺度研究主要在前两种层次上进行评估。生物多样性评估的流程，首先进行指标筛选，构建适合的评价指标体系，常用的主要方法有频数法、专家经验法以及层次分析法（傅伯杰等，2017）；其次，选用适宜的定量化评价方法，常用的方法主要有指标评估、模型模拟和情景分析，例如 InVEST 模型中的生境质量评估（Terrado et al.，2016）、基于景观指数模型评价生态景观的适宜性（Schindler et al.，2008；Uuemaa et al.，2009）、基于物种数量的评估（Pimm et al.，2014），其中基于物种数量的评价方法具体有基于观测数据的统计分析、Meta 分析、众包数据等监测、评估和预测预警等手段。

其评估的主要目的是通过采用，通过分析人类活动背景下环境变化对生物多样性产生的影响，明确和辨别生物多样性的现状和未来变化趋势，为制定生物多样性保护政策提供科学可靠的决策辅助信息（于丹丹等，2017）。生物样性功能重要性的评价方法主要可分为两种：一种是以保护物种为核心的保护区路径，另一种是以维护和提高生境连通性为核心的景观格局规划路径。前者根据要保护的物种生态学习性来设计景观格局和规划保护面积，主要有 MAXENT 模型和 GAP 模型。其中 MAXENT 模型基于物种出现监测信息和环境要素信息识别出特定物种的适宜性生境（刘振生等，2013）；GAP 模型通过寻找到生物多样性热点地区和生物多样性保护的空白区。以生境连通性为核心的景观格局路径则是通过将景观格局指数与 NDVI、土地利用相结合评估景观破碎化影响的生物多样性功能。

生物多样性研究的热点问题主要有：生物多样性数据库的构建（Robertson et al.，2014；Beck et al.，2013；Zhu and Ma，2020）、生境连通性构建方法（单楠等，2019）、生物多样性监测手段（Buxton et al.，2018；Noss，1990）、生物多样性在生态系统中的价值评估（Barlow et al.，2007）等。

6.4.1　京津冀城市群地区生境质量评价

由于生物多样性数据获取渠道非常少、耗时长、监测范围有限，因此本书主要采用两种方式评估京津冀城市群地区生物多样性重要性。一是基于 InVEST 模型的生物多样性评价模块分析京津冀城市群地区的生境质量格局时空演变；二是基于全球生物多样性信息服务网络平台（GBIF）[①] 和 BioONE[②] 大数据平台提供的物种监测数据，利用地统计方法分析京津冀城市群地区物种多样性。

（1）数据来源及处理

InVEST 模型关于生物多样性评估，从生境质量和生境稀缺两方面评估景观和植被类型的生境范围及退化情况，本书仅考虑生境质量。因为具有时间连续性的人类活动数据（每年路网数据、高精度土地利用分类数据）获取较困难，所以本书仅考虑 2005 年、2010年、2015 年的生境质量变化。InVEST 生境质量模块基本评价需要四类数据：土地利用栅格图、生境胁迫因子栅格图、生境胁迫因子影响模式表、地类对于生境威胁因子的敏感性表（表6-10）。由 Biodiversity 模型得到生境质量指数和生境退化指数结果；通过物种多样性分析评价研究单元上物种丰度、生态用地承载物种的承载能力。

（2）京津冀城市群地区生境质量空间特征

InVEST 模型生境质量评价的原理是通过评价区域内人类活动对生境的干扰，导致生境质量遭到破坏的角度评价区域生物多样性维持功能，该模型采用生境质量指数表示，计算公式为

---

① https：//www.gbif.org/zh/occurrence/search

② http：//map.especies.cn/map

$$Q_{xj} = H_j \left[1 - \left(\frac{D_{xj}^{2.5}}{D_{xj}^{2.5} + k} \right) \right] \tag{6-48}$$

式中，Q_{xj} 为生境质量；H_j 为生境适宜性，$D_{xj}^{2.5}$ 为生境胁迫水平，k 为半饱和常数。胁迫程度分为线性和指数型两种模式。

表 6-10   生境质量评价数据集

评价指标	数据名称	空间分辨率	来源
生境质量	土地利用栅格图	30m	Landsat5–8 及 GLC_ FCS30 产品
	生境胁迫因子栅格图	30m	道路类型胁迫：铁路、高速路、国道；居住用地：农村、城市产业类型：耕地、工矿用地
	生境胁迫因子影响模式表	—	提取了各年份土地利用图
	敏感性表	—	InVEST 推荐及相关研究结果
植被	NDVI	1km	MODISMOD13A3 合成
物种数量	物种监测记录	—	GBIF（全球生物多样性信息网络）
		—	BioONE（中国生物多样性与生态安全大数据平台）

鉴于生境质量评价中的生境胁迫因子数据不易获取，故本书仅评价 2005 年、2010 年、2015 年京津冀城市群地区的生境质量状况，并将生境质量指数按照 0~0.2、0.2~0.4、0.4~0.6、0.6~0.8、0.8~1 划分为 5 个等级，生境质量指数越大生境质量越好。生境质量评价结果表明：整体上京津冀城市群地区生境质量变动幅度非常小，生境质量高值区主要分布在太行山—燕山丘陵区；从时间维度分析，生境质量高值区斑块破碎化程度有加剧的趋势（图 6-11）。

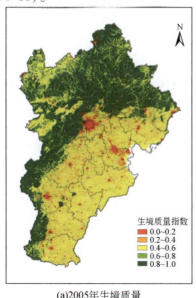

(a)2005年生境质量

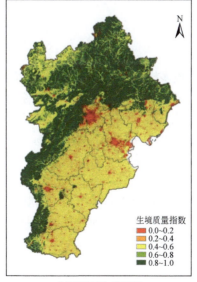

(b)2010年生境质量

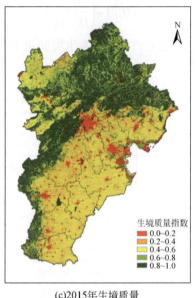

(c)2015年生境质量

图 6-11   京津冀城市群地区生境质量空间分布图

6.4.2   京津冀城市群地区物种多样性

通过获取 GBIF 与 BioONE 数据库中京津冀城市群地区物种观测记录，通过整理发现京津冀城市群地区动植物被观测到的数据最多，细菌、藻类次之，其他生物类别数据量较少。采用生境多样性指数 S 表征物种多样性，该指数为辛普森指数（Simpson index）的变体

$$S = 1 - \sum_{i=1}^{D} \left(\frac{N_i}{N} \right)^2 \tag{6-49}$$

式中，S 为生境多样性指数，N_i 为纲 i 在特定研究区内（公里格网或行政区划）的物种数量，N 为整个研究区的物种数量，D 为纲（生物学分类）数量。

基于观测大数据，本书分别在像元尺度、区县尺度识别了物种数的空间分布情况；由于鸟类物种数是生物多样性指示性指标，本书在区县尺度上评估了鸟类物种数的分布情况。如图所示，结果表明：物种观测数据的空间分布异质性非常强，发达地区的观测记录远远多于不发达地区，其中又以环北京地区的物种观测数据最多；山区物种观测记录多，物种数也多，即沿太行山—燕山山脉周边区县的物种数量较多，平原区、坝上高原的物种相对较少；可以发现林地、草地、湖泊、海洋等生境的物种数量明显多于其他用地类型；鸟类主要分布在湿地周边区县，表明湿地公园的建设对增加鸟类物种多样性的作用显著。

6.4.3　京津冀城市群地区生物多样评价

基于物种数据、生境质量、植被数据构建了归一化生物多样性指数 NDBI，其计算公式为

$$NDBI = \frac{BI_i - \min(BI)}{\overline{BI} - \min(BI)} \tag{6-50}$$

$$BI_i = NDVI_i + S_i + Q_i \tag{6-51}$$

$$S_i = \frac{\min(\overline{x}, x_i) - \min(x)}{\overline{x} - \min(x)} \tag{6-52}$$

式中，NDBI 为归一化生物多样性指数，BI_i 为像元 i 的生物多样性指数，$\overline{BI}$ 为研究区内生物多样性指数均值，$\min$（BI）为研究区内生物多样性指数的最小值，Q_i 为生境质量指数，$NDVI_i$ 为归一化植被指数，S_i 为物种多样性指数。其中，物种多样性指数是基于 GBIF 数据在区县尺度进行估算，由于 GBIF 与 BioONE 平台数据不够翔实，数据会有缺失，因此基于平均值归一化计算物种多样性指数。

结果表明太行山—燕山山脉一带区县的生物多样性指数最高，坝上高原生物多样性次之；华北平原区，仅存有两个较好的生物多样性高值区，分别为衡水湖、白洋淀地区；滨海湿地、太行山—燕山山脉生物多样性保护区缺少关键的生态节点。

6.5　游憩服务

游憩文化服务是生态系统服务的重要组成部分，其科学合理的评价，对于生态系统服务评估和生态安全格局构建具有重要作用。游憩服务作为文化服务的重要组成部分，其客流量指标反映了生态服务对大众的吸引力。绿色基础设施作为文化服务的载体，不仅给动物迁徙提供了栖息地、生境廊道，促进了生物多样性，更给人类提供了休憩休闲的场所，舒缓身心、提高生活满意度、促进社会和谐。

目前，生态系统服务评价存在两种评价类型，第一种是基于单位服务功能价格的方法，即基于生态系统服务功能量的多少和功能量的单位价格得到总价值（刘玉龙等，2005）。第二种是基于单位面积价值当量因子法，即基于土地利用类型面积的评估方法（谢高地等，2015）。游憩服务的评价也都是基于以上两大类，其中使用成本距离法是使用最多的评价方法，包括缓冲区距离分析（Apparicio et al.，2008）、两步移动搜索算法（2SFCA）（Kanuganti et al.，2016）、引力模型（Luo and Wang，2003）等。关于游憩服务价值估算中，目前货币化价值评价一直处于主导地位。通常做法是通过问卷调查获取旅游景区的居民基本情况、目的地选择、功能侧重和支付意愿等信息。但是这种方法主观性太强，且与调研对象的认知直接影响估算结果，适用于研究范围较小、人流量较大的区域，在大尺度研究中会耗费大量的时间成本和金钱成本。由于评估方法的缺陷，导致研究范围小、价值主观性较强、管理对象不明确等，对于决策部门的价值较小，为城市建设和规

划、基础设施、人流量管控等提供支撑作用有限（Sun et al.，2019a）。

6.5.1 游憩服务可达性评价

游憩服务可达性评价是通过估算游憩服务设施的可达性和人口服务效率来评价其供需关系。游憩服务设施主要是指公园、风景名胜区等人工和自然景区。基于高德地图路径导航算法，分别将居民点、游憩服务设施作为出发点和终止点，使用大数据方法分析、处理得到不同交通出行方式下居民点到达最近游憩服务设施的距离、时间、金钱成本，从不同的可达性维度评价游憩服务设施的可达性；并通过计算游憩服务设施的潜在服务人口总量与其最大空间承载量的比值评价游憩服务设施的服务效率，研究游憩服务设施是否能满足服务范围内人口的需求。服务效率评价模型基于 LBS（location-based service），使得评价结果更加准确和易于应用。

游憩服务可达性评价的详细步骤如下（图6-12）。

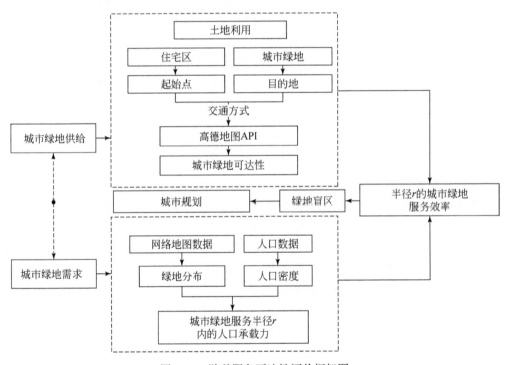

图 6-12 游憩服务可达性评价框架图

1）数据获取。从高德地图开发平台获取京津冀城市群地区游憩服务设施点状空间位置、面状轮廓数据。

2）生成最小服务范围。基于泰森多边形原理，利用面状轮廓数据生成各游憩服务设施最小服务范围，不采用点数据是因为点状数据生成的服务范围图与实际误差太大（图6-13）。

3）生成潜在出发点和终止点。将服务范围与土地利用类型进行叠加，提取服务范围内的城镇用地，按照一定的间隔生成潜在出发点，并将游憩服务设施的空间坐标作为终止点。

4）计算路程、时间、金钱成本。基于高德地图路径规划算法，计算不同交通出行方式下各出发点到达对应的终止点的成本。

5）重复以上步骤，直到完成所有潜在出发点的计算，并生成 shapefile 文件，以便进一步分析。

(a)基于面数据   (b)基于点数据   (c)潜在居民点识别

图 6-13　游憩服务场所最小服务范围识别示意图

6.5.2　京津冀城市群地区游憩服务不同出行方式可达性

本书基于高德地图 API 提供的路径规划接口，首先基于 POI 大数据划分出游憩服务实施的最小服务范围；然后通过导航大数据和 GIS 结合，评估各服务小区内居民区到达最近游憩服务场所的距离、时间、金钱成本。其中大数据主要体现在使用大规模的地图导航数据，获取交通距离、时间和金钱成本等。通过批量获取居民点→目的地的导航规划路径，分析不同交通方式下游憩服务设施的可达性，分析当前人口分布格局下游憩服务设施的供需关系。使用的主要数据包括土地利用图、游憩服务设施的点状和面状数据、人口密度图及 GDP 空间分布图，详情如表 6-11 所示。

表 6-11　京津冀城市群地区可达性评估数据集

数据名称	数据类型	来源
土地利用图	栅格，30m	Landsat8
游憩服务设施	Point	高德地图 POI
	Polygon	高德地图 AOI
人口密度	栅格，1km	WorldPop 数据集
GDP	矢量，县级	统计年鉴数据

本书从距离成本、时间成本、打车费用成本 3 个维度评价了京津冀城市群地区的可达性，并按照如下的分级将可达性分为 5 个级别（表 6-12）。

表 6-12 京津冀城市群地区可达性评价分级表

评价指标 单位	距离/m	时间耗费/min	出租车费用/元
极高可达性	<1000	<10	<6
高可达性	1000 ~ 2000	10 ~ 30	615
中可达性	2000 ~ 3000	30 ~ 60	1530
低可达性	3000 ~ 5000	60 ~ 90	3050
极低可达性	≥5000	≥90	≥50

（1）步行可达性

本书通过步行距离成本、步行耗时成本评价了京津冀城市群地区步行可达性，结果表明：京津冀城市群地区各城市的可达性异质性非常大，且部分城市内部的差异也非常大；北京市、天津市、石家庄市、保定市步行可达性具有明显的辐射状分布，游憩服务设施较为集中，越远离市区游憩服务设施越少，居民到达游憩服务设施的成本在增加；衡水市、邯郸市、张家口市等具有星状不规律分布，说明其游憩服务设施分布较为零散；从识别分区效果看，步行距离>步行耗时；针对步行方式，采用距离指标空间评价效果更好。

（2）公共交通可达性

本书通过公交距离成本、公交耗时、出租车费用三个维度评价了京津冀城市群地区公共交通可达性，结果表明：京津冀城市群地区公共交通可达性整体较好，时间基本在30min 以内；公交时间可达性较差的地区主要分布在张家口市怀安县、蔚县，北京市大兴区，石家庄市定州市，邯郸市涉县；各城市间公共交通距离可达性空间异质性较大；张家口市怀安县，衡水市故城县、武强县的距离游憩服务设施较远，打车费用较高；公共交通距离成本与时间成本不是线性关系，公共交通站点设置会显著影响游憩服务的可达性；从可达性分区效果看，公交距离>公交耗时>出租车费用可达性；由于时间耗时是居民更加关注的指标，如果采用距离指标会造成误差；出租车费用指标不能很好的进行可达性分区。

（3）自驾车可达性

本书通过驾车距离成本、驾车耗时、路程中红绿灯数量三个维度评价了京津冀城市群地区开车可达性，结果表明：尽管驾车距离成本异质性较大，但是驾车耗时差异很小，基本都在 30min 以内；驾车距离与耗时不具有明显的线性关系，采用距离成本和耗时成本得到的评价结果会有一定的差异；由于居民更关注时间可达性，驾车距离指标的识别效果在1km×1km 尺度不够理想。

为方便的比较出行行政区划单元之间的不同和差别，本书采用区县尺度的聚合方式，从步行距离、公交耗时、驾车耗时三个维度评价各区县的可达性。结果表明：采用不同的评价指标，可达性评价结果并不一致；从步行距离可达性评价结果看，北京市西城区、东城区，天津市和平区、河西区，保定市安新县，张家口市赤城县、下花园区，承德市平泉市等步行距离可达性最好；公交耗时评价结果与步行距离的评价结果的空间分布大致相同，主要表现在京津冀西部山区、东南部与山东省交界处、北部山区的可达性较差，张家口市怀安县、保定市涞源县的可达性最差；开车距离可达性评价结果显示张家口市怀安县的可达性最差，其他区县的可达性都在 30 分钟以内。

6.5.3　京津冀城市群地区游憩服务综合可达性

步行距离、公交耗时、驾车耗时是居民出行时最为关注的三个方面，因此选择这三种出行模式的数据综合评价游憩服务综合可达性，游憩服务综合可达性指数计算方法为

$$GAI'_i = WD_i + BT_i + DT_i \tag{6-53}$$

$$GAI_i = \frac{GAI'_i - \min(GAI')}{\max(GAI') - \min(GAI')} \tag{6-54}$$

式中，GAI_i 为归一化综合可达性指数，GAI'_i 为综合可达性指数，WD_i 为归一化步行距离，BT_i 为归一化公交耗时，DT_i 为归一化驾车耗时。因为可达性不是线性，分类方法选用几何间隔分类法。

结果显示，京津冀城市群地区游憩服务供给存在非常大的不均衡性，北京及华北平原区综合可达性最高，西部大部分地区、衡水市东部、秦皇岛东北区域综合可达性最差，京津冀北部高原区可达性较差（图 6-14）。

6.5.4　京津冀城市群地区游憩服务效率分析

游憩服务效率是指游憩服务设施最大空间承载量与可达半径内的潜在服务人口总量的比值。游憩服务效率计算公式如下：

$$GEI_r = \begin{cases} \theta \dfrac{A \cdot P_r}{a \cdot P^2}, & p \neq 0 \\ 0, & p = 0 \end{cases} \tag{6-55}$$

式中，GEI_r 为在可达半径 r 时游憩服务设施的服务效率，θ 为同一时间内对游憩服务需求人口占总人口数的比例，a 为游憩服务设施的占地面积，a 最小人均占用游憩服务设施面积，P_r 为可达半径 r 内的人口数量，P 为最小服务范围内的人口总量。

当 r 为最大服务半径时，服务效率即为最大服务效率，根据《景区最大承载量核定导则》（LB/T034—2014），本书设置 $a=5$，$\theta=1$，则最大游憩服务效率 GEI_{max} 的表达式为

$$GEI_{max} = \frac{A}{5 \cdot P} \tag{6-56}$$

本书设置服务效率阈值 0.01、0.05、0.1、1、10、100，并依此分为 7 个类别，值越大表明游憩服务供给越大，大于 1 时供给小于需求，小于 1 时供给大于需求。例如当 $GEI_{max}=0.01$ 时，说明游憩服务设施需求远远大于供给，在最小服务范围内的游憩服务设

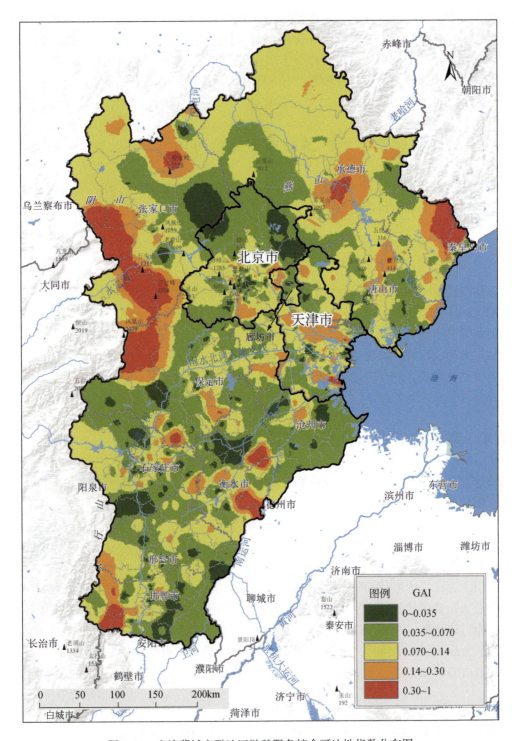

图 6-14　京津冀城市群地区游憩服务综合可达性指数分布图

施只能同时满足 1% 的人口游憩服务需求；当 $GEI_{max}=100$ 时，说明游憩服务设施供给大于需求，可以同时满足 100 倍当前人口的需求。

京津冀城市群地区游憩服务设施的服务效率的空间异质性非常大，在坝上高原、太行山—燕山一带，由于人口数量较少、游憩资源丰富，游憩服务供给大于需求，整体服务效率较高；而华北平原区服务效率较低，游憩供给小于需求，导致游憩服务设施的压力非常大。一方面京津冀部分地区游憩资源较丰富，有承接更多的旅游人口的潜力，如坝上高原等地区，但也面临实际旅游人口较少的窘境；另一方面华北平原人口聚居区，游憩资源无法满足人口的需求，且由于游憩资源孤立、之间的连通性较差，无法达到资源共享的目的。因此，在游憩资源格局构建中，应识别和加强各游憩资源间的连通性。

本书通过计算各城市在不同服务效率等级的人口数及人口比例，并以 GEI>1 所占的人口比例和（游憩服务供给大于需求的人口所占总人口的比例）作为游憩服务资源分布合理性排名的依据。结果表明游憩资源合理性分布排名依次为：北京、承德、唐山、张家口、天津、秦皇岛、廊坊、保定、石家庄、邯郸、衡水、邢台、沧州。对于服务供给远小于需求较为严重的城市（GEI<0.01）为：沧州市、保定市、廊坊市、石家庄市，GEI<0.01 的人口比例超过 20%（表 6-13）。

表 6-13　京津冀城市群地区各城市游憩服务效率概况及合理性分布排名

城市	指标	GEI 取值区间							总和（GEI>1）	排名
		<0.01	0.01~0.05	0.05~0.1	0.1~1	1~10	10~100	>100		
北京	GEI 均值	0.01	0.03	0.07	0.41	5.94	30.91	821.41	—	—
	人口数/万人	87.2	293.3	187.69	802.42	648.86	141.83	111.31	—	—
	人口比例/%	3.84	12.91	8.26	35.31	28.55	6.24	4.9	39.69	1
天津	GEI 均值	0.005	0.03	0.07	0.39	6.06	35.25	1147.98	—	—
	人口数/万人	149.24	276.16	203.92	420.02	247.58	42.42	9.41	—	—
	人口比例/%	11.06	20.48	15.12	31.14	18.36	3.15	0.7	22.21	5
石家庄	GEI 均值	0.01	0.02	0.07	0.39	4.31	31.51	371.43	—	—
	人口数/万人	176.84	197.86	83.7	334.09	48.25	50.86	16.29	—	—
	人口比例/%	23.36	26.14	11.06	44.14	6.37	6.72	2.15	15.24	9
唐山	GEI 均值	0.004	0.03	0.07	0.37	3.18	22.17	134.26	—	—
	人口数/万人	79.82	104.47	98.26	229.98	112.75	61.89	0.04	—	—
	人口比例/%	11.61	15.2	14.3	33.47	16.41	9.01	0.01	25.43	3
秦皇岛	GEI 均值	0.005	0.03	0.07	0.4	4.31	25.62	301.53	—	—
	人口数/万人	24.94	51.79	16.32	57.38	41.17	56.95	63.59	—	—
	人口比例/%	3.3	6.84	2.16	7.58	5.44	7.52	8.4	21.36	6
邯郸	GEI 均值	0.003	0.03	0.07	0.33	3.81	21.81	599.69	—	—
	人口数/万人	141.29	175.69	40.62	291.61	102.12	4.92	0.65	—	—
	人口比例/%	18.67	23.21	5.37	38.53	13.49	0.65	0.09	14.23	10

城市	指标	GEI 取值区间							总和（GEI>1）	排名
		<0.01	0.01~0.05	0.05~0.1	0.1~1	1~10	10~100	>100		
邢台	GEI 均值	0.003	0.02	0.08	0.37	3.18	18.29	825.34	—	—
	人口数/万人	124.62	165.17	66.59	209.05	54.2	9.28	10.21	—	—
	人口比例/%	19.5	25.84	10.42	32.71	8.48	1.45	1.6	11.53	12
保定	GEI 均值	0.004	0.03	0.07	0.36	4.55	36.77	566.43	—	—
	人口数/万人	286.73	239.56	138.72	246.98	51.29	84.26	33.93	—	—
	人口比例/%	26.51	22.15	12.83	22.84	4.74	7.79	3.14	15.67	8
张家口	GEI 均值	0.004	0.03	0.07	0.27	4.39	30.41	714.53	—	—
	人口数/万人	53.78	66.5	14.17	140.41	48.9	17.94	21.57	—	—
	人口比例/%	14.8	18.31	3.9	38.65	13.46	4.94	5.94	24.34	4
承德	GEI 均值	0.003	0.02	0.08	0.43	6.56	47.68	3417.77	—	—
	人口数/万人	31.12	58.37	19.61	80.27	17.12	59.41	33.24	—	—
	人口比例/%	10.4	19.51	6.56	26.83	5.72	19.86	11.11	36.69	2
沧州	GEI 均值	0.004	0.03	0.07	0.45	4.02	23.71	211.92	—	—
	人口数/万人	196.77	113.37	78.32	204.3	26.45	22.1	3.84	—	—
	人口比例/%	30.5	17.57	12.14	31.67	4.1	3.43	0.6	8.13	13
廊坊	GEI 均值	0.005	0.03	0.08	0.38	3.16	14.68	—	—	—
	人口数/万人	116.51	94.63	53.36	97.23	72.96	17.48	—	—	—
	人口比例/%	25.77	20.93	11.8	21.5	16.14	3.87	—	20.01	7
衡水	GEI 均值	0.004	0.03	0.08	0.33	3.39	41.26	—	—	—
	人口数/万人	67.81	97.59	43.46	153.49	33.06	21.44	—	—	—
	人口比例/%	16.19	23.3	10.85	36.65	7.89	5.12	—	13.01	11

|第7章| 京津冀城市群生态安全受损空间分析

7.1　生态安全受损空间内涵与识别方法

7.1.1　基本内涵

生态安全受损是生态系统受到威胁的程度。生态系统服务供给能力较强，但由于外来自然环境变化或人类活动干扰，面临的生态胁迫强度较大，导致生态系统格局、功能受损，甚至遭到破坏并产生退化。为确定生态系统受损的类型、范围和程度，需要开展勘查、监测、观测、调查，用以开展生态环境保护与修复的区域。

生态安全受损空间的识别可以区分出生态安全格局遭到破坏的严重程度，可以指导生态修复工程中修复空间选择的先后顺序或紧迫程度。生态安全受损空间不仅可以可识别生态安全空间受损程度，还可以用来辅助生态安全格局构建过程中阻力面的构建，并可与生态安全格局相耦合，识别生态安全格局优化的优先等级。同时，生态廊道构建也应规避受损严重的生态空间，以最大限度地实现生态保护和生态修复的效果，因此生态安全受损空间识别是实现生态安全格局优化的重要步骤。

7.1.2　生态安全受损空间识别方法

生态安全受损空间的识别主要利用生态系统服务供需和生态强度评价的结果，分别将生态系统服务重要性和生态强度划分为高、中、低三个等级，并分别设置权重，本书将权重设置为3、2、1，其中生态安全受损评分是生态系统服务重要性等级和生态强度等级的乘积。京津冀城市群地区生态安全受损空间评价体系框架如图7-1所示，具体计算方法如表7-1所示。

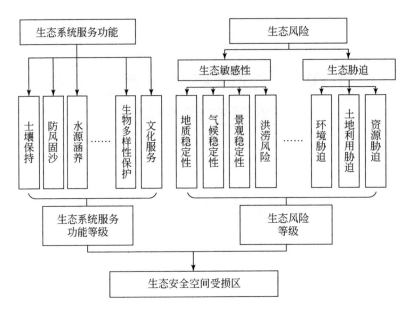

图 7-1 生态安全受损空间评价体系框架图

表 7-1 生态安全受损空间计算变量

序号	生态功能受损评分值 v_i	服务重要性等级 E_s	生态强度等级 R
1	$v1$（9）	高（3）	高（3）
2	$v2$（6）	中（2）	高（3）
3	$v3$（6）	高（3）	中（2）
4	$v4$（4）	中（2）	中（2）
5	$v5$（3）	高（3）	低（1）
6	$v6$（2）	中（2）	低（1）
7	$v7$（1）	其他（1）	

生态安全受损空间受损等级识别规则和计算公式为

$$f' = \sum_{i=1}^{N} \sum_{j=1}^{M} w_i v_j \tag{7-1}$$

$$v_j = R \times E_s \tag{7-2}$$

$$f = \frac{f' - f'_{min}}{f'_{max} - f'_{min}} \tag{7-3}$$

式中，f' 为生态安全受损评分值，w_i 为生态系统服务功能 i 对应的权重，本书统一设置为 1，v_j 为生态系统服务功能强度评分值，R 为生态强度等级评分（取值范围为 1~3），E_s 为生态系统服务等级评分（取值范围为 1~3），N 为生态系统服务功能的数量，M 为生态系统服务功能强度等级分类数量，f 为归一化后的生态安全受损评分值，$f \in [0, 1]$，并按照表7-2规则进行制图（图7-2），其中。

表7-2　生态安全受损空间分类标准

等级	取值区间
未受损区	$[0, 0.2)$
轻度受损区	$[0.2, 0.4)$
中度受损区	$[0.4, 0.6)$
高度受损区	$[0.6, 0.8)$
重度受损区	$[0.8, 1]$

注：未受损区为受损评分值为0或土地利用为城镇用地等不可逆的空间。

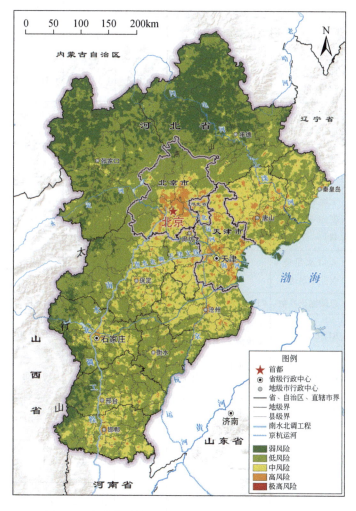

图7-2　京津冀城市群地区综合生态风险强度分布图

7.2　京津冀城市群生态安全受损空间识别

7.2.1　生态系统服务评价

京津冀城市群地区选择土壤保持、防风固沙、水源涵养、生物多样性、游憩服务等五项主要生态系统方服务进行评价，评价方法参考本书第6章6.1节，各评价指标和等级划分标准如表7-3所示。

表7-3　生态受损空间识别分类体系

类型	指标	评价方法	指示类型	单位	等级区间				
					1	2	3	4	5
生态敏感性指标	气候稳定性	降雨、气温变化率	变化率绝对值	%	0~1	1~3	3~5	5~10	≥10
	景观稳定性	景观稳定度（景观指数）	归一化值	—	0~0.3	0.3~0.35	0.35~0.4	0.4~0.5	0.5~1
	地质环境稳定性	层次分析法+贝叶斯统计	归一化值	—	0~0.3	0.3~0.5	0.5~0.7	0.7~0.8	0.8~1
	洪涝强度	强度评价+情景模拟	归一化值	—	0~0.2	0.2~0.4	0.4~0.6	0.6~0.8	0.8~1
生态胁迫指标	土地资源	土地利用胁迫度（景观指数）	归一化值	—	0~0.2	0.2~0.4	0.4~0.6	0.6~0.8	0.8~1
	水资源	人口水足迹+农业水足迹	水足迹	mm	0~150	150~300	300~500	500~1000	>1000
	水环境	总磷输出系数	归一化值	—	0~0.05	0.05~0.1	0.1~0.3	0.3~0.5	0.5~1
生态系统服务	土壤保持	RUSLE	多年平均土壤保持量	t/km²	0~100	100~300	300~500	500~1000	>1000
	防风固沙	RWEQ	多年平均防风固沙量	t/km²	0~5	5~10	10~50	50~100	>100
	水源涵养	水量平衡方程、水足迹	多年平均净水源涵养量	mm	≤-50	-50~50	50~100	100~150	>150
	生物多样性	物种多样性、生境质量	生物多样性指数		0~0.2	0.2~0.4	0.4~0.6	0.6~0.8	0.8~1
	游憩服务	可达性	综合可达性（步行、公交、驾车）		0~0.035	0.035~0.07	0.07~0.14	0.14~0.3	0.3~1

7.2.2 综合生态强度评价

生态强度是指生态系统应对环境变化的反映，表征了研究区潜在生态环境问题对人类生存带来影响的难易程度或可能性大小（欧阳志云等，2000），综合生态强度则是指生态系统及其组分所承受的由生态敏感性和生态胁迫导致的生态受损程度，包括在一定区域内不确定性的事故或灾害发生的概率，及其对生态系统可能产生的后果，这种后果不仅包括危及生态系统的安全和健康生态系统格局的损坏，也包括对生态系统功能的破坏（付在毅和许学工，2001；肖笃宁等，2002）。因此，综合生态强度包括生态敏感性和生态胁迫的交互作用和影响（参考第 3 章和第 4 章内容）。本书按照等权重的方式将京津冀城市群地区的强度性因子、胁迫因子按照自然断点法（根据数据类型和相关分类规则微调、取整）分别分为 5 个等级，按照强度强度，从大到小依次赋分为 5、4、3、2、1；然后将 7 个强度因子进行叠加分析，并根据强度因子评分总和将综合生态强度分为 5 个等级，分类阈值从小到大分别为 10、15、20、25，强度程度分别为弱强度、低强度、中强度、高强度、极高强度（表 7-4）。

表 7-4 生态强度等级划分规则

强度等级	评分区间	赋值
弱强度	1 ~ 10	1
低强度	10 ~ 15	2
中强度	15 ~ 20	3
高强度	20 ~ 25	4
极高强度	>25	5

注：共 7 个风险因子，各风险因子取值 1 ~ 5，总风险评分取值为 1 ~ 35。

7.2.3 生态安全受损空间识别

生态安全受损空间结果表明，京津冀城市群地区重度受损面积为 329 km²，占京津冀城市群地区陆地面积的 0.15%，占比较少；高度受损区发生面积为 4280 km²，占京津冀城市群地区陆地面积的 1.95%（表 7-5）。高度受损水平以上主要发生在唐山、秦皇岛、承德三市交界的区域，中度受损区主要集中分布于坝上高原区（图 7-3）。

表 7-5 京津冀城市群地区生态安全受损概况

受损程度	面积/km²	比例/%
未受损区	66011	30.01

续表

受损程度	面积/km²	比例/%
轻度受损区	94250	42.85
中度受损区	55108	25.05
高度受损区	4280	1.95
重度受损区	329	0.15

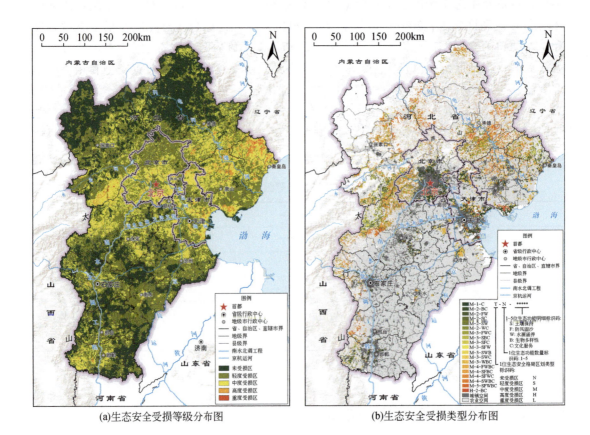

(a)生态安全受损等级分布图　　　　　　(b)生态安全受损类型分布图

图7-3　京津冀城市群地区生态安全受损空间分布图

第8章 京津冀城市群生态安全格局构建

目前，生态安全格局分析已被广泛应用于土地利用或生态用地功能分区与规划管理（欧阳志云等，2015；张红旗等，2015；储金龙等，2016；彭建等，2017b，2017c），如基于生态强度、生态系统服务评价结果的生态安全格局识别（俞孔坚等，2009a）、基于生态系统服务功能的生态用地识别与分类（欧阳志云等，2015）、耦合生态系统服务功能-生态环境敏感性-经济发展潜力的生态安全格局识别与分区等（李宗尧等，2007）。

8.1 生态安全格局构建的理论基础

生态安全格局研究既关注区域、流域、国家或全球尺度的生态环境问题、格局与过程的关系，以及尺度问题、干扰的影响、生物多样性保护、生态系统恢复，又侧重社会经济发展和人类生活质量的提高，并强调这些方面的综合集成，因此其理论基础涉及景观生态学、干扰生态学、保护生物学、恢复生态学、生态经济学、复合生态系统理论等多个学科的内容，这些学科领域的成果为生态安全格局研究提供了有益借鉴（马克明等，2004；肖笃宁等，1997）。

（1）格局与过程

景观生态学强调格局、过程、空间异质性、等级理论、尺度效应、景观连接度（邬建国，2000）。景观格局决定生态过程，而生态过程反过来又影响着格局，景观格局与景观过程相互作用原理不但是景观生态学的核心内容，也为生态安全格局研究奠定了重要的理论基础。通过景观的恢复与重建实现景观格局的优化，进而实现生态安全，而在不同的研究尺度上，景观格局在空间上又存在很大的异质性，因此需要考虑不同等级和多尺度上的景观格局构建与景观连接度。

（2）干扰与格局

干扰是指显著改变生态系统景观格局的事件，可分为自然干扰和人工干扰，人工干扰又分为正向干扰和负向干扰（陈利顶和傅伯杰，2000）。干扰会影响景观中组分和结构的改变和重组。自然干扰可以促进生态系统的演化与更新，是生态系统演变过程中不可或缺的自然现象。人类负向干扰诱发的自然灾害是生态环境恶化的主要原因。人类干扰与自然干扰不同，它具有干扰方式的相似性与作用时间的同步性、干扰历时的长期性与作用的深刻性、干扰范围的广泛性与作用方式的多样性，以及干扰活动的小尺度与作用后果的大尺度等特点。正向人工干扰则可以增减景观连接度和提高生境质量，保障生态安全，如生态廊道的构建、人工湿地的保护等。干扰会通过影响景观破碎化、物种多样性，影响区域生态安全。生态安全格局构建的目的就是针对干扰的这些特点，排除与生态环境问题相应的人为干扰，并通过有利的人类干扰恢复自然生态格局与生态完整性。

（3）生态系统结构与功能

景观由多种生态系统类型镶嵌而成，修复或重建已经退化的生态系统对于提高生态系统服务功能和改善生态系统健康状况具有重要意义，因而，生态系统结构和功能恢复是实现生态安全的必要措施（马克明等，2004；肖笃宁等，1998）。生态系统服务是人类生存和发展的基础。生态系统为人类提供了多种服务功能，但生态系统结构和功能提供的服务是有限的。如果生态系统服务供给大于需求，则生态系统功能的完整性就不会破坏，反之，则生态系统功能就会受到影响，生态安全就会受到威胁（肖笃宁等，2002）。

（4）复合生态系统理论

生态安全是"社会-经济-自然"复合的生态系统综合作用的结果，复合生态系统理论是生态安全格局研究的思想源泉（马克明等，2004；邬建国，2000），也是关于景观格局和种群生态学过程相互作用的理论。只有把人和人类活动看作生态系统的一个有机组成，综合考虑生态环境问题的生态、经济和社会效应，才能提出切实可行的解决对策。人类社会发展中的环境问题的实质就是复合生态系统的功能代谢、结构耦合及控制行为的失调，必须通过生态建设手段加以解决。通过生态规划、生态恢复、生态工程与生态管理，将单一的生物环境、社会、经济组成一个强有力的生命系统，从技术个性和体制改革和行为诱导入手，调节系统的主导性和多样性、开放性和自主性、灵活性与稳定性，使生态学的竞争、共生、再生和自生原理得到充分的体现，资源得以高效利用，人与自然高度和谐。

8.2 生态安全格局构建方法

生态安全格局往往采用空间叠加的方法进行分析，通过对多层数据进行的一系列集合运算，产生新的数据，由此判断适宜维持区域生态系统完整性的结果。生态安全格局侧重于景观结构、生态功能与社会经济背景关系的机制研究（马克明等，2004），通过确定生态过程中关键阈值和等级，识别出维护与控制生态过程和生态功能的关键性的格局，对保护和恢复生态系统的服务功能和生物多样性具有重要作用（侯鹏等，2017），也是生态保护红线划定的重要依据，生态安全格局构建对于保障国家生态安全具有极其重要的作用。生态安全格局的主要评价方法为基于压力-状态-响应（PSR）框架模型，从人类活动与生态系统的相互作用出发对生态环境指标进行组织分类；基于生态系统健康、生态强度/生态胁迫、生态安全、生态可持续能力将区域视为人类社会-经济-自然复合生态系统，强调人类活动的主导性，从生态胁迫、生态系统健康和生态可持续能力等方面构建区域生态可持续性评价的概念框架。

生态安全格局构建是生态系统在未受到外来威胁下的景观格局，并通过景观格局的优化实现人类社会与生态系统的健康和可持续发展，是解决生态环境保护与社会经济发展之间矛盾的重要手段。目前，生态安全格局构建的主要基于最小累积阻力模型和电路理论的方法，其主要步骤包括源地识别、生态阻力面构建、生态廊道的识别。

本书从生态安全的概念出发，提出了耦合生态系统服务、生态强度、社会生态调控能力的生态安全评价体系，并在此基础上以京津冀城市群地区为案例开展研究，在评价各类生态系统服务安全格局的基础上，基于一定的组合规则，对京津冀城市群地区生态安全现状进行评价，最后完成京津冀城市群地区生态安全格局的构建和优化。第一步，收集研究地区社会经济、遥感影像、环境监测数据，并建立数据库；第二步，对各项生态系统服务进行多时间序列分析，并对其重要性进行分级评价；第三步，构建综合生态强度和综合调控指标；第四步，分析单项生态系统服务的安全格局特征，并进行综合生态安全格局的定量识别；第五步，基于生态安全格局和生态安全受损空间的识别结果，进行源地提取、阻力面设置和生态廊道和节点重要性的识别，完成了京津冀城市群地区生态安全格局的构建，并提出了相应的优化措施（图 8-1）。

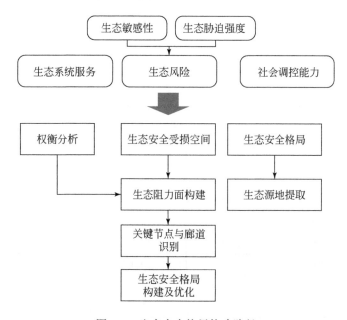

图 8-1 生态安全格局构建路径

（1）土壤流失

根据水利部发布的四次土壤侵蚀遥感调查分省数据（王正兴和李芳，2018），1985年、1995年、2000年和2011年全国土壤侵蚀面积分别为 366.14 万 km^2、354.77 万 km^2、356.14 万 km^2 和 294.92 万 km^2。调查结果显示全国土壤侵蚀比例由之前的 38.53% 减少到了 31.04%，其中，水力侵蚀强度和侵蚀量在持续减少，风蚀有减少趋势，但是年际变化大。2011年，土壤侵蚀中水力侵蚀比例占 44%，风力侵蚀比例占 56%。从土壤侵蚀的强度上看，轻度侵蚀的比例约为 47%，中度侵蚀、强烈侵蚀、极强烈侵蚀、剧烈侵蚀等级比例分别占 19%、13%、10%、和 11%。而京津冀城市群地区土壤侵蚀面积在 1985年、1995年、2000年和 2011年分别为 76195.7km^2、67802.53km^2、65319.9km^2、50534km^2，侵蚀类型主要为水蚀和风蚀，其中以水蚀为主，水蚀面积占比为 90% 以上，风蚀面积在2011年占比为 9.82%。2011年北京市、天津市、河北省土壤侵蚀面积分别为 3202km^2、

236km²、47096km²，其中北京市与天津市风蚀面积为0，河北省水蚀面积为42135km²，风蚀面积4961km²，风蚀面积占总侵蚀面积的11.77%。1985年至2011年，京津冀城市群地区土壤侵蚀面积持续减少，侵蚀面积比例减少了24.12%。因此，辨析和明确京津冀城市群地区土壤侵蚀强度和土壤保持服务能力的空间分布具有重要意义（表8-1）。

表8-1　京津冀城市群地区1985～2011年土壤侵蚀变化数据

项目	时间	北京	天津	河北	京津冀
土地面积/km²	—	16367	11534	187492	215393
侵蚀 面积/km²	1985年	4829.95	402.61	70963.14	76195.7
	1995年	4382.91	462.48	62957.14	67802.53
	2000年	4095.5	409.5	60814.9	65319.9
	2011年	3202	236	47096	50534
侵蚀比例/%	1985年	29.51	3.49	37.85	35.38
	1995年	26.78	4.01	33.58	31.48
	2000年	25.02	3.55	32.44	30.33
	2011年	19.56	2.05	25.12	23.46
侵蚀面积 变化/km²	1985～1995年	-447.04	59.87	-8006	-8393.17
	1995～2000年	-287.41	-52.98	-2142.24	-2482.63
	2000～2011年	-893.5	-173.5	-13718.9	-14785.9
	1995～2011年	-1180.91	-226.48	-15861.14	-17268.53
	1985～2011年	-1627.95	-166.61	23867.14	-25661.7
侵蚀比例 变化/%	1985～1995年	-2.73	0.52	-4.27	-6.48
	1995～2000年	-1.76	-0.46	-1.14	-3.36
	2000～2011年	-5.46	-1.5	-7.32	-14.28
	1995～2011年	-7.22	-1.96	-8.46	-17.64
	1985～2011年	-9.95	-1.44	-12.73	-24.12

（2）风沙危害

京津冀城市群地区属于温带半干旱地区，特别是在春季时节，京津冀城市群地区地面回暖解冻迅速、地表裸露、植被稀疏、降水偏少，在其上游的西北和华北大部分地区属中纬度干旱和半干旱地区，地面多为沙地、稀疏草地和旱作耕地。狂风起时，沙尘弥漫，特别容易在京津冀城市群地区形成沙尘天气。时间分布上，根据1954～2002年气象站沙尘天气日数数据集显示（安月改和刘学锋，2004），京津冀城市群地区沙尘天气以扬沙天气为主，浮尘次之，沙尘暴最少，分别占总沙尘日数的61.7%、27%和11.3%；根据1980～2012年气象站沙尘天气日数数据集显示（李正涛，2013），扬沙发生天数平均为178天，占沙尘天气发生天数的69.85%；浮尘发生天数平均为61天，占沙尘天气发生天数的23.81%；沙尘暴发生天数平均为16天，占沙尘天气发生天数的6.34%。空间分布上，京津冀城市群地区范围内存在三处沙尘天气高发区。第一处位于河北省的西北部，以坝上高原区为中心，范围涵盖张家口市西北部的大部分地区。第二处位于河北省南部，以邢台市为中心，范围涵盖邢台市、邯郸市北部，石家庄市大部及保定市和衡水市一部。从1980～2012 年沙尘天气发生日数的统计来看，这一地区沙尘天气发生频率最高。第三处位于北京市南部平原区，这一地区沙尘活动频次尽管不及另外两个高值中心，但却明显高于周围地区，从而形成一个明显的沙尘活动次中心，这可能与北京市恰好位于沙尘活动过境通道有关（李正涛，2013）。

（3）水资源短缺

海河流域水资源量呈现持续减少的趋势。全流域地表水资源量 1956～1979 年段平均约为 $2.8 \times 10^{10} \, m^3$，1980～2000 年约为 $1.8 \times 10^{10} \, m^3$，2001～2007 年段约为 $1.2 \times 10^{10} \, m^3$，2008～2016 年约为 $1.5 \times 10^{10} \, m^3$，近 60 年来总体上呈现减少趋势。随着降水量的减少和水资源开发利用程度的加强，海河流域地表水资源量持续减少，同时导致海河流域水资源总量的持续减少（曹晓峰等，2019）。且由于地下水的超量开采，造成地下水位急剧下降以及地面下沉、地裂缝和塌陷等一系列环境地质问题。

2019 年京津冀城市群地区水资源总量 146.2 亿 m^3，为全国总水资源量的 0.79%。北京市、天津市、河北省水资源总量分别为 24.6 亿 m^3、8.1 亿 m^3、1135 亿 m^3。全国人均水资源量为 $1968m^3$，而北京市、天津市、河北省人均水资源量分别为 $167m^3$/人、$115m^3$/人、$216m^3$/人，分别为全国人均水资源量的 8.5%、5.9%、11%。京津冀城市群地区平均水资源量为 $192m^3$/人，为全国人均水资源量的 9.7%，远低于 $500m^3$ 这一国际公认的严重缺水线。京津冀城市群地区总用水量约为 252.39 亿 m^3，北京、天津、河北分别为 41.7 亿 m^3、28.4 亿 m^3、182.29 亿 m^3，其中京津冀城市群地区农业用水、工业用水、生活用水、生态用水量分别为 135.3 亿 m^3、27.8 亿 m^3、53.6 亿 m^3、33.5 亿 m^3，农业用水、工业用水、生活用水、生态用水量所在比例分别约为 54%、11%、21%、13%。近 10 年的京津冀城市群地区年均用水量均在 250 亿 m^3 左右，而水资源量仅为 217 亿 m^3，年均水资源量缺口在 33 亿 m^3 左右。根据《京津冀工业节水行动计划》，北京、天津、河北万元工业增加值耗水量分别为 $13.9m^3$、$8m^3$、$8m^3$，尽管其万元工业增加值耗水量低于全国平均值的 $41.3m^3$，工业用水效率在全国处于领先水平，但由于产业结构与水资源承载能力不匹配，导致其依然面临非常严重的水资源问题。虽然南水北调中线工程可补充一定的水量，但本地区对上游水源的依赖度依然很高，因此，随着城市化的进程加快和城镇人口增加、集中，对京津冀城市群地区水源涵养能力的评估，将有助于制定更加合理的生态保护措施、开展生态工程建设，构建更加合理的区域生态安全格局。

（4）洪涝强度

根据《中国历史大洪水调查资料汇编》（骆承政，2007）、《中国近五百年旱涝分布图集》、《中国近五百年旱涝分布图集》续补（1980—1992 年）（张德二等，1993）、《中国近五百年旱涝分布图集》的再续补（1993—2000 年）（张德二等，2003）、《中国地理图集》（1980 年）、河北省近 50 年自然灾害数据集（1960～2010 年）（秦奋，2014），京津冀城市群地区水灾频次在 0.01～0.07 次/a，洪涝灾害类型属于"重度与特重度灾变区"。

1960～2000 年，河北省共有 108 次暴雨洪涝灾害，5～8 月份都有发生，河北省水灾受灾面积在 2000 年、2010 年、2015 年、2017 年分别为 114.16 千 hm^2、127.12 千 hm^2、320.99 千 hm^2、58.24 千 hm^2，成灾面积分别为 62.78 千 hm^2、58.05 千 hm^2、240.00 千 hm^2、23.06 千 hm^2。北京市在 2018 年由于洪涝导致的农作物受灾面积和成灾面积分别为 3 千 hm^2、1 千 hm^2。1790～1962 年，京津冀城市群地区历史大洪水共有 1010 次，其中子牙河、大清河、滦河、永定河、南运河、潮白河、青龙河、蓟运河、沿海水系、北运河发生的洪水次数分别为 305 次、172 次、147 次、103 次、94 次、62 次、54 次、30 次、28 次、15 次，最小洪水峰流为 $16m^3/s$，最大洪水峰流为 $35000m^3/s$，平均洪水峰流为 $3258m^3/s$。根据 1960～2000 年河北省暴雨洪涝灾害数据，邯郸市、唐山市、沧州市、保定市、承德市、廊坊市、石家庄市、邢台市、衡水市、秦皇岛市、张家口市发生洪涝灾害的次数分别为 16 次、13 次、12 次、11 次、10 次、10 次、10 次、10 次、9 次、3 次、3 次，其中洪涝灾害在 1996 年、1970 年的次数最多，分别为 10 次和 9 次，1960～1970 年、1970～1980 年、1980～1990 年、1990～2000 年发生的次数分别为 32 次、14 次、22 次、40 次。

（5）生物多样性减少

生物多样性在生态系统中能够提供多方位的服务，如森林的存在，不仅缓解了空气污染、水土流失、物种灭绝的困境，而且在贮存了百万年的太阳能后，又为人类社会发展提供了煤炭、石油等化石能源。因此生态系统中生物多样性的减少，将会引发一系列的恶性循环。而京津冀协同一体化的经济发展模式，也造成生态系统中存在着生物多样性减少的现象。如，农业生态系统中由于地域的特点，为了保证人类的需要，许多土地原本生长的生物已然被各种供人类使用的农作物所替代，而且农作物种植的多样性具有较大局限；由于人们主观意识上对于森林资源缺乏保护，森林生态系统逐渐变得越来越小，其中的树种多样性也逐渐减少，整个系统越来越敏感且容易失去平衡、受到灾害威胁等。例如，为了满足人类对于食物的需求，农业生产过程中，人们往往选择种植过于单一的粮食品种，在提高农业产量的同时，由于物种多样性的减少，各种病虫害、作物疾病等也频繁发生。其中，2005～2015 年，京津冀自然生境面积减少 7134.2km^2，占 2005 年生境面积的 3.7%；耕地、草地和水域生境面积分别减少 5081.0km^2、1695.1km^2、421.6km^2，占对应类型生境面积的 4.7%，4.9% 和 7.2%（邓越，2018），京津冀生境质量指数从 0.88 降至 0.83，下降幅度达 5.69%。

（6）游憩资源分布不均衡

京津冀三地经济发展不均衡直接导致游憩服务资源发展的不均衡，而区域定位及教育资源的不均衡性，更是加剧了游憩资源的不均衡性。目前导致京津冀区域旅游难以热起来的障碍突出表现在两方面：一是交通方面，自驾游客在三地间受制于交通网络和交通方式的影响，导致区域间居民跨区域旅游休闲的方便程度大打折扣；二是京津冀三地在景区开发、管理等方面存在差距，相关的配套措施不均衡，导致在一些热点区域的配套超出了需求量，而在冷门区域的配套措施又不足以吸引人流量。因此，从人口分布及不同交通方式研究游憩资源对人流量的潜在影响和吸引力，将有效解决京津冀协同化发展过程中游憩资源分配不均衡的问题。

8.3 京津冀生态安全格局分析

土壤保持、防风固沙、水源涵养、生物多样性保护四项自然生态系统服务功能采用统一的生态安全格局区划识别规则，如表 8-2 所示；游憩服务作为生态系统文化服务的一种，其安全格局的区划识别规则如表 8-3 所示。与自然生态系统服务功能生态安全格局识别规则的不同主要体现在两个方面：一是强度指标不同，自然生态系统服务功能安全格局的识别采用综合生态强度作为强度指标，游憩服务功能安全格局的识别采用游憩服务效率作为强度指标；二是生态安全格局的含义的不同，自然生态系统服务功能安全格局分为关键区、提升区、修复区、重建区、维持区五类，而游憩服务功能安全格局分为核心区、增益区、提升区、拓展区、匮乏区五类，相互间的类别具有不同的含义。

表 8-2 生态安全格局区划识别规则[①]

序号	生态功能分区	编码	服务重要等级	生态强度等级	生态调控能力
1	关键区	5	4~5	1~3	—
2	提升区	4	3	1~3	4~5
			4	4~5	
3	修复区	3	3	1~3	1~3
			4	4~5	
4	重建区	2	2~3	1~3	—
5	维持区/薄弱区[②]	1	其他		

其中各区划的含义和识别规则如下。

关键区：生态安全的核心区，对于生态安全保障起到关键作用的区域；识别规则为生态系统服务功能重要等级为高水平，且生态强度水平为较低等级。

提升区：通过一定的修复措施，生态安全可以极大改善的区域；识别规则为生态系统服务功能重要性等级较高，且有很高的社会生态调控能力。

修复区：需要采取较强的修复措施，生态安全可以改善的区域；识别规则为生态系统服务功能重要性等级较高，但具有较低的社会生态调控能力。

重建区：需要通过生态重建进行生态修复，生态受损较为严重的区域；识别规则为生态系统服务功能重要性等级较低，但面临的生态强度较低，有一定的生态调控能力。

维持区：生态系统服务功能弱，且强度较高及调控能力较弱的区域。

由于游憩服务的独特性，与其他自然生态系统服务功能相比较而言，其服务范围主要涉及游憩服务设施的可达性、游憩场所服务效率等，因此游憩服务安全格局的区划规则与

---

① 仅包括土壤保持服务、水源涵养服务、生物多样性保护安全格局分析。

② 生物多样性保护、水源涵养服务为薄弱区，土壤保持、防风固沙为维持区。

其他自然生态系统安全格局识别规则存在评价指标的不同，且含义也存在差异性，因此将其单独列出（表8-3）。根据游憩服务可达性、服务效率、生态调控能力（即社会经济发展水平）划分为游憩服务核心区、增益区、提升区、拓展区、匮乏区。

表8-3　游憩服务生态安全格局区划规则

序号	生态功能分区	编码	服务重要性等级	服务效率等级	生态调控能力
1	核心区	5	4~5	1~3	—
2	增益区	4	3	1~3	4~5
			4	4~5	
3	提升区	3	3	1~3	1~3
			4	4~5	
4	拓展区	2	2~3	1~3	—
5	匮乏区	1	其他		

其中，各分区单元的含义和识别规则如下。

核心区：居民能够享受游憩服务最为便利的区域；识别规则为游憩服务可达性为高级水平，且服务效率较低（人口密度高度集中区）的区域。

增益区：通过一定的措施，能够显著提升居民享受游憩服务便利的区域；识别规则为游憩服务可达性为较高水平，且社会经济水平较高的区域。

提升区：须采取较大的措施，才够提升居民享受游憩服务便利的区域；识别规则为游憩服务可达性中等，但社会经济水平较低的区域。

拓展区：须采取较大的措施，才够提升居民享受游憩服务便利的区域；识别规则为游憩服务可达性较差，且服务效率较低（人口密度较低）的区域。

匮乏区：居民较难享受游憩服务的区域；以上分区以外的区域，表现在游憩服务可达性很差。

8.3.1　土壤保持服务安全格局

土壤保持服务功能是指自然生态系统中植被覆盖、土壤、地形等生态系统结构和组分等具有控制侵蚀和拦截泥沙的能力。土壤保持服务功能的丧失会造成水土流失，而水土流失主要由空间上的侵蚀产沙、运移沉积过程决定，京津冀城市群地区其中以降雨侵蚀力的水蚀是水土流失的主要形式。水土流失会直接导致土壤退化、自然灾害加剧，间接影响生物多样性，并与碳-氮养分循环和气候变化有着密切联系（俞孔坚等，2009b）。因此，土壤保持服务功能的安全格局是与气候稳定性、地质环境稳定性等生态敏感性指标，以及水环境、水质等生态胁迫指标密切相关。所以，京津冀城市群地区土壤保持服务功能安全格局旨在基于对京津冀城市群地区水力侵蚀的定量评价的基础上，通过耦合土壤保持服务功能评价、京津冀城市群地区综合生态强度及京津冀地区生态调控能力定量评价的基础上，识别出土壤保持服务功能的安全格局。

　　土壤保持服务功能安全格局是通过定量评价 2001～2019 年各年的土壤保持量，通过空间叠加的方法得到多年平均土壤保持量，并参考《土壤侵蚀分类分级标准》，按照自然分界法（naturalbreak）将土壤保持功能按照土壤保持量划分为极重要区、高度重要区、中度重要区、轻度重要区、微度重要区，并结合综合生态风险强度等级图（图 7-2）、综合调控能力等级图（图 8-2），按照生态安全格局区划识别规则（表 8-2），最终得到京津冀城市群地区土壤保持服务功能安全格局空间分布图（图 8-3）。

　　根据京津冀城市群地区土壤保持服务功能安全格局划分结果，低水平土壤保持安全格局（重建区）面积为 2.16 万 km^2，占京津冀城市群地区陆地总面积的 9.8%，主要分布在保定西部山区、张家口和承德境内的高原丘陵区，空间分布较为破碎；中等安全水平土壤保持服务功能安全格局（修复区与提升区）面积为 1.84 万 km^2，占京津冀城市群地区陆地总面积的 8.4%，主要分布在张家口市和承德市，集中分布在燕山山脉及坝上高原区；高水平土壤保持服务功能安全格局（关键区）面积为 3.79 万 km^2，占京津冀城市群地区陆地总面积的 17.2%，主要分布在太行山—燕山山脉一带，处于我国地势第二阶梯和第三阶梯交界处（表 8-4）。

表 8-4　京津冀城市群地区土壤保持安全格局类型面积及比例

类型	面积/km^2	比例/%
关键区	37879	17.2
提升区	4786	2.2
修复区	13581	6.2
重建区	21590	9.8
维持区	142142	64.6

8.3.2　防风固沙生态服务安全格局

　　防风固沙生态服务功能安全格局是通过定量评价 2001～2019 年各年的固沙量，通过空间叠加的方法得到多年平均固沙量，并参考《土壤侵蚀分类分级标准》，按照自然分界法（naturalbreak）将防风固沙功能按照固沙量划分为极重要区、高度重要区、中度重要区、轻度重要区、微度重要区，并结合综合生态强度等级图（图 7-2）、综合调控能力等级图（图 8-2），按照生态安全格局区划识别规则（表 8-2），最终得到京津冀城市群地区防风固沙生态服务安全格局空间分布图（图 8-4）。

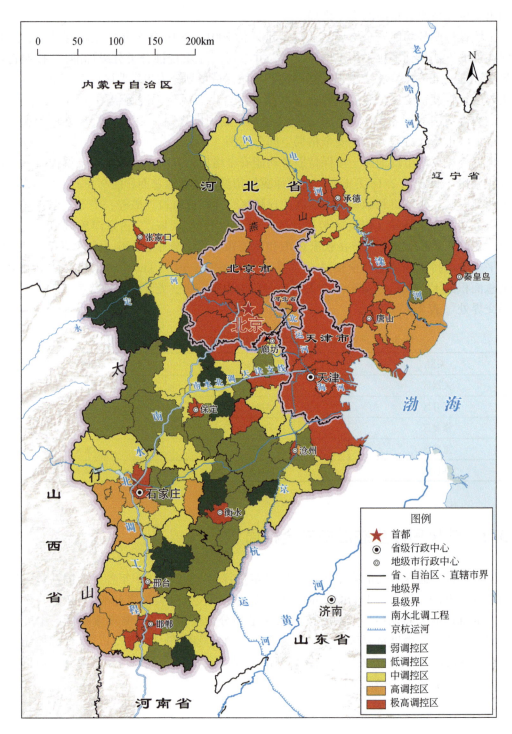

图 8-2　京津冀地区生态安全调控能力分布图

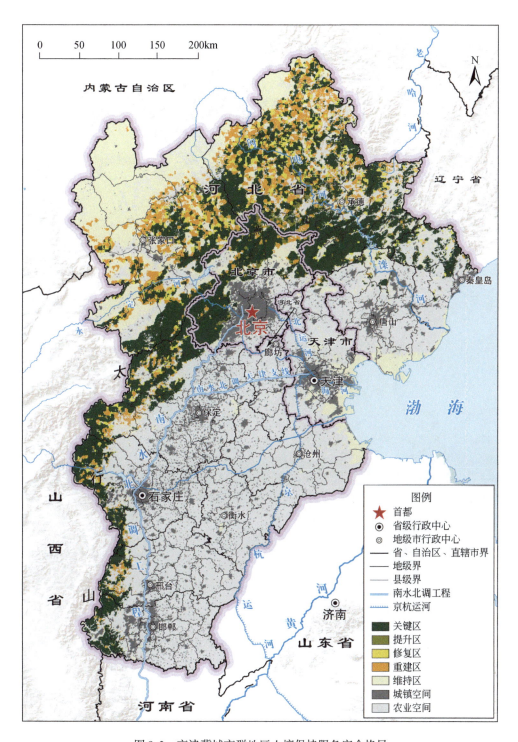

图 8-3 京津冀城市群地区土壤保持服务安全格局

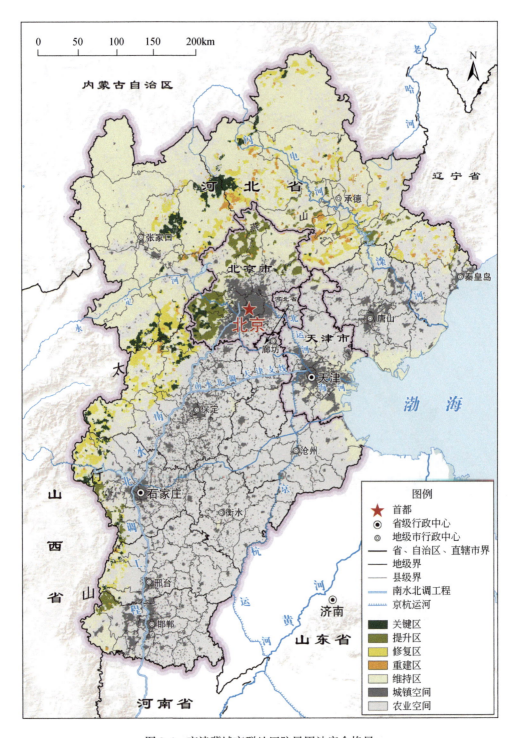

图 8-4 京津冀城市群地区防风固沙安全格局

根据京津冀城市群地区防风固沙生态服务功能安全格局划分结果，低水平防风固沙安全格局（重建区）面积为 1.14 万 km²，占京津冀城市群地区陆地总面积的 5.2%，主要分布在张家口—承德市交界、承德与唐山交界处，空间分布相对较为集中；中等安全水平（修复区与提升区）防风固沙服务功能安全格局面积为 2.04 万 km²，占京津冀城市群地区陆地总面积的 9.3%，主要分布在太行山区、北京市西部与北部山区，分布较为集中；高水平（关键区）防风固沙服务功能安全格局面积为 0.69 万 km²，占京津冀城市群地区陆地总面积的 3.1%，主要分布在太行山—燕山山脉一带，呈现较为分散的分布模式，共同保障华北平原的防风固沙安全（表 8-5）。

表 8-5 京津冀城市群地区防风固沙安全格局类型面积及比例

类型	面积/km²	比例/%
关键区	6898	3.1
提升区	5984	2.7
修复区	14437	6.6
重建区	11418	5.2
维持区	181241	82.4

8.3.3 水源涵养生态服务安全格局

水源涵养生态服务是生态系统内水文过程及其水文效应的综合表现，是生态系统服务功能的重要组成部分，不仅为人类社会经济发展提供了基础资源，还维持了人类赖以生存的生态环境。水源涵养生态服务功能是生态系统通过对降水的截留、下渗、蓄积和蒸散发过程，实现对水循环的调控，主要表现在调节地表径流、补充地下水、减缓河流流量的季节波动、滞洪补枯、保证水质等方面。水源涵养服务安全格局不仅要考虑水资源的供给（本书仅考虑降水量，未考虑地下水补给、工程调水等其他形式的水资源供给来源），还要考虑社会经济发展对水资源的需求量。因此，本书首先通过耦合水资源供给与需求，评估了京津冀城市群地区水源涵养生态服务供需格局。其中基于水量平衡方程估算了京津冀城市群地区的水资源供给；其次，基于水足迹法和用水定额法估算了京津冀城市群地区水资源需求量，主要考虑了生活用水、农业用水和生态用水。最后，通过耦合水资源供需-生态强度-生态调控能力识别出水源涵养生态服务功能重要性高的区域和潜在危险性较高的区域，最终实现水源涵养服务安全格局的区划识别。

水源涵养生态服务功能安全格局是通过定量化评价 2001~2019 年各年的产水量与需水量，通过空间叠加的方法得到多年平均净水源涵养量，按照自然分界法（naturalbreak）将水源涵养生态服务功能按照多年平均净水源涵养量划分为极重要区、高度重要区、中度重要区、轻度重要区、微度重要区，并结合综合生态风险强度等级图（图 7-2）、综合调控能力等级图（图 8-2），按照生态安全格局区划识别规则（表 8-2），最终得到京津冀城市群地区水源涵养服务安全格局空间分布图（图 8-5）。

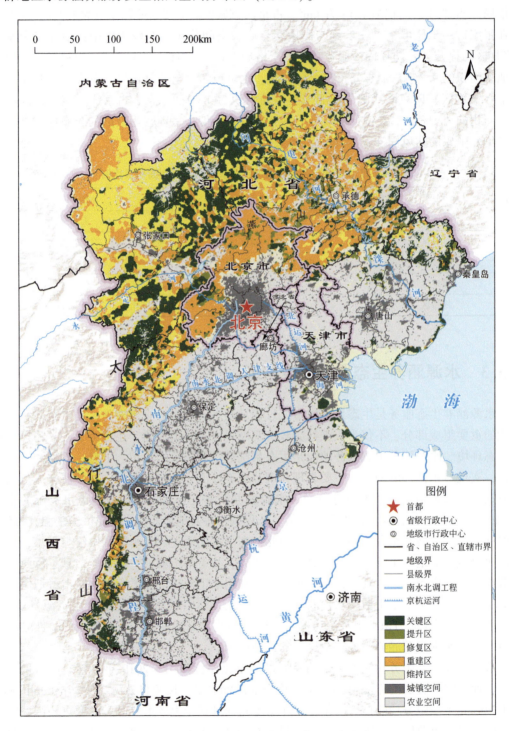

图 8-5　京津冀城市群地区水源涵养服务安全格局

根据京津冀城市群地区水源涵养生态服务功能安全格局划分结果，低水平（重建区与薄弱区）水源涵养安全格局面积为 14.1 万 km^2，占京津冀城市群地区陆地总面积的63.8%，主要集中分布于华北平原农业种植区，空间分布相对较为集中；中等安全水平（修复区与提升区）水源涵养生态服务功能安全格局面积为 4.2 万 km^2，占京津冀城市群地区陆地总面积的 19.3%，主要集中分布于张家口与承德市范围内；高水平（关键区）水源涵养生态服务功能安全格局面积为 3.7 万 km^2，占京津冀城市群地区陆地总面积的16.9%，主要分布在太行山—燕山山脉一带、张家口与承德市域坝上高原区，呈现较为集中的分布模式（表 8-6）。

表 8-6　京津冀城市群地区水源涵养安全格局类型面积及比例

类型	面积/km^2	比例/%
关键区	37188	16.9
提升区	9679	4.4
修复区	32688	14.9
重建区	53016	24.1
薄弱区	87407	39.7

8.3.4　生物多样性保护安全格局

生物多样性保护对遏止生态系统退化、改善生态系统服务功能、保护珍稀濒危物种、维持生态系统平衡、保障人类社会与自然生态系统平衡具有重要作用。生物多样性作为生态安全评价重要对象是维护区域生态安全的必要条件（高吉喜等，2007）而且保护和恢复生物多样性是实现区域生态安全的必由路径（马克明等，2004）。因此，生物多样性保护是实现生态安全的基础，生态安全格局是保护生物多样性的天然屏障，为达到生态安全必然要考虑生境和生物多样性现状。而且生境质量下降、栖息地消失对生物多样性的影响会直接威胁到区域生态安全（肖笃宁等，2002）。生物多样性评价主要是评价研究区内生物多样性分布情况、生境质量优劣、生态功能正常与否、人类社会自然灾害干扰程度。因此，生物多样性保护安全格局的目的即是基于生境质量和物种丰富度判定生物多样性的热点地区。

京津冀城市群地区有太行山生物多样性保护优先区、黄渤海海洋保护优先区被列入《中国生物多样性保护战略与行动计划》（2011—2030 年）中，且京津冀区域内的阴山—燕山脉北与我国东北的大兴安岭、长白山生物多样性保护优先区相连，所以京津冀城市群地区生物多样性与生态环境保护不仅有益于区域内的生态系统稳定，也有助于整个华北与东北地区的物种、基因流动。本节基于生境质量评价、物种丰富度，评价了京津冀城市群地区生物多样性与生境质量状况，然后耦合生态系统服务–生态强度–生态调控能力，识别出生物多样性保护的关键区、修复区和重建区。

生物多样性保护功能安全格局是通过定量化评价生境质量、物种丰度、植被盖度，通过空间叠加的方法得到京津冀城市群地区归一化生物多样性指数，按照等间隔法将生物多样性保护功能按照归一化生物多样性指数划分为极重要区、高度重要区、中度重要区、轻度重要区、微度重要区，并结合综合生态强度等级图（图7-2）、综合调控能力等级图（图8-2），按照生态安全格局区划识别规则（表8-2），最终得到京津冀城市群地区生物多样性保护的安全格局空间分布图（图8-6）。

根据京津冀城市群地区生物多样性保护安全格局划分结果，低水平（重建区）生物多样性保护安全格局面积为 1.3 万 km^2，占京津冀城市群地区陆地总面积的 6.0%，主要集中分布于人类活动干扰较为强烈的华北平原北部，空间分布相对较为集中，以及零散分布于华北平原南部农业种植区；中等安全水平（修复区与提升区）生物多样性保护功能安全格局面积为 6.5 万 km^2，占京津冀城市群地区陆地总面积的 29.8%，主要集中分布于华北平原农业种植区及张家口市高原区；高水平（关键区）生物多样性保护功能安全格局面积为 8.9 万 km^2，占京津冀城市群地区陆地总面积的 40.4%，主要分布在太行山—燕山山脉一带、坝上高原区及环渤海沿岸湿地区，呈现较为集中的分布模式（表8-7）。

表8-7 京津冀城市群地区生物多样性保护安全格局面积及比例

类型	面积/km^2	比例/%
关键区	88788	40.4
提升区	16850	7.7
修复区	48663	22.1
重建区	13104	6.0
维持区	52573	23.9

8.3.5 游憩服务安全格局

游憩服务安全格局是通过定量评价居民点采用不同的出行方式到达最邻近公园的时间可达性、距离可达性，通过空间叠加的方法得到京津冀城市群地区游憩服务归一化可达性指数，用以表征游憩服务供给，并按照等间隔法将游憩服务功能按照归一化可达性指数划分为极重要区、高度重要区、中度重要区、轻度重要区、微度重要区，并结合游憩服务场所人口服务效率、综合调控能力等级图（图8-2），按照生态安全格局区划识别规则（表8-3），最终得到京津冀城市群地区游憩服务安全格局空间分布图（图8-7）。

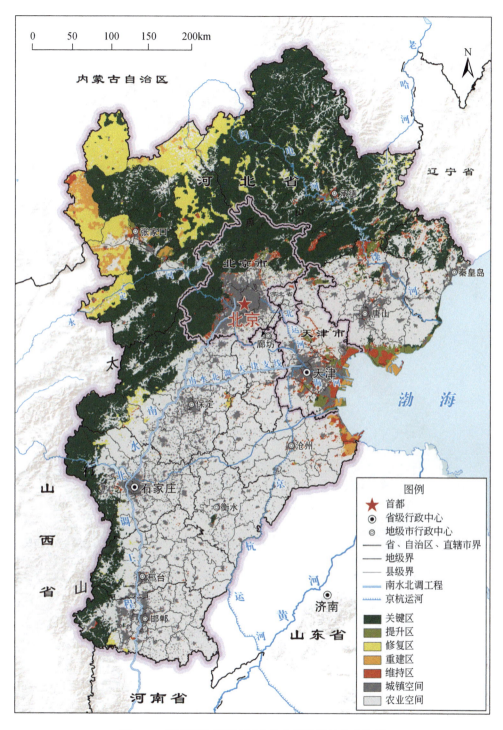

图 8-6 京津冀城市群地区生物多样性保护安全格局

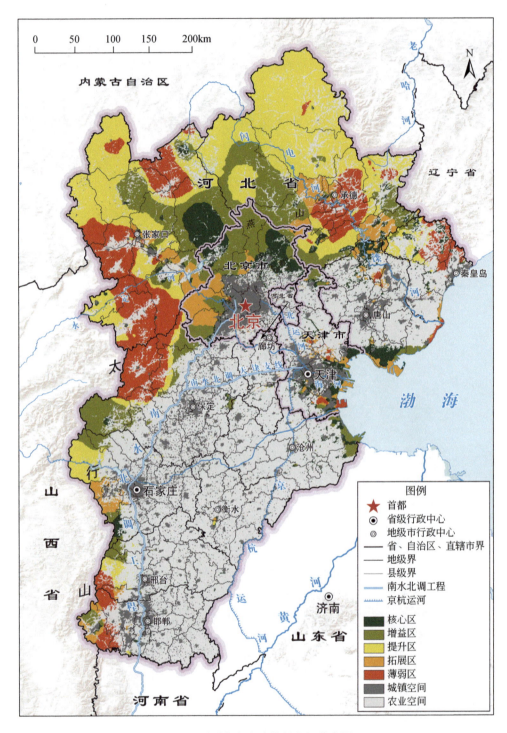

图 8-7　游憩服务安全格局空间分布图

根据京津冀城市群地区游憩服务安全格局划分结果，低水平（匮乏区、拓展区）游憩服务安全格局面积为 11.5 万 km²，占京津冀城市群地区陆地总面积的 52.4%，主要集中分布于西部山区、北部高原丘陵区，空间分布相对较为集中，以及零散分布于衡水和沧州市；中等安全水平（增益区与提升区）游憩服务安全格局面积为 7.5 万 km²，占京津冀城市群地区陆地总面积的 33.2%，主要集中分布于太行山—燕山山脉一带周边区域，以及河北中部平原区；高水平（关键区）游憩服务功能安全格局面积为 2.9 万 km²，占京津冀城市群地区陆地总面积的 13.4%，主要分布于北京市及周边区域、环渤海沿海地区，呈现较为集中的分布模式（表 8-8）。

表 8-8　京津冀城市群地区游憩服务安全格局类型面积及比例

类型	面积/km²	比例/%
核心区	29525	13.4
增益区	19353	8.8
提升区	55823	25.4
拓展区	50086	22.8
匮乏区	65191	29.6

8.3.6　综合生态系统安全格局分析

由于生态系统服务具有多样性、复杂性和空间异质性，加上人民对生态系统服务需求偏好的不同以及各行政区划的生态保护重点和发展目标的差异性，导致针对不同生态系统服务功能的重视程度不同（傅伯杰和于丹丹，2016；孙然好等，2018），生态系统服务之间的关系就存在此消彼长的权衡关系和相互增益的协同关系（李双成等，2013）。

综合生态安全格局是通过对各类生态系统服务功能安全格局进行空间叠加、汇总，并通过一定的判断规则（表 8-9）识别出综合生态安全格局关键区、修复区与重建区的重要性等级，以及相对应的生态系统服务功能类型。其中关键区是指生态系统服务重要性等级处于较高水平，处于表 8-9 中第一个类型；修复区是指生态系统服务功能存在一定的受损，但可通过适当的调控措施进行恢复的区域，处于表 8-9 中的第二或第三个类型；重建区是指生态系统服务功能受损严重且生态调控能力较弱，处于表 8-9 中第四个类型。等级划分按照表 8-10 进行识别。为便于展示，采用编码形式进行设置，如图 8-8 所示，编码格式为 T-N-＊＊＊＊＊，其中 T 为生态安全格局类型，N 为生态功能数量，"＊"为每个生态功能的编码值。

表8-9 生态安全评价指标体系

类型	指标	评价方法	指示类型	单位	等级区间				
					1	2	3	4	5
生态强度-敏感性指标	气候稳定性	降雨、气温变化率	变化率绝对值	%	0~1	1~3	3~5	5~10	≥10
	景观稳定性	景观稳定度（景观指数）	归一化值	—	0~0.3	0.3~0.35	0.35~0.4	0.4~0.5	0.5~1
	地质环境稳定性	灰色关联度	归一化值	—	0~0.3	0.3~0.5	0.5~0.7	0.7~0.8	0.8~1
	洪涝强度	强度评价+情景模拟	归一化值	—	0~0.2	0.2~0.4	0.4~0.6	0.6~0.8	0.8~1
生态强度-胁迫性指标	土地资源	土地利用胁迫度（景观指数）	归一化值	—	0~0.2	0.20.4	0.4~0.6	0.6~0.8	0.8~1
	水资源	人口水足迹+农业水足迹	数量	mm	0~150	150~300	300~500	500~1000	>1000
	水环境	总磷输出系数	归一化值	—	0~0.05	0.05~0.1	0.1~0.3	0.3~0.5	0.5~1
生态系统服务	土壤保持	RUSLE	多年平均土壤保持量	t/km²	0~100	100~300	300~500	500~1000	>1000
	防风固沙	RWEQ	多年平均防风固沙量	t/km²	0~5	44326	10~50	50~100	>100
	水源涵养	水量平衡方程、水足迹	多年平均持水源涵养量	mm	≤50	~100	50~100	100~150	>150
	生物多样性	物种多样性、生境质量	生物多样性指数		0~0.2	0.2~0.4	0.4~0.6	0.6~0.8	0.8~1
	文化服务	可达性	综合可达性（步行、公交、驾车）		0~0.035	0.035~0.07	0.07~0.14	0.14~0.3	0.3~1
生态调控指标	人口	农业/城镇人口比值	百分比	%	0~1	1~5	5~10	10~15	>15
	经济	人均GDP	数值	千元	≤20	20~30	30~40	40~50	>50
	社会	万人病床数	数值	个数	≤30	30~40	40~50	50~60	>60

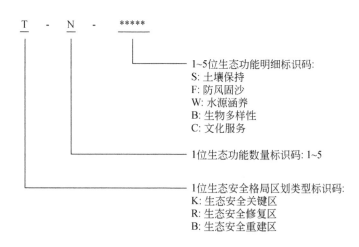

图 8-8　生态安全格局制图编码规则

表 8-10　生态安全格局区划等级划分规则

类型	区划等级	数量/评分和
关键区	一级关键区	>2
	二级关键区	2
	三级关键区	1
修复区	一级修复区	>9
	二级修复区	4~9
	三级修复区	1~4
重建区	一级重建区	>2
	二级重建区	2
	三级重建区	1

　　根据京津冀城市群地区生态安全格局类型、等级、面积和比例结果，生态安全关键区面积为 8.0 万 km^2，占京津冀城市群地区陆地总面积的 36.4%，其中一级关键区面积最大，为 4.3 万 km^2；修复区面积为 4.8 万 km^2，占京津冀城市群地区陆地总面积的 22.1%，其中以二级修复区面积最大；重建区面积为 1.4 万 km^2，占京津冀城市群地区陆地总面积的 6.42%，其中一级重建区面积最高，占京津冀城市群地区陆地总面积的 4.6%（图 8-9，表 8-11）。

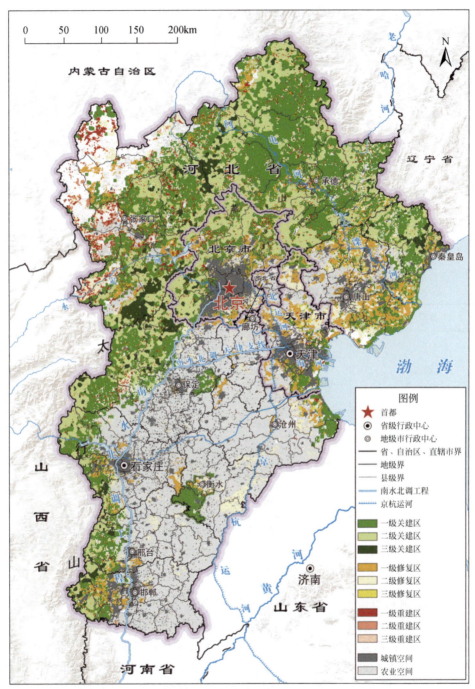

(a)生态安全格局等级区划图

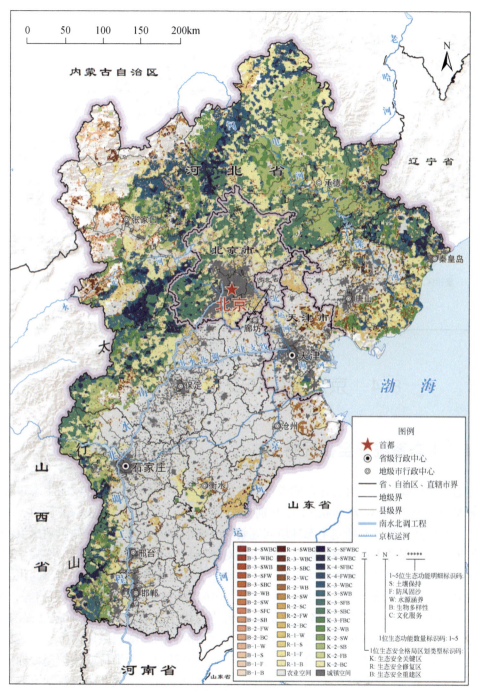

(b)生态安全格局类型分布图

图 8-9　京津冀城市群地区生态安全格局空间分布图

表 8-11　京津冀城市群地区生态安全格局类型及等级的面积和比例

类型	等级	面积/km²	比例/%
关键区	一级	43338	19.7
	二级	27693	12.59
	三级	9032	4.11
	汇总	80063	36.4
修复区	一级	20682	9.4
	二级	26515	12.05
	三级	1430	0.65
	汇总	48627	22.11
重建区	一级	10220	4.65
	二级	2896	1.32
	三级	1006	0.46
	汇总	14122	6.42

8.4　京津冀生态安全格局优化路径

8.4.1　生态系统安全格局特点

生态安全格局构建是对已存在的或者潜在的对于维护、控制特定区域的生态过程有着重要意义的关键生态要素的格局的识别或进行维持、修复或重建等措施（彭建等，2017c）。其模式包括针对特定生态环境问题解决方案的空间显式表达，如识别出洪涝强度重点河道、水土保持重点流域的修复；还包括对景观结构进行优化调整，以增强生态系统服务功能或提升生态系统服务潜力，如节点、斑块、廊道等生态网络要素的空间识别及其生境恢复与重建（徐德琳等，2015；王琦等，2016；吴健生等，2018；田雅楠等，2019；张豆等，2019）。通过生态安全格局的识别、构建与优化，能够实现对生态过程的调控、达到保障生态系统服务功能、维持生态系统服务供给的目的，削弱区域内生态系统服务供需之间的矛盾。因此，生态安全格局优化的内容可以概括为：①维持或保护部分原有的景观格局、生态系统；②识别生态安全格局中的重要关键节点、斑块和廊道；③重要关键节点、斑块和廊道的恢复和改善，并开展相关生态修复措施，减小或排除人为的无序干扰。

1）生态源地识别。"源"是指具有重要生态功能，在维持景观格局、生态过程和生物多样性的健康与完整、满足人类生态服务需求方面具有重要作用的生态斑块。源地的选择既要综合考虑斑块自身特征属性，还要关注其与外界环境的相互作用。因此，本书从生态系统服务功能重要性、生态系统服务格局中关键区、生态保护区、面积较大的公园等作为研究区域的生态源地。

2）阻力面构建。阻力面选用土地利用、生态安全空间受损等级、生态安全格局分区及重要等级来构建阻力面。其中土地利用类型阻力设置如表 8-12 所示。生态安全空间受损程度等级根据标准化得分按照等间隔划分为 1～5 级。生态安全格局类型中，关键区、修复区、重建区的阻力系数分别为 1、10、100，一级、二级、三级水平的权重系数分别为 1、2、3。所以阻力面设置公式为

$$R_v = S \cdot D \cdot (P \cdot P_L) \tag{8-1}$$

式中，R_v 为阻力面，S 为土地利用类型，D 为生态受损空间等级，P 为生态安全格局类型，P_L 为生态安全格局类型等级。

表 8-12　土地利用类型阻力值

综合指数	阻力值
林地	1
草地	10
湿地	30
水体	50
耕地	100
建设用地	1000

3）生态廊道识别。根据筛选的"源"斑块和构建的阻力面，累积阻力模型和电路理论方法，定量识别研究区内生态源地连接网络并根据生态系统服务安全格局重要性等级及网络连接度识别出廊道的重要程度。

结果表明，京津冀城市群地区关键节点集中分布于太行山—燕山山脉一带，从北到南都有分布，环渤海地区滨海湿地节点重要性等级较高；评价结果也发现华北平原区存在生态廊道连接的"黑障区"，仅有衡水湖、白洋淀、滹沱河、天津官港森林公园为重要节点；河北平原区关键节点和廊道分布极少，尤其是河北南部邯郸、邢台地区缺失较为严重；"南水北调"中线以东、京杭大运河以西地区的生态节点面积都较小，多以城市公园、耕地为主，廊道网络分布较为分散、廊道距离较长，因此可适当调整该区域的生态用地的建设（图 8-10）。

8.4.2　生态安全格局特点与实现路径

京津冀城市群地区生态环境的改善与生态安全格局的维护与国家、地方政府的持续投入和监督密不可分，更与每一位居民生态保护意识的提升密切相关。开展京津冀风沙源治理工程、三北防护林工程、生态清洁小流域治理、坡耕地改造等生态工程，取得了重要的成效。生态文明理念深入人心，社会各界生态保护意识不断增强。一方面，各级行政主管

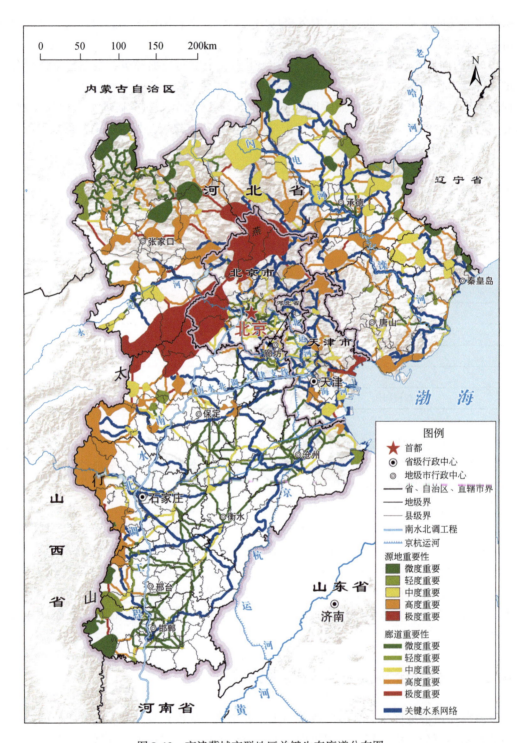

图 8-10 京津冀城市群地区关键生态廊道分布图

部门加大对人为水土流失的监管力度，通过加强执法监管力度，使得人为水土流失违法行为大幅下降；另一方面，加强社会监督特别是新闻媒体对生态环境治理工作监督作用至关重要。

基于生态系统服务与生态安全评价结果，也发现了生态环境保护与生态安全保障中存在的一些困难和问题，主要包括：随着生态环境保护与治理工作的不断开展，治理难度愈来愈大，成效会比较难以显现；由于京津冀城市群地区属于半湿润和半干旱地区，其自然禀赋和气候条件导致生态系统的稳定性较低，人为干扰一旦出现过度干预，就会导致已取得的成果付之东流，生态环境问题容易反弹，陷入破坏和治理的恶性循环中；由于京津冀城市群地区各市、区县之间生态禀赋和社会发展程度的不同，又牵扯到地区间各自的发展方向和产业的不同，导致应对生态环境问题的协同度较弱，在许多时候需要政府进行强力的行政干预，实现区域生态环境治理的目的。

根据京津冀水土流失、水土保持、水资源供需矛盾、生物多样性保护的特点，应在现有生态工程和措施基础上继续保持和维护好京津冀城市群地区"三带一线一网一扶持"，即维护好坝上高原地区的防风固沙生态林网带，减轻内蒙古高原风沙对京津冀城市群地区的影响；在燕山和太行山丘陵区，构建和维护好水源涵养、水土保持及生物多样性保护安全带，实现拦蓄降雨以保障水源涵养功能、加强水土保持能力，以减少土壤流失、加强生物多样性保护以提高物种多样性和生态系统多样性等；在沿海地区，通过构建环渤海地区生态维护带，加强沿海湿地保护，维持生物多样性保护；加强南水北调工程沿线的水资源管理，加大水土保持力度，保障京津冀城市群地区社会经济与生态环境健康发展的生命线；促进京津冀城市群地区公共交通、铁路网络及游憩服务设施的连通度，通过构建交通服务网络，实现游憩资源的共享及生态服务功能的价值最大化；加强对河北地区的生态补偿力度，河北部分地区为京津冀生态保护而放弃了经济发展的机会，应当得到适当的生态补偿，可通过政策补偿、资金补偿、实物补偿和智力补偿的形式，对相应地区进行扶持，以便实现京津冀城市群地区生态安全水平的提高。

1）坝上防风固沙生态带。风力侵蚀主要发生在坝上高原区，该区主要位于农牧交错地区，由于土质疏松，受季风影响，尤其是在每年2~5月份，导致京津冀城市群地区常出现沙尘暴和扬尘天气，已成为影响京津地区人居环境质量的重要制约因素。因此，应重点建设防风固沙林和水源涵养林，恢复和提高草场功能，在为下游地区提供生态屏障的同时，适度发展草原旅游业，增加当地群众收入。

2）燕山—太行山丘陵区水源涵养、水土保持及生物多样性保护安全带。该区域分布着广袤的林地和草地，是京津冀城市群地区水土保持、水源涵养、生物多样性保护的重要区域，是京津冀城市群地区可持续发展的重要保障，可通过修复部分受损斑块，保护好关键的生态廊道，强化水土保持和水源涵养功能。

3）环渤海生态维护带。环渤海地区受季风影响，是鸟类和许多物种的重要栖息地，通过沿海湿地保护和湿地水系网络的构建，保障京津冀城市群地区生物多样性，并强化海水盐分、污染的过滤作用。

4）南水北调生命线。南水北调是京津冀城市群地区发展的生命线，应开展以保障输水线路安全为核心的水土流失综合防治工程，拦蓄泥沙、保障周边居民生产生活安全、加强植被保护、减少水源农药和化肥残余量，保障用水安全。

5）构建交通服务网络。交通服务网络的构建，不仅可以加强经济贸易往来，促进物质、人员流动，还可以加强游憩资源间的共享，增加生态保护示范区的经济来源，促进旅游产业的发展。

6）开展生态补偿扶持。河北部分地区为京津冀健康可持续发展，舍弃了高能耗、高污染、高产出的产业，牺牲了经济发展，导致生活水平较低，可通过适当措施进行补偿。可根据当地具体背景，实行不同的补偿措施，主要有政策补偿、资金补偿、实物补偿和智力补偿。

参 考 文 献

安月改, 刘学锋. 2004. 京、津、冀区域沙尘天气气候变化特征分析 [J]. 山东农业大学学报 (自然科学版), (1): 84-88.

毕雪, 王晓媛. 2012. 基于输出系数模型的洞庭湖流域面源污染分析 [J]. 人民长江, (11): 74-77.

蔡崇法, 丁树文, 史志华, 等. 2000. 应用 USLE 模型与地理信息系统 IDRISI 预测小流域土壤侵蚀量的研究 [J]. 水土保持学报, (2): 19-24.

蔡明, 李怀恩, 庄咏涛, 等. 2004. 改进的输出系数法在流域非点源污染负荷估算中的应用 [J]. 水利学报, 35 (7): 40-45.

操信春, 吴普特, 王玉宝, 等. 2014. 中国灌区粮食生产水足迹及用水评价 [J]. 自然资源学报, 29 (11): 1826-1835.

曹琦, 陈兴鹏, 师满江. 2012. 基于 DPSIR 概念的城市水资源安全评价及调控 [J]. 资源科学, 34 (8): 1591-1599.

曹晓峰, 胡承志, 齐维晓, 等. 2019. 京津冀区域水资源及水环境调控与安全保障策略 [J]. 中国工程科学, 21 (5): 130-136.

曹永强, 马静. 2011. 水足迹在河北省水资源管理中的实证研究 [J]. 长江科学院院报, 28 (8): 18-21.

岑嘉法. 1994. 加强水文, 工程, 环境地质基础性工作 [J]. 中国地质, (9): 18-20.

陈利顶, 傅伯杰. 2000a. 干扰的类型、特征及其生态学意义 [J]. 生态学报, (4): 581-586.

陈利顶, 傅伯杰. 2000b. 农田生态系统管理与非点源污染控制 [J]. 环境科学, 21 (2): 98-100.

陈利顶, 郭书海, 姜昌, 等. 2006. 西气东输工程沿线生态系统评价与生态安全 [M]. 北京: 科学出版社.

陈利顶, 景永才, 孙然好. 2018. 城市生态安全格局构建: 目标、原则和基本框架 [J]. 生态学报, 38 (12): 4101-4108.

陈利顶, 孙然好, 刘海莲. 2013. 城市景观格局演变的生态环境效应研究进展 [J]. 生态学报, 33 (4): 1042-1050.

陈利顶, 周伟奇, 韩立建, 等. 2016. 京津冀城市群地区生态安全格局构建与保障对策 [J]. 生态学报, 36 (22): 7125-7129.

陈亚宁. 1998. 环境地质灾害研究的方法论探讨 [J]. 干旱区地理, 21 (4): 41-48.

陈燕红, 潘文斌, 蔡芫镔. 2007. 基于 RUSLE 的流域土壤侵蚀敏感性评价——以福建省吉溪流域为例 [J]. 山地学报, (4): 490-496.

陈祖海, 姜学民, 曹明宏. 2001. 论环境自动演替与社会调控机制 [J]. 生态经济, (11): 23-26.

程鹏, 黄晓霞, 李红旮, 等. 2017. 基于主客观分析法的城市生态安全格局空间评价 [J]. 地球信息科学学报, 19 (7): 924-933.

程先, 陈利顶, 孙然好. 2017. 考虑降水和地形的京津冀水库流域非点源污染负荷估算 [J]. 农业工程学报, 33 (4): 265-272.

程先, 孙然好, 陈利顶, 等. 2018. 基于农牧业产品和生活用水的京津冀城市群地区水足迹时空特征研究

［J］．生态学报，38（12）：4461-4472.

储金龙，王佩，顾康康，等 . 2016. 山水型城市生态安全格局构建与建设用地开发策略［J］．生态学报，36（23）：7804-7813.

代稳，谌洪星，仝双梅 . 2012. 水资源安全评价指标体系研究［J］．节水灌溉，(3)：40-43, 47.

杜悦悦，胡熠娜，杨旸，等 . 2017. 基于生态重要性和敏感性的西南山地生态安全格局构建——以云南省大理白族自治州为例［J］．生态学报，37（24）：8241-8253.

樊杰，王亚飞，汤青，等 . 2015. 全国资源环境承载能力监测预警（2014 版）学术思路与总体技术流程［J］．地理科学，(1)：1-10.

范翠英 . 2013. 天津市水资源可持续利用研究［M］．天津：天津理工大学 .

范进，赵定涛 . 2012. 土地城镇化与人口城镇化协调性测定及其影响因素［J］．系统工程理论与实践，(5)：61-67.

范泽孟，牛文元 . 2007. 社会系统稳定性的调控机理模型［J］．系统工程理论与实践，(7)：69-76.

方创琳，姚士谋，刘盛和 . 2011. 2010 中国城市群发展报告［M］．北京：科学出版社 .

方创琳，周成虎，顾朝林，等 . 2016. 特大城市群地区城镇化与生态环境交互耦合效应解析的理论框架及技术路径［J］．地理学报，71（4）：531-550.

符素华，刘宝元，周贵云，等 . 2015. 坡长坡度因子计算工具［J］．中国水土保持科学，13（5）：105-110.

付士磊，时泳，石铁矛 . 2016. 基于景观异质性的城市生态安全格局构建［J］．中国人口资源与环境，26（S2）：130-132.

付在毅，许学工 . 2001. 区域生态强度评价［J］．地球科学进展，16（2）：267-271.

傅伯杰，于丹丹，吕楠 . 2017. 中国生物多样性与生态系统服务评估指标体系［J］．生态学报，37（2）：341-348.

傅伯杰，于丹丹 . 2016. 生态系统服务权衡与集成方法［J］．资源科学，38（1）：1-9.

高长波，陈新庚，韦朝海，等 . 2006. 区域生态安全：概念及评价理论基础［J］．生态环境，15（1）：169.

高吉喜，张向晖，姜昀，等 . 2007. 流域生态安全评价关键问题研究［J］．科学通报，52（S2）：216-224.

耿润哲，王晓燕，焦帅，等 . 2013. 密云水库流域非点源污染负荷估算及特征分析［J］．环境科学学报，33（5）：1484-1492.

龚诗涵，肖洋，郑华，等 . 2017. 中国生态系统水源涵养空间特征及其影响因素［J］．生态学报，37（7）：2455-2462.

巩国丽，刘纪远，邵全琴 . 2014. 基于 RWEQ 的 20 世纪 90 年代以来内蒙古锡林郭勒盟土壤风蚀研究［J］．地理科学进展，33（6）：825-834.

巩国丽 . 2014. 中国北方土壤风蚀时空变化特征及影响因素分析［M］．北京：中国科学院大学（中国科学院地理科学与资源研究所）．

韩舒，师庆东，于洋，等 . 2013. 新疆 1999—2009 年水足迹计算与分析［J］．干旱区地理，36（2）：364-370.

韩玉，杨晓琳，陈源泉，等 . 2013. 基于水足迹的河北省水资源安全评价［J］．中国生态农业学报，21（8）：1031-1038.

郝立生，丁一汇 . 2012. 华北降水变化研究进展［J］．地理科学进展，31（5）：593-601.

河北省地质矿产局 . 1989. 河北省北京市天津市区域地质志［J］．北京：地质出版社 .

侯春堂 . 2010. 华北平原水土地质环境图集［M］．北京：地质出版社 .

侯鹏，杨旻，翟俊，等 . 2017. 论自然保护地与国家生态安全格局构建［J］．地理研究，36（3）：

420-428.

贾海发,邵磊,罗珊. 2020. 基于熵值法与耦合协调度模型的青海省生态文明综合评价 [J]. 生态经济,
　　36 (11): 215-220.

贾绍凤,张军岩,张士锋. 2002. 区域水资源压力指数与水资源安全评价指标体系 [J]. 地理科学进展,
　　(6): 538-545.

江源通,田野,郑拴宁. 2018. 海岛型城市生态安全格局研究——以平潭岛为例 [J]. 生态学报,
　　38 (3): 769-777.

姜莉. 2011. 海河流域京津冀城市群地区虚拟水实证研究 [D]. 大连:辽宁师范大学.

姜文来. 2003. 森林涵养水源的价值核算研究 [J]. 水土保持学报, (2): 34-36, 40.

蒋志刚,马克平. 2014. 保护生物学原理 [M]. 北京:科学出版社.

金正道,周兴佳. 2003. 东北西部、华北北部地区土地沙化与宏观对策 [A]. 中国治沙暨沙业学会. 中
　　国治沙暨沙产业研究——庆贺中国治沙暨沙业学会成立 10 周年(1993—2003)学术论文集 [C]. 北
　　京:中国治沙暨沙业学会.

景永才,陈利顶,孙然好. 2018. 基于生态系统服务供需的城市群生态安全格局构建框架 [J]. 生态学
　　报, 38 (12): 4121-4131.

孔亚平,张科利,曹龙熹. 2008. 土壤侵蚀研究中的坡长因子评价问题 [J]. 水土保持研究, (4): 43-
　　47, 52.

黎晓亚,马克明,傅伯杰,等. 2004. 区域生态安全格局:设计原则与方法 [J]. 生态学报, (5):
　　1055-1062.

李广东,方创琳. 2016. 城市生态—生产—生活空间功能定量识别与分析 [J]. 地理学报, 71 (1):
　　49-65.

李双成,张才玉,刘金龙,等. 生态系统服务权衡与协同研究进展及地理学研究议题 [J]. 地理研究,
　　32 (8): 1379-1390.

李昕. 2020. 人口调控需重视人口空间分布和结构优化 [J]. 北京观察, (12): 15.

李仰斌,畅明琦. 2009. 水资源安全评价与预警研究 [J]. 中国农村水利水电, (1): 1-4.

李玉茹,杨勤科,王春梅,等. 2019. 面向地形类型区分的地表粗糙度算法比较研究 [J]. 西北农林科技
　　大学学报(自然科学版), 47 (8): 134-143.

李正涛. 2013. 京津冀城市群地区沙尘活动及其对城市大气环境的影响 [M]. 石家庄:河北师范大学.

李中才,刘林德,孙玉峰,等. 2010. 基于 PSR 方法的区域生态安全评价 [J]. 生态学报, 30 (23):
　　6495-6503.

李宗尧,杨桂山,董雅文. 2007. 经济快速发展地区生态安全格局的构建——以安徽沿江地区为例 [J].
　　自然资源学报, (1): 106-113.

梁常德,龙天渝,李继承,等. 2007. 三峡库区非点源氮磷负荷研究 [J]. 长江流域资源与环境, (1):
　　26-30.

刘宝元,谢云,张科利. 2001. 土壤侵蚀预报模型 [M]. 北京:中国科学技术出版社.

刘厚莲. 2020. 我国超大城市人口调控实践与优化——基于京沪穗深四个超大城市的分析 [J]. 城市观
　　察, (6): 138-149.

刘梅,许新宜,王红瑞,等. 2012. 基于虚拟水理论的河北省水足迹时空差异分析 [J]. 自然资源学报,
　　27 (6): 1022-1034.

刘瑞民,沈珍瑶,丁晓雯,等. 2008. 应用输出系数模型估算长江上游非点源污染负荷 [J]. 农业环境科
　　学学报, 27 (2): 677-682.

刘洋, 蒙吉军, 朱利凯. 2010. 区域生态安全格局研究进展 [J]. 生态学报, 30 (24): 6980-6989.

刘玉龙, 马俊杰, 金学林, 等. 2005. 生态系统服务功能价值评估方法综述 [J]. 中国人口·资源与环境, (1): 91-95.

刘月, 赵文武, 贾立志. 2019. 土壤保持服务: 概念、评估与展望 [J]. 生态学报, 39 (2): 432-440.

刘振生, 高惠, 滕丽微, 等. 2013. 基于 MAXENT 模型的贺兰山岩羊生境适宜性评价 [J]. 生态学报, 33 (22): 7243-7249.

娄华君, 王宏, 夏军, 等. 2002. 地质信息可视化的应用——城市环境地质研究之发展方向 [J]. 中国地质, 29 (3): 330-334.

罗倩. 2013. 辽宁太子河流域非点源污染模拟研究 [D]. 北京: 中国农业大学.

骆承政. 2007. 《中国历史大洪水调查资料汇编》简介 [J]. 水利规划与设计, (5): 77.

吕一河, 胡健, 孙飞翔, 等. 2015. 水源涵养与水文调节: 和而不同的陆地生态系统水文服务 [J]. 生态学报, 35 (15): 5191-5196.

马海斌. 2015. 中国高新区产业集聚的社会资源配置问题研究 [M]. 长春: 吉林大学.

马克明, 傅伯杰, 黎晓亚, 等. 2004. 区域生态安全格局: 概念与理论基础 [J]. 生态学报, (4): 761-768.

马克平. 1993. 试论生物多样性的概念 [J]. 生物多样性, (1): 20-22.

马世五, 谢德体, 张孝成, 等. 2017. 三峡库区生态敏感区土地生态安全预警测度与时空演变——以重庆市万州区为例简 [J]. 生态学报, (24): 8227-8240.

马震, 谢海澜, 林良俊, 等. 2017. 京津冀城市群地区国土资源环境地质条件分析 [J]. 中国地质, 44 (5): 857-873.

马志尊. 1989. 应用卫星影像估算通用土壤流失方程各因子值方法的探讨 [J]. 中国水土保持, (3): 26-29, 65.

蒙吉军, 赵春红, 刘明达. 2011. 基于土地利用变化的区域生态安全评价——以鄂尔多斯市为例 [J]. 自然资源学报, 26 (4): 578-590.

孟晖, 李春燕, 张若琳, 等. 2017. 京津冀城市群地区县域单元地质灾害强度评估 [J]. 地理科学进展, 36 (3): 327-334.

倪树斌, 马超, 杨海龙, 等. 2018. 北京山区崩塌、滑坡、泥石流灾害空间分布及其敏感性分析 [J]. 北京林业大学学报, 40 (6): 85-95.

欧阳志云, 李小马, 徐卫华, 等. 2015. 北京市生态用地规划与管理对策 [J]. 生态学报, 35 (11): 3778-3787.

欧阳志云, 王效科, 苗鸿. 2000. 中国生态环境敏感性及其区域差异规律研究 [J]. 生态学报, (1): 10-13.

彭建, 赵会娟, 刘焱序, 等. 2017a. 区域生态安全格局构建研究进展与展望 [J]. 地理研究, 36 (3): 407-419.

彭建, 郭小楠, 胡熠娜, 等. 2017b. 基于地质灾害敏感性的山地生态安全格局构建——以云南省玉溪市为例 [J]. 应用生态学报, 28 (2): 627-635.

彭建, 杨旸, 谢盼, 等. 2017c. 基于生态系统服务供需的广东省绿地生态网络建设分区 [J]. 生态学报, 37 (13): 4562-4572.

彭建, 赵会娟, 刘焱序, 等. 2016. 区域水安全格局构建: 研究进展及概念框架 [J]. 生态学报, 36 (11): 3137-3145.

钱永, 张兆吉, 费宇红, 等. 2014. 华北平原浅层地下水可持续利用潜力分析 [J]. 中国生态农业学报,

22（8）：890-897.

秦奋．2014. 河北省近 50 年自然灾害数据集（1960—2010）[M]．北京：国家地球系统科学数据共享平台—黄河下游科学数据中心．

任玮，代超，郭怀成．2015. 基于改进输出系数模型的云南宝象河流域非点源污染负荷估算 [J]．中国环境科学，35（8）：2400-2408.

任西锋，任素华．2009. 城市生态安全格局规划的原则与方法 [J]．中国园林，25（7）：73-77.

单楠，周可新，潘扬，等．2019. 生物多样性保护廊道构建方法研究进展 [J]．生态学报，39（2）：411-420.

施晓清，赵景柱，欧阳志云．2005. 城市生态安全及其动态评价方法 [J]．生态学报，25（12）：3237-3243.

史志华，王玲，刘前进，等．2018. 土壤侵蚀：从综合治理到生态调控 [J]．中国科学院院刊，33（2）：198-205.

孙世坤，王玉宝，刘静，等．2016. 中国主要粮食作物的生产水足迹量化及评价 [J]．水利学报，47（9）：1115-1124.

孙然好，陈爱莲，李芬，等．2013. 城市生态景观建设的指导原则和评价指标 [J]．生态学报，33（8）：2322-2329.

孙然好，李卓，陈利顶．2018. 中国生态区划研究展望，从格局、功能到服务 [J]．生态学报，38（15）：5271-5278.

孙然好，孙龙，苏旭坤，等．2021. 景观格局与生态过程的耦合研究：传承与创新 [J]．生态学报，41（1）：415-421.

孙然好，许忠良，陈利顶，等．2012. 城市生态景观研究的基础理论框架与技术构架 [J]．生态学报，32（7）：4111-4118.

唐川．2005. 云南怒江流域泥石流敏感性空间分析 [J]．地理研究，（2）：20-27，164.

陶晓燕．2014. 资源枯竭型城市生态安全评价及趋势分析——以焦作市为例 [J]．干旱区资源与环境，28（2）：53-59.

田雅楠，张梦晗，许荡飞，等．2019. 基于"源–汇"理论的生态型市域景观生态安全格局构建 [J]．生态学报，39（7）：2311-2321.

童玉芬．2021. 我国特大城市人口调控政策的量化研究——以北京市为例 [J]．人口与经济，（1）：25-36.

王沪宁．1990. 社会资源总量与社会调控：中国意义 [J]．复旦学报，（4）：2-11.

王琦，付梦娣，魏来，等．2016. 基于源–汇理论和最小累积阻力模型的城市生态安全格局构建——以安徽省宁国市为例 [J]．环境科学学报，36（12）：4546-4554.

王如松，欧阳志云．2012. 社会–经济–自然复合生态系统与可持续发展 [J]．中国科学院院刊，27（3）：337-345，403-404，254.

王淑云，刘恒，耿雷华，等．2009. 水安全评价研究综述 [J]．人民黄河，31（7）：11-13.

王秀娟，刘瑞民，何孟常．2009. 松辽流域非点源污染 TN 时空变化特征研究 [J]．水土保持研究，（4）：192-196.

王雪蕾，蔡明勇，钟部卿，等．2013. 辽河流域非点源污染空间特征遥感解析 [J]．环境科学，34（10）：3788-3796.

王艳阳，王会肖，蔡燕．2011. 北京市水足迹计算与分析 [J]．中国生态农业学报，19（4）：954-960.

王昭，石建省，张兆吉，等．2009. 华北平原地下水中有机物淋溶迁移性及其污染强度评价 [J]．水利学报，40（7）：830-837.

王正兴，李芳．2018. 中国分省土壤侵蚀变化数据集（1985—2011）［J］．全球变化数据学报（中英文），
　　2（1）：51-58，182-189.

邬建国．2000. 景观生态学——概念与理论［J］．生态学杂志，（1）：42-52.

吴爱民，李长青，徐彦泽，等．2010. 华北平原地下水可持续利用的主要问题及对策建议［J］．南水北调
　　与水利科技，8（6）：110-113，128.

吴忱．1999. 华北平原河道变迁对土壤及土壤盐渍化的影响［J］．地理与地理信息科学，（4）：70-75.

吴丹，邵全琴，刘纪远，等．2016. 中国草地生态系统水源涵养服务时空变化［J］．水土保持研究，
　　23（5）：256-260.

吴健生，马洪坤，彭建．2018. 基于"功能节点—关键廊道"的城市生态安全格局构建——以深圳市为例［J］．
　　地理科学进展，37（12）：1663-1671.

席北斗，李娟，汪洋，等．2019. 京津冀城市群地区地下水污染防治现状、问题及科技发展对策［J］．环
　　境科学研究，32（1）：7-15.

肖笃宁，布仁仓，李秀珍．1997. 生态空间理论与景观异质性［J］．生态学报，（5）：3-11.

肖笃宁，李晓文．1998. 试论景观规划的目标、任务和基本原则［J］．生态学杂志，1998（03）：47-53.

肖笃宁，陈文波，郭福良．2002. 论生态安全的基本概念和研究内容［J］．应用生态学报，13（3）：
　　354-358.

肖胜生，郑海金，杨洁，等．2011. 土壤侵蚀/水土保持与气候变化的耦合关系［J］．中国水土保持科学，
　　9（6）：106-113.

肖武，徐建飞，杨坤，等．2017. 基于 GIS 和 USLE 模型的巢湖流域土壤侵蚀评价［J］．科学技术与工程，
　　17（16）：35-43.

谢高地，张彩霞，张雷明，等．2015. 基于单位面积价值当量因子的生态系统服务价值化方法改进［J］．
　　自然资源学报，30（8）：1243-1254.

徐德琳，邹长新，徐梦佳，等．2015. 基于生态保护红线的生态安全格局构建［J］．生物多样性，
　　23（6）：740-746.

徐立红，陈成广，胡保卫，等．2015. 基于流域降雨强度的氮磷输出系数模型改进及应用［J］．农业工程
　　学报，31（16）：159-166.

徐玲玲，延昊，钱拴．2020. 基于 MODIS-NDVI 的 2000—2018 年中国北方土地沙化敏感性时空变化［J］．
　　自然资源学报，35（4）：925-936.

徐乾清．中国水利百科全书［M］．北京：中国水利水电出版社．

徐争启，倪师军，张成江，等．2006. 我国城市环境地质研究现状及应注意的几个问题［J］．国土资源科
　　技管理，（1）：100-103.

许广明，刘立军，费宇红，等．2009. 华北平原地下水调蓄研究［J］．资源科学，31（3）：375-381.

许月卿，邵晓梅．2006. 基于 GIS 和 RUSLE 的土壤侵蚀量计算——以贵州省猫跳河流域为例［J］．北京
　　林业大学学报，（4）：67-71.

杨姗姗，邹长新，沈渭寿，等．2016. 基于生态红线划分的生态安全格局构建——以江西省为例［J］．生
　　态学杂志，35（1）：250-258.

杨艳．2015. 京津冀区域地面沉降灾害防治思考［J］．城市地质，10（1）：1-7.

杨玉盛．2017. 全球环境变化对典型生态系统的影响研究：现状、挑战与发展趋势［J］．生态学报，
　　37（1）：1-11.

杨月圆，王金亮，杨丙丰．2008. 云南省土地生态敏感性评价［J］．生态学报，（5）：2253-2260.

杨祯妮，周琳，卢士军，等．2016. 城镇居民动物产品消费特征和膳食营养贡献［J］．中国畜牧杂志，52
　（22）：9-15.

杨志峰，徐琳瑜，毛建素．2013. 城市生态安全评估与调控［M］．北京：科学出版社．

殷跃平．2004. 中国地质灾害减灾战略初步研究［J］．中国地质灾害与防治学报，（2）：4-11.

于丹丹，吕楠，傅伯杰．2017. 生物多样性与生态系统服务评估指标与方法［J］．生态学报，37（2）：
　349-357.

俞孔坚，李海龙，李迪华，等．2009a. 国土尺度生态安全格局［J］．生态学报，29（10）：5163-5175.

俞孔坚，王思思，李迪华，等．2009b. 北京市生态安全格局及城市增长预景［J］．生态学报，29（3）：
　1189-1204.

袁再健，沈彦俊，褚英敏，等．2009. 海河流域近40年来降水和气温变化趋势及其空间分布特征［J］．
　水土保持研究，16（3）：24-26.

张常亮，李同录，胡仁众．2007. 滑坡滑动面抗剪强度指标的敏感性分析［J］．地球科学与环境学报，
　29（2）：188-191.

张德二，李小泉，梁有叶．2003.《中国近五百年旱涝分布图集》的再续补（1993—2000年）［J］．应用
　气象学报，14（3）：379-384.

张德二，刘传志．1993.《中国近五百年旱涝分布图集》续补（1980—1992年）［J］．气象，19（11）：
　41-45.

张豆，渠丽萍，张桀滈．2019. 基于生态供需视角的生态安全格局构建与优化——以长三角地区为例［J］．
　生态学报，39（20）：7525-7537.

张浩，马蔚纯，HO H H．2007. 基于LUCC的城市生态安全研究进展［J］．生态学报，（5）：2109-2117.

张红旗，许尔琪，朱会义．2015. 中国"三生用地"分类及其空间格局［J］．资源科学，37（7）：
　1332-1338.

张洪，林超，雷沛，等．2015. 海河流域河流富营养化程度总体评估［J］．环境科学学报，35（8）：
　2336-2344.

张丽君，贾跃明，刘明辉．1999. 国外环境地质研究和工作的主要态势［J］．水文地质工程地质，（6）：
　1-5.

张帅普，邵明安，李丹凤．2017. 绿洲–荒漠过渡带土壤蓄水量的空间分布及其时间稳定性［J］．应用生
　态学报，28（8）：2509-2516.

张天华，陈博潮，雷佳祺．2019. 经济集聚与资源配置效率：多样化还是专业化［J］．产业经济研究，
　（5）：51-64.

张翔，李金燕，郭娇．2020. 基于熵权—耦合协调度模型的水源地可持续发展能力评价［J］．生态经济，
　36（9）：164-168.

张小飞，李正国，王如松，等．2009. 基于功能网络评价的城市生态安全格局研究——以常州市为例［J］．
　北京大学学报（自然科学版），45（4）：728-736.

张兆吉，费宇红，陈宗宇，等．2008. 华北平原地下水可持续利用［A］．中国地质学会．2008年度中国地
　质科技新进展和地质找矿新成果资料汇编［C］．北京：中国地质学会．

张兆吉．2009. 华北平原地下水可持续利用图集［M］．北京：中国地图出版社．

张宗祜．2005. 环境地质与地质灾害［J］．第四纪研究，25（1）：1-5.

赵景柱，肖寒，吴刚．2000. 生态系统服务的物质量与价值量评价方法的比较分析［J］．应用生态学报，
　（2）：290-292.

赵永久．2008. 矿山环境地质灾害问题及其勘查方法［J］．地质灾害与环境保护，19（2）：104-108.

钟佐. 1996. 地质环境及其功能的控制与开发 [J]. 地学前缘, 3 (1): 11-16.

Allmaras R, Burwell R E, Larson W E, et al. 1966. Total porosity and random roughness of the interrow zone as influenced by tillage [J]. Agricultural Research Service, U. S. Dept. of Agriculture, 7: 1-14.

Apparicio P, Abdelmajid M, Riva M, et al. 2008. Comparing alternative approaches to measuring the geographical accessibility of urban health services: Distance types and aggregation-error issues [J]. International Journal of Health Geographics, 7 (1): 7.

Arnold J G, Allen P M, Bernhardt G. 1993. A comprehensive surface-groundwater flow model [J]. Journal of Hydrology, 142 (1-4): 47-69.

Arnold J G, Srinivasan R, Muttiah R S, Williams J. R. 1998. Large area hydrologic modeling and assessment part I: Model development [J]. Journal of the American Water Resources Association, 34 (1): 73-89.

Bagstad K J, Semmens D J, Waage S, et al. 2013. A comparative assessment of decision-support tools for ecosystem services quantification and valuation [J]. Ecosystem services, 5: 27-39.

Barlow J, Gardner T A, Araujo I S, et al. 2007. Quantifying the biodiversity value of tropical primary, secondary, and plantation forests [J]. Proceedings of the National Academy of Sciences, 104 (47): 18555-18560.

Beasley D B, Huggins L F, Monke E J. 1980. ANSWERS: A Model for Watershed Planning [J]. Transactions of the ASAE - American Society of Agricultural Engineers, 23 (4): 938-944.

Beck J, Ballesteros-Mejia L, Nagel P, et al. 2013. Online solutions and the 'Wallacean shortfall': what does GBIF contribute to our knowledge of species' ranges? [J]. Diversity and Distributions, 19 (8): 1043-1050.

Bunzel K, Liess M, Kattwinkel M. 2014. Landscape parameters driving aquatic pesticide exposure and effects [J]. Environmental Pollution, 186 (3): 90-97.

Buxton RT, McKenna M F, Clapp M, et al. 2018. Efficacy of extracting indices from large-scale acoustic recordings to monitor biodiversity [J]. Conservation Biology, 32 (5): 1174-1184.

Chapagain A K, Hoekstra A. 2003. Virtual water flows between nations in relation to trade in livestock and livestock products [R]. Delft: UNESCO-IHE.

Chapagain A K, Hoekstra A Y. 2004. Water Footprint ofNations - Volume 1: Main Report [R]. Delft: UNESCO-IHE. Chen D, Wei W, Chen L D. 2017. Effects of terracing practices on water erosion control in China: A meta-analysis [J]. Earth-Science Reviews, 173: 109-121.

Chen H, Teng Y, Wang J. 2013. Load estimation and source apportionment of nonpoint source nitrogen and phosphorus based on integrated application of SLURP model, ECM, and RUSLE: a case study in the Jinjiang River, China [J]. Environmental Monitoring & Assessment, 185 (2): 2009-2021.

Chen L D, Tian H Y, Fu B J, et al. 2009. Development of a new index for integrating landscape patterns with ecological processes at watershed scale [J]. Chinese Geographical Science, 19 (1): 37-45.

Cheng X, Chen L D, Sun R H, et al. 2018a. An improved export coefficient model to estimate non-point source phosphorus pollution risks under complex precipitation and terrain conditions [J]. Environmental Science and Pollution Research, 25 (21): 20946-20955.

Cheng X, Chen L D, Sun R H, et al. 2018b. Land use changes and socio-economic development strongly deteriorate river ecosystem health in one of the largest basins in China [J]. Science of the Total Environment, 616-617: 376-385.

Collick A S, Fuka D R, Kleinman P, et al. 2015. Predicting phosphorus dynamics in complex terrains using a variable source area hydrology model [J]. Hydrological Processes, 29 (4): 588-601.

Costanza R, d'Arge R, De Groot R, et al. 1997. The value of the world's ecosystem services and natural capital

〔J〕. Nature: International weekly journal of science, 387 (6630): 253-260.

Daneshi A, Brouwer R, Najafinejad A, et al. 2021. Modelling the impacts of climate and land use change on water security in a semi-arid forested watershed using InVEST 〔J〕. Journal of Hydrology, 593: 125621.

Ding X, Shen Z, Qian H, et al. Development and test of the export coefficient model in the upper reach of the Yangtze River 〔J〕. Journal of Hydrology, 383 (3-4): 233-244.

Dong H, Yong G, Sarkis J, et al. 2013. Regional water footprint evaluation in China: A case of Liaoning 〔J〕. Science of the Total Environment, 442 (1): 215-224.

Du X Z, Su J J, Li X Y, et al. 2016. Modeling and evaluating of non-point source pollution in a semi-arid watershed: implications for watershed management 〔J〕. CLEAN-Soil, Air, Water, 44 (3): 247-255.

Feng T J, Wei W, Chen L D, et al. 2019. Combining land preparation and vegetation restoration for optimal soil eco-hydrological services in the Loess Plateau, China 〔J〕. Science of The Total Environment, 657: 535-547.

Fryrcar D W, Chen W N, Lester C. 2001. Revised wind erosion equation 〔J〕. Annals of Arid Zone, 40 (3): 265-279.

Fryrear D, Bilbro J, Saleh A, et al. 2000. RWEQ: Improved wind erosion technology 〔J〕. Journal of Soil and Water Conservation, 55 (2): 183-189.

Fryrear D, Saleh A, Bilbro J. 1998. A single eventwind erosion model 〔J〕. Transactions of the ASAE, 41 (5): 1369.

Ge L, Xie G, Zhang C, et al. 2011. An evaluation of China's water footprint 〔J〕. Water Resources Management, 25 (10): 2633-2647.

Geza M, Mccray J E. 2008. Effects of soil data resolution on SWAT model stream flow and water quality predictions 〔J〕. Journal of Environmental Management, 88 (3): 393-406.

Gleick P H. 2002. The World's Water, 2000-2001: The Biennial Report on Freshwater Resources 〔J〕. Electronic Green Journal, 1 (6724): 210-212.

Gong J Z, Liu Y S, Xia B C, et al. 2009. Urban ecological security assessment and forecasting, based on a cellular automata model: A case study of Guangzhou, China 〔J〕. Ecological Modelling, 220 (24): 3612-3620.

Habib M. 2021. Evaluation of DEM interpolation techniques for characterizing terrain roughness 〔J〕. Catena, 198: 105072.

Han B, Liu H, Wang R. 2015. Urban ecological security assessment for cities in the Beijing-Tianjin-Hebei metropolitan region based on fuzzy and entropy methods 〔J〕. Ecological Modelling, 318 (1): 217-225.

Hanrahan G, Gledhill M, House W A, et al. 2001. Phosphorus loading in the frome catchment, UK 〔J〕. Journal of Environmental Quality, 30 (5): 3051738x.

Hoekstra A Y, Chapagain A K. 2006. Water footprints of nations: water use by people as a function of their consumption pattern 〔C〕//Integrated assessment of water resources and global change. Heidelberg: Springer.

Hoekstra A Y, Chapagain A K. 2007. Water footprints of nations: Water use by people as a function of their consumption pattern 〔J〕. Water Resources Management, 21 (1): 35-48.

Hong W Y, Guo R Z, Su M, et al. 2017. Sensitivity evaluation and land-use control of urban ecological corridors: A case study of Shenzhen, China 〔J〕. Land Use Policy, 62: 316-325.

Hou X, Ying L, Chang Y, et al. 2014. Modeling of non-point source nitrogen pollution from 1979 to 2008 in Jiaodong Peninsula, China 〔J〕. Hydrological Processes, 28 (8): 3264-3275.

Hou Y, Chen W, Liao Y, et al. 2017. Modelling of the estimated contributions of different sub-watersheds and sources to phosphorous export and loading from the Dongting Lake watershed, China ［J］. Environmental Monitoring and Assessment, 189 （12）: 602.

Hu H, Fu B, Lü Y, et al. 2015. SAORES: a spatially explicit assessment and optimization tool for regional ecosystem services ［J］. Landscape Ecology, 30 （3）: 547-560.

Huang H, Chen B, Ma Z, et al. 2017. Assessing the ecological security of the estuary in view of the ecological services-A case study of the Xiamen Estuary ［J］. Ocean & Coastal Management, 2017, 137 （3）: 12-23.

James B, McConaghie G, Cadenasso M L, . 2016. Linking Nitrogen Export to Landscape Heterogeneity: The Role of Infrastructure and Storm Flows in a Mediterranean Urban System ［J］. JAWRA Journal of the American Water Resources Association, 52 （2）: 456-472.

Johnes P J. 1996. Evaluation and management of the impact of land use change on the nitrogen and phosphorus load delivered to surface waters: The export coefficient modelling approach ［J］. Journal of Hydrology, 183 （3-4）: 323-349.

Kanuganti S, Sarkar A, Singh A P. 2016. Quantifying accessibility to health care using Two-step Floating Catchment Area Method (2SFCA): A case study in Rajasthan ［J］. Transportation Research Procedia, 17: 391-399.

Laflen J M, Elliot W J, Flanagan D C, et al. 1997. WEPP-Predicting water erosion using a process-based model ［J］. Journal of Soil and Water Conservation, 52 （2）: 96-102.

Lal R. 2004. Soil carbon sequestration impacts on global climate change and food security ［J］. Science, 304 （5677）: 1623-1627.

LenziM A, Di Luzio M. 1997. Surface runoff, soil erosion and water quality modelling in the Alpone watershed using AGNPS integrated with a Geographic Information System ［J］. European Journal of Agronomy, 6 （1-2）: 1-14.

Li S, Liang Z, Yun D, et al. 2016. Evaluating Phosphorus Loss for Watershed Management: Integrating a Weighting Scheme of Watershed Heterogeneity into Export Coefficient Model ［J］. Environmental Modeling & Assessment, 21 （5）: 657-668.

Li X, Tian M, Wang H, et al. 2014. Development of an ecological security evaluation method based on the ecological footprint and application to a typical steppe region in China ［J］. Ecological Indicators, 39 （4）: 153-159.

Li Y, Xiang S, Zhu X, et al. 2010. An early warning method of landscape ecological security in rapid urbanizing coastal areas and its application in Xiamen, China ［J］. Ecological Modelling, 221 （19）: 2251-2260.

Liang W, Yang M. 2019. Urbanization, economic growth and environmental pollution: Evidence from China ［J］. Sustainable Computing: Informatics and Systems, 21: 1-9.

Liu B, Liu H, Zhang B, et al. 2013. Modeling Nutrient Release in the Tai Lake Basin of China: Source Identification and Policy Implications ［J］. Environmental Management, 51 （3）: 724-737.

Liu B Y, Zhang K L, X Yun. 2002. An empirical soil loss equation ［C］// Beijing: Proceedings of 12th ISCO Conference.

Liu Q Q, Singh V P. 2004. Effect of microtopography, slope length and gradient, and vegetative cover on overland flow through simulation ［J］. Journal of Hydrologic Engineering, 9 （5）: 375-382.

Liu R M, Yang Z F, Shen Z Y, et al. 2009. Estimating nonpoint source pollution in the upper Yangtze River using the export coefficient model. Remote Sensing, and Geographical Information System ［J］. Journal of Hydraulic Engineering, 135 （9）: 698-704.

Liu Z, Tong S T Y. 2011. Using HSPF to model the hydrologic and water quality impacts of riparian land-use change in a small watershed ［J］. Journal of Environmental Informatics, （3）: 201100182.

Luo W, Wang F. 2003. Measures of spatial accessibility to health care in a GIS environment: synthesis and a case study in the Chicago region ［J］. Environment and planning B: planning and design, 30 （6）: 865-884.

Lv Y L, Song S, Wang R S, et al. 2015. Impacts of soil and water pollution on food safety and health risks in China - ScienceDirect ［J］. Environment International, 77: 5-15.

Ma X, Li Y, Li B, et al. 2015. Evaluation of nitrogen and phosphorus loads from agricultural nonpoint source in relation to water quality in Three Gorges Reservoir Area, China ［J］. Desalination & Water Treatment, 57 （44）: 1-18.

Matias N G, Johnes P J. 2012. Catchment phosphorous losses: An export coefficient modelling approach with scenario analysis for water management ［J］. Water Resources Management: An International Journal, Published for the European Water Resources Association （EWRA）, 26 （5）: 1041-1064.

Mukhopadhyay R, Sarkar B, Jat H S, et al. 2021. Soil salinity under climate change: Challenges for sustainable agriculture and food security ［J］. Journal of Environmental Management, 280: 111736.

Myers N, Mittermeier R A, Mittermeier C G, et al. 2000. Biodiversity hotspots for conservation priorities ［J］. Nature, 403 （6772）: 853-858.

Norvell W A, Hill C. 1979. Phosphorus in Connecticut lakes predicted by land use ［J］. Proceedings of the National Academy of Sciences, 76 （11）: 5426-5429.

Noss R F. 1990. Indicators for monitoring biodiversity: a hierarchical approach ［J］. Conservation Biology, 4 （4）: 355-364.

Noto L V, Ivanov V Y, Bras R L, et al. 2008. Effects of initialization on response of a fully-distributed hydrologic model ［J］. Journal of Hydrology, 352 （1-2）: 107-125.

Olness A. 1994. Water quality: Prevention, identification and management of diffuse pollution ［J］. Journal of Environmental Quality, 24 （2）: 383.

Omernik J M. 1976. Influence ofland use on stream nutrient levels ［R］. Corvallis: Enviornmental Research Laboratory.

Ongley E, Zhang X, Yu T. 2010. Current status of agricultural and rural non-point source pollution assessment in China ［J］. Environmental Pollution, 158 （5）: 1159-1168.

Pei L, Du L M, Yue G J. 2010. Ecological security assessment of Beijing based on PSR model ［J］. Procedia Environmental Sciences, 2 （1）: 832-841.

Peng J, Chen X, Liu Y, et al. 2016. Spatial identification of multifunctional landscapes and associated influencing factors in the Beijing-Tianjin-Hebei region, China ［J］. Applied Geography, 74: 170-181.

Peng J, Pan Y, Liu Y, et al. 2018. Linking ecological degradation risk to identify ecological security patterns in a rapidly urbanizing landscape ［J］. Habitat International, 71: 110-124.

Peng X, Shi D, Jiang D, et al. 2014. Runoff erosion process on different underlying surfaces from disturbed soils in the Three Gorges Reservoir Area, China ［J］. Catena, 123: 215-224.

Pimm S L, Jenkins C N, Abell R, et al. 2014. The biodiversity of species and their rates of extinction, distribution, and protection ［J］. Science, 344 （6187）: 1246752.

Qian Y Y, Dong H J, Geng Y, et al. 2018. Water footprint characteristic of less developed water-rich regions: Case of Yunnan, China ［J］. Water Research A Journal of the International Water Association, 141: 208-216.

Reed D J. 2002. Sea-level rise and coastal marsh sustainability: geological and ecological factors in the Mississippi delta plain [J]. Geomorphology, 48 (1-3): 233-243.

Renard K, Foster G, Yoder D, et al. 1994. RUSLE revisited: status, questions, answers, and the future [J]. Journal of Soil and Water Conservation, 49 (3): 213-220.

Renard K G. 1997. Predicting soil erosion by water: a guide to conservation planning with the Revised Universal Soil Loss Equation (RUSLE) [C] // Washington: United States Government Printing.

Robertson T, Döring M, Guralnick R, et al. 2014. The GBIF integrated publishing toolkit: facilitating the efficient publishing of biodiversity data on the internet [J]. Plos One, 9 (8): e102623.

Schindler S, Poirazidis K, Wrbka T. 2008. Towards a core set of landscape metrics for biodiversity assessments: a case study from Dadia National Park, Greece [J]. Ecological Indicators, 8 (5): 502-514.

Schmidt S, Tresch S, Meusburger K. 2019. Modification of the RUSLE slope length and steepness factor (LS-factor) based on rainfall experiments at steep alpine grasslands [J]. MethodsX, 6: 219-229.

Seddon A, Macias- Fauria M, Long P R, et al. 2016. Sensitivity of global terrestrial ecosystems to climate variability [J]. Nature, 531: 229-232.

Sharpley A N, Williams J R. 1990. EPIC. Erosion/Productivity impact calculator: 1. Model documentation. 2. User manual [J]. Washington: US Department of Agriculture.

Shen Z, Qian H, Hong Y, et al. 2008. Parameter uncertainty analysis of the non- point source pollution in the Daning River watershed of the Three Gorges Reservoir Region, China [J]. Science of the Total Environment, 405 (1-3): 195-205.

Sherrouse B C, Clement J M, Semmens D J. 2011. A GIS application for assessing, mapping, and quantifying the social values of ecosystem services [J]. Applied Geography, 31 (2): 748-760.

Sims J T, Simard R R, Joern B C. 1998. Phosphorus Loss in Agricultural Drainage: Historical Perspective and Current Research [J]. Journal of Environmental Quality, 27 (2): 277-293.

Singh R, Tiwari K N, Mal B. 2006. Hydrological studies for small watershed in India using the ANSWERS model [J]. Journal of Hydrology, 318 (1-4): 184-199.

Su Y X, Chen X Z, Liao J S. et al. 2016. Modeling the optimal ecological security pattern for guiding the urban constructed land expansions [J]. Urban Forestry & Urban Greening, 19: 35-46.

Sun R H, Cheng X, Chen L D. 2018. A precipitation- weighted landscape structure model to predict potential pollution contributions at watershed scales [J]. Landscape Ecology, 33 (9): 1603-1616.

Sun R H, Li F, Chen L D. 2019b. A demand index for recreational ecosystem services associated with urban parks in Beijing, China [J]. Journal of Environmental Management, 251: 109612.

Sun R H, Lü Y H, Yang X J, et al. 2019a. Understanding the variability of urban heat islands from local background climate and urbanization [J]. Journal of Cleaner Production, 208: 743-752.

Tatem A J. 2017. WorldPop, open data for spatial demography [J]. Scientific data, 4 (1): 1-4.

Terrado M, Sabater S, Chaplin-Kramer B, et al. 2016. Model development for the assessment of terrestrial and aquatic habitat quality in conservation planning [J]. Science of the Total Environment, 540: 63-70.

Uuemaa E, Antrop M, Roosaare J, et al. 2009. Landscape metrics and indices: an overview of their use in landscape research [J]. Living Reviews in Landscape Research, 3 (1): 1-28.

Visser S M, Sterk G, Karssenberg D. 2005. Wind erosion modelling in a Sahelian environment [J]. Environmental Modelling & Software, 20 (1): 69-84.

Wang J, An S J, Wang D, et al. 2015. Simulation of the Dissolved Nitrogen and Phosphorus Loads in Different Land Uses in the Three Gorges Reservoir Region—Based on the improved export coefficient model [J]. Environmental Science: Processes and Impacts, 17 (11): 1976-1989.

Williams J R. 1990a. The erosion-productivity impact calculator (EPIC) model: a case history [J].
Philosophical Transactions of the Royal Society of London. Series B: Biological Sciences, 329 (1255):
421-428.

Winter J G, Duthie H C. 2010. Export coefficient modeling to assess phosphorus loading in an urban watershed1
[J]. Jawra Journal of the American Water Resources Association, 2010, 36 (5): 1053-1061.

Wischmeier W H, Smith D D. 1965. Predicting rainfall-erosion losses from cropland east of the Rocky Mountains:
Guide for selection of practices for soil and water conservation [C] // Washington: Agricultural Research
Service, US Department of Agriculture.

WoodruffN P, Siddoway F H. 1965. A Wind Erosion Equation [J]. Soil Science Society of America Journal, 29
(5): 602-608.

Wu L, Gao J E, Ma X Y, et al. 2015. Application of modified export coefficient method on the load estimation of
non-point source nitrogen and phosphorus pollution of soil and water loss in semiarid regions [J].
Environmental Science and Pollution Research, 22 (14): 10647-10660.

Wu L, Li P, Ma X Y. 2016. Estimating nonpoint source pollution load using four modified export coefficient
models in a large easily eroded watershed of the loess hilly-gully region, China [J]. Environmental Earth
Sciences, 75 (13): 1056.

Xiao M, Ye L, Meng Z, et al. 2011. Assessment and analysis of non-point source nitrogen and phosphorus loads in
the Three Gorges Reservoir Area of Hubei Province, China [J]. Science of the Total Environment, 412:
154-161.

Xiong M Q, Sun R H, Chen L D. 2019a. Global analysis of support practices in USLE-based soil erosion modeling
[J]. Progress in Physical Geography, 43 (3): 391-409.

Xiong M Q, Sun R H, Chen L D. 2019b. A global comparison of soil erosion associated with land use and climate
type [J]. Geoderma, 343: 31-39.

Yang Z, Li W, Pei Y, et al. 2018. Classification of the type of eco-geological environment of a coal mine district:
A case study of an ecologically fragile region in Western China [J]. Journal of Cleaner Production, 174:
1513-1526.

Young R A, Onstad C A, Bosch D D, et al. 1989. AGNPS: A nonpoint-source pollution model for evaluating ag-
ricultural watersheds [J]. Journal of Soil & Water Conservation, 44 (2): 168-173.

YoussefF, Visser S, Karssenberg D, et al. 2012. Calibration of RWEQ in a patchy landscape: a first step towards
a regional scale wind erosion model [J]. Aeolian Research, 3 (4): 467.

Yu C, Huang X, Chen H, et al. 2019. Managing nitrogen to restore water quality in China [J]. Nature, 567
(7749): 516-520.

Zeng Z, Liu J, Koeneman P H, et al. 2012. Assessing water footprint at river basin level: A case study for the
Heihe River basin in northwest China [J]. Hydrology and Earth System Sciences, 16 (8): 2771-2781.

Zhang H, Wei J, Yang Q, et al. 2017. An improved method for calculating slope length (λ) and the LS
parameters of the revised universal soil loss equation for large watersheds [J]. Geoderma, 308: 36-45.

Zhang Z, Shi M, Hong Y. 2012. Understanding Beijing's water challenge: A decomposition analysis of changes in
Beijing's water footprint between 1997 and 2007 [J]. Environmental Science & Technology, 46 (22):
12373-12380.

Zhao D D, Tang Y, Liu J, et al. 2017. Water footprint of Jing-Jin-Ji region in China [J]. Journal of Cleaner

Production, 167: 919-928.

Zhao X, Yang H, Yang Z, et al. 2010. Applying the input-output method to account for water footprint and virtual water trade in the Haihe River basin in China [J]. Environmental Science & Technology, 44 (23): 9150-9156.

Zhu L, Ma K. 2020. Challenges and opportunities in establishing China infrastructure for big biodiversity Data [J]. IOP Conference Series: Earth and Environmental Science, 509 (1): 012062.

Zobeck T M, Onstad C. 1987. Tillage and rainfall effects on random roughness: A review [J]. Soil and Tillage Research, 9 (1): 1-20.